中国文物建筑研究与保护

（第一辑）

张克贵　主编

中国建材工业出版社

图书在版编目（CIP）数据

中国文物建筑研究与保护．第一辑 / 张克贵主编．
-- 北京：中国建材工业出版社，2022.6
ISBN 978-7-5160-3474-3

Ⅰ．①中… Ⅱ．①张… Ⅲ．①古建筑－文物保护－中国－文集 Ⅳ．① TU-87

中国版本图书馆 CIP 数据核字（2022）第 022623 号

中国文物建筑研究与保护（第一辑）
Zhongguo Wenwu Jianzhu Yanjiu Yu Baohu（Di yi Ji）
张克贵　主编

出版发行：中国建材工业出版社
地　　址：北京市海淀区三里河路 11 号
邮政编码：100831
经　　销：全国各地新华书店
印　　刷：北京天恒嘉业印刷有限公司
开　　本：710mm×1000mm　1/16
印　　张：21.5
字　　数：280 千字
版　　次：2022 年 6 月第 1 版
印　　次：2022 年 6 月第 1 次
定　　价：158.00 元

本社网址：**www.jccbs.com**，微信公众号：**zgjcgycbs**

本书如有印装质量问题，由我社市场营销部负责调换，联系电话：（010）57811387

序

在科技、艺术多元化发展的今天，我们总是习惯于比较东西方建筑文明。毋庸置疑，在欧洲工业革命的影响下，西方建筑在近代建筑发展史上取得了巨大的成就，但以中国建筑为代表的东方建筑，历史则更为悠久，在世界科学技术与文化艺术的发展进程中，可谓独树一帜、贡献斐然，至今仍焕发着青春活力。

诚然，建筑代表的是人类最基本的实践活动。我们的祖先为了生存与居住，在实践中创造和不断发展着建筑技艺。中国古建筑营造活动传承至今已数千年，形成一门独立和完备的技术体系，极具珍贵的历史、艺术与科学价值。其与天文历算、医学农业、思想文字、诗歌戏剧、绘画音乐、民俗信仰等共同构成中华民族的基本文化元素，并自成体系，有别于其他地域建筑技艺。数千年来，我们的祖先在熟练掌握这套工艺体系的基础上，创造出了无比绚烂的建筑成就，涌现出一大批能工巧匠，满足了人们日常起居的功能需求。秦朝的阿房宫、汉代的未央宫、唐代的大明宫……跃然于各种历史文献，承载了我们对古代建筑历史的追忆；存世至今的长城、故宫、颐和园，依然见证着封建社会建筑活动的辉煌；鲁班、李诫、蒯祥、雷发达等建筑大师，或著书立言、或规划设计、或传承工艺，为中国建筑的发扬光大做出卓越贡献。

20 世纪 20—30 年代，以朱启钤、梁思成、刘敦桢为代表的有识之士创办了中国营造学社，从事古代建筑实例的调查、研究和测绘，以及文献资料搜集、整理工作，编辑出版了《中国营造学社汇刊》，开创了中国古代建筑研究和保护的理论体系，为中国古代建筑研究做出重大贡献。中华人民共和国成立以来，国家重视文物古建筑保护，开展了大量工作，例如组织全国性的文物普查工作，于 1961 年公布了第一批 180 处全国重点文物保护单位，还从紧张的财政中挤出经费用于古建筑维修，为古建筑普遍安装避雷针和灭火器材，基本实现消除隐患和保护古建筑的目标。在保护修缮之余，国家也非常重视对文物的合理利用，例如开辟博物馆、创办和恢复遗址公园等。

进入 21 世纪，国家对于文物建筑的保护力度逐年加大，这在政策、资金、制度上均有体现，我国的文物建筑保护事业正呈现可喜的局面。对于中国古代建筑的研究亦不再局限于古代建筑史学、传统文献（如《营造法式》）、古建筑调查与测绘、古建筑图档等范畴，还开展了更为深入的分类研究、修缮技艺研究以及规范标准的制定工作，对修缮工程投入的前期研究所占比重越来越大。行业内对于文物保护理念的认识更加深入，围绕文物保护所做的工作更多聚焦于保护文物建筑的真实性和完整性，保存其历史、艺术、科学价值和所携带的历史信息，也即保护是第一位的，研究则是为了更好地保护。

本书的主编张克贵先生常年扎根在故宫博物院，现为故宫博物院研究馆员、高级工程师、故宫博物院学术委员会委员，同时也是国家文物局古建筑、近现代建筑及代表性建筑专家组成员，更是文物系统内很早即已深入研究安防、消防、防雷等建筑保护领域的专家。作为中国紫禁城学会发起人，他曾任该学会副会长兼秘书长，也曾为中国艺术研究院、北京工业大学研究生导师。长期以来，张克贵先生参加了大量文物保护规划、维修方案的评审及保护工程的检查、工程验收工作，著述颇丰。我与张先生相识多年，一直钦佩于其渊博的学识、独到的见解、敏锐的分析判断能力。此次，欣闻张先生带领学生们共同编著《中国文物建筑研究与保护》（第一辑），深感其对文物保护事业的热爱、对文物工作的执着以及对年轻同志的帮助。

蒙张先生提携，为此书撰写序言，祝张先生桃李芬芳，也对此书的付梓深表祝贺。

李粮企

2020 年 10 月于北京

目 录

故宫全面保护整体维修工程简论

张克贵*

摘　要：以李岚清同志对故宫的视察和重要讲话为开端，在党和政府的决策部署下，投入巨额资金，用于落实故宫古建筑的全面保护、整体维修。经过19年的时间，完成了对故宫的全面保护、整体维修工程，实现了迎接紫禁城落成600周年的规划目标。对于这一辉煌的历史画卷，本文旨在对该工程理念、技术、工艺、材料和管理等做出初步简要的分析、论述及评估。

关键词：故宫；古建筑；全面维修；有效保护；利用

2001年11月19日下午，时任中共中央政治局委员、国务院副总理李岚清同志到故宫视察工作并主持会议，此次会议的主题是研究故宫古建筑维修和文物保护方面的问题。笔者认为，正是这次会议和李岚清同志的重要讲话开启了此后历时19年的"故宫整体修缮保护工程"，掀开了故宫发展史上新的一页，描写了一幅辉煌的历史画卷（故宫平面示意图见图1）。

---

* 故宫博物院研究馆员、高级工程师、院学术委员会委员。

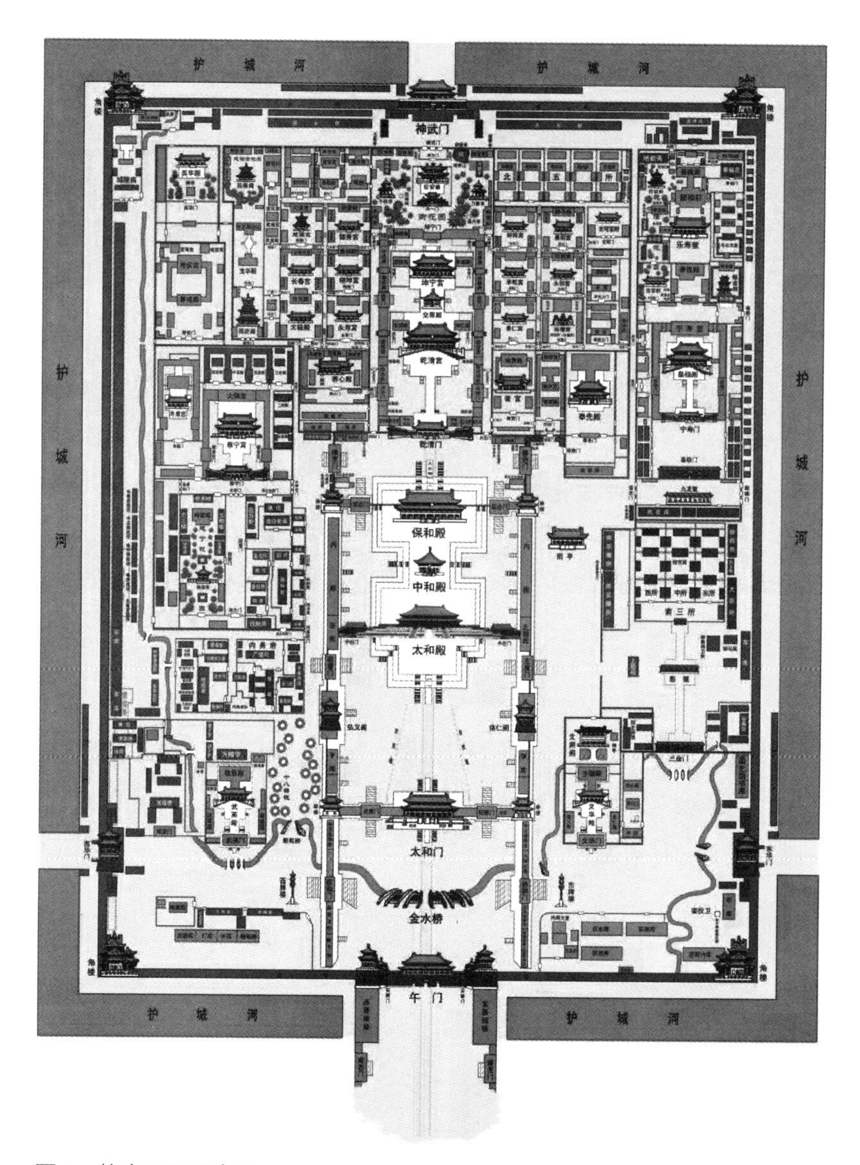

图1　故宫平面示意图

一、工程意义

对于李岚清同志视察故宫从而即将掀开故宫古建筑保护修缮的新历史，作为古建筑工作者是何等兴奋，谓为喜从天降一点儿也不为过。笔者当时担任故宫博物院古建部主任，同时也是中国紫禁城学会第二届副会长兼秘书长。在中国紫禁城学会召开的常务理事会上笔者表示，学会应认真传达中共中央常委、国务院副总理李岚清同志视察故宫时的讲话精神，安排2002年的工作。笔者又提出，2001年是国家充满喜庆的一年，在这一年里，北京申奥成功、中国足球队入围世界杯、中国正式加入WTO、中国国民生产总值继续保持高速增长等，在新的发展环境和历史背景下，李岚清副总理的视察和重要讲话，不仅将开启对紫禁城保护的新历史阶段，而且也对国家新时期古建筑研究与保护事业具有方向性的指导意义和历史作用。

时至今日，此历史意义已经实现。故宫的修缮、保护与发展不仅得到国内、国际的一致肯定，且其在国际上的地位也得到了大幅度的提高。站在中国特色社会主义新时期，故宫所取得的文物建筑保护的成就及在文物建筑研究领域的引领作用，无不和这一历史阶段的特征紧密相连。

另外，笔者也预见性地提出，李岚清副总理的讲话，不仅对古建筑保护本身意义重大，也对培育从事古建筑保护事业的人才意义重大。以故宫为例，20世纪50年代，在故宫恢复并向社会开放的前期，由于中央领导的关怀，故宫很快集中了北京地区从事古建筑保护工作的技术人员和大批工人，从而使故宫造就了一批难得的古建保护学者、专家和优秀的技术人员。他们在这一领域的影响至今根深蒂固，我们这一代古建保护工作者仍然在他们的庇荫之下。20世纪70年代初，故宫历经“文化大革命”的磨难而迎来重新开放之机，又是在中央领导的直接关怀下，国务院于1974年4月批准了《故宫博物院古建筑修缮工程五年规划》。这个规划，包括古建筑保护修缮、古建筑使用、古建筑安全、污水处理等基础设施建设等。由时任国务院副总理李先念亲自签字批准，其中还为故宫增加了300名人员编制，让数百名青年人陆续走进故宫古建维修事业的殿堂，从而使当时的故宫古建工程队增至450人。这一工程时期，故宫博物院既筹划和实施了古建筑专家对新人的培养，也实现了古建筑修缮老技术工人的传、帮、带工作。工程队成为瓦、木、油、画、石、裱、搭、土八大作配置齐全的古建筑施工队伍。

正是这一批青年人中的佼佼者担负起今天承继故宫老一辈古建维修事业的重任，成为今日古建保护事业中不可或缺的一代人才。21 世纪伊始，正是需要古建人继往开来的历史阶段。根据李岚清副总理的讲话，故宫制定了《2002—2020 年维修保护规划》及《2002—2008 年维修保护计划》。这一宏大的实践过程，必将造就一批人才，使古建保护事业延续不断，永葆青春。如今，笔者对故宫古建筑保护和培养古建筑保护事业人才的预想看来都实现了。

以习近平同志为核心的党中央树立了新时代中国特色社会主义思想，文物保护理论、实践与发展也应坚持以此为指导，这意味着故宫古建筑 2002—2020 年保护维修规划的后 9 年，应是不断地学习、领会、落实习近平总书记关于文物保护的一系列指示、讲话、批示精神，并结合故宫古建筑保护实际，使历史性保护注入新动力的时期。我们所应做的是历史性的认真总结。

二、保护原则

2001 年 11 月 19 日，李岚清同志视察了太和殿、保和殿、养心殿等，在察看宫殿建筑的同时，也参观了原状陈列；在故宫地下文物库察看了文物安全状况；考察了故宫博物院信息电子化建设工作；察看了建福宫花园复建工程进展情况；登上神武门，观看了紫禁城宫殿建筑展，并考察故宫周边环境（图 2、图 3）。

李岚清同志和其随行的各部委、北京市委领导听取了有关汇报。随后，李岚清同志发表了重要讲话，主要内容包括：故宫古建筑是我国现存规模最大、最完整的古代宫廷建筑群，其恢宏的建筑和丰富的皇室收藏具有极高的价值，是祖先留给我们的珍贵遗产，各有关方面要按照“保护为主，抢救第一”“有效保护、合理利用、加强管理”的文物工作方针和原则，进一步提高对故宫地位重要性的认识，统一思想，共同做好故宫博物院的古建维修、文物保护和管理开放工作，把祖先留给我们的这份珍贵遗产完好地传给子孙后代。

图 2　大修前的慈宁宫

图 3　修缮前的寿康宫

“百年大修”“迎接紫禁城落成600年”的定位是怎么产生的呢？这次重要讲话对故宫古建筑的保护做了具体且也是目标性的指示，李岚清同志要求：把故宫古建筑的维修保护作为头等大事，以基本恢复康乾盛世时期的皇宫风貌为目标，遵循“保护为主”和“不改变文物原状”的原则，做好故宫古建筑的维修保护。他还要求：施工中要注意继承、保存传统工艺技术，同时要积极、审慎地采用现代科学技术手段和成果，确保工程质量。他要求抓紧组织论证，提出故宫古建筑维修工程的总体方案和预算，按程序报批。

当时，古建部是故宫博物院的一个职能部门，原为古建管理部，2000年故宫博物院调整机构职能，古建部减少了管理功能，主要为业务部门，承担故宫古建筑保护的具体责任有：规划和计划的制订、古建筑保护研究、重点保护修缮工程方案编制、古建筑日常检查及维护管理、古建筑维修经费具体使用管理等。

落实李岚清同志的指示，具体工作首先由古建部承担，当时笔者的领会主要有三点：其一，李岚清同志作为中共中央常委，时刻把握大局，而对故宫提出的这一历史性决定，并非一时之举，而是高瞻远瞩，主动而为之；其二，李岚清同志的讲话精神代表的是党中央的决策思想。故宫古建筑大规模修缮是经过中共中央常委会讨论通过的；其三，中央的决心非我们所能想象。

多年来，虽然中央财政对故宫的保护投入巨大，是其他任何古建筑所不能比及的，但几十年来，故宫的古建筑保护经费仍只是解决急修、抢修、重点修和重点保养，仅支撑故宫古建筑保持基本开放、不会消失，并无主动大规模修缮的可能。在笔者负责承担编制故宫古建筑维修计划和规划过程中，有几个征询的问题令笔者记忆犹新。其一是达到要求的目标需多长时间，笔者提出在不停止开放或曰正常开放，也即有计划地轮流维修的条件下，从2002年开始，需19年的时间，即到2020年，基本重点维修一遍。所以当时设定的目标是：2020年是紫禁城落成600周年，以全面维修一遍故宫古建筑的成果，迎接紫禁城落成600周年。其二是每年需多少资金，笔者大胆提出了每年几千万元的数字，而让我们无论如何也想不到的是，从2002—2020年，中央财政每年拨款1亿元用于故宫古建筑的保护、维修，而且据笔者所知，这1亿元每年按时到位。

虽然在中华人民共和国成立后，故宫古建筑不断得到保护维修，每年都没有间断过资金投入，而且保持逐年增加的势头。然而，从清朝被推翻，皇宫变为故宫，经历了30余年的战乱动荡，在近百年的时间里，对故宫古建筑如此大规模的维修还从未有过。因此，对这次故宫古建筑大规模维修也就被顺理成章地称为“故宫大修”或“故宫百年大修”，也实不为过。

回顾故宫大修的19年历程，大致可分为三个阶段：第一阶段，2002—2008年，根据李岚清副总理的指示，将古建筑维修列为故宫的头等大事，这7年时间，故宫古建筑维修的任务成为故宫总体工作的龙头；第二阶段，2009—2013年，故宫转入古建筑常态化维修阶段；第三阶段，2014—2020年，侧重点转为平安故宫建设和研究性保护修缮工作，更为理性地完结故宫大修，把一个完整的故宫，或曰一个完美的紫禁城交给下一个600年。

三、规划先行

为保证大修的顺利展开，必须规划先行。根据故宫博物院领导要求，由古建部负责制定总体规划，规划名称是“落实‘三个代表’重要思想，重现皇宫盛世风貌——2002—2020年故宫古建筑维修与保护规划”。

该规划的指导思想是李岚清副总理提出的要把维修保护好故宫这件事作为头等大事，真正维修出一个新水平来。李岚清副总理的指示高屋建瓴、一语中的，对故宫古建筑的保护具有方向性的指导意义。规划简要总结了自1949年中华人民共和国成立到 2000 年的 50 余年间，党和政府对故宫古建筑维修的专项投入及其历史作用，在此基础上对建筑仍存在的主要问题做了 7 个方面的分析，并按照每年 1 亿元人民币的维修经费，制订了三个阶段的规划：一是前文所述的 2002—2020 年的长远规划；二是 2003—2008 年的 6 年具体规划；三是 2002 年的维修保护计划。

规划的目标确定为：故宫古建筑维修保护的长远目标为全面恢复故宫古建筑的原状，到 2020 年，即紫禁城落成 600 周年（1420—2020 年）时，让祖国和人民的故宫恢复为一个体现昔日皇宫风貌、完整而金碧辉煌的故宫。

规划主要分为两期。第一期，2002—2008 年，到北京召开奥运会时，将故宫现有的主要建筑，尤其是开放区域的建筑全部维修一遍。2002 年是这一规划的第一年，要做好 7 年规划的基础工作。第二期，2009—2020 年，将故宫现有的古建筑全部恢复原状，并使故宫建筑年年小维修，几年一次大维修，使其整体得到保护。当时的主要思路是：先外围、后中心；先外路、后中轴；先地下、后地上；先示范、后推广。

规划列出了维修保护的重点内容、实施计划，并就完成规划的原则、主要工作提出了具体意见，包括加强对古建筑的研究、成立古建筑材料研究所、建立自有古建筑施工队伍和建立 4 个基地，即扩收技工和清工基地、古建筑材料基地、外加工基地、花木养护基地。这一规划此后经历了一定的调整，在此不赘述。

除了规划，前期准备工作还包括建立组织机构。基本为三级组织机构，1 个专家咨询委员会。三级机构组成为：文化部（现为文化和旅游部，下同）成立了故宫大修工程领导小组，领导小组组长为时任文化部部长孙家正亲自担任，时任文化部副部长王和平、时任文化部副部长兼故宫博物院院长郑欣淼任副组长；故宫博物院成立工程指挥部办公室；故宫维修工程的执行机构为工程管理处，工程处管理处秘书科代行工程指挥部办公室秘书职责。完整的组织机构，保证了决策、落实、执行的上下畅通，使维修工程不断推进。为保证大修工程始终能正确地落实文物保护指导思想、保护理念、保护原则，还成立了故宫修缮工程专家咨询委员会，集中了国内著名的专家、学者，由罗哲文先生担任专家委员会主任委员。自 2004 年开始，基本上每年召开一次专家委员会全体会议。

四、大修理念

2002—2003 年的两年多时间里，故宫古建筑的修缮工程推进总体较慢，急需一个节点的转化或显著的进展。故宫博物院领导及时采取措施，大力推进工程设计、方案报批、施工队伍调查、招标市场调研、严格组织招标等工作。故宫大修工程于 2004 年 6 月 4 日举行了开工仪式，包括午门正楼、太和殿西庑、保和殿西庑、后三宫西庑及周边建筑几个项目同时开工，使工程有了实质性进展。同时开工建筑面积达 2.68 万平方米，如果计入院落、地面面积，则达 10 万平方米以上。

在 2005 年竣工项目的基础上，间隔地开工太和殿东庑、保和殿东庑、后三宫东庑及周边建筑、钦安殿、延禧宫等项目的维修，施工面积为 12350 平方米，至 2006 年，大修的建筑面积为 41000 平方米左右。

总结推进迅速并取得明显成效的大修工程，应该肯定以下几个方面：

（1）大修使经过维修的建筑得到了有效的保护。在保护方案的制订、评审、上报、完善的过程中，坚持了以保护为主的原则。施工中坚持了不改变原状的原则。故宫古建筑是中国古建筑的精华，故宫古建筑保护的理念、施工做法，尤其是对原工艺的坚守，得到全国乃至国际的普遍关注。时刻严格要求，敬畏文物，做文物保护原则的坚定维护者，始终是我们在故宫古建筑保护维修中坚持的目标，并在项目中努力为之。

（2）保持和坚守原工艺、传统工艺。故宫古建筑是我国官式建筑的代表，其工艺是古代建筑策划者、设计者、工艺匠师的智慧结晶。大修中，按照瓦、木、油、画、石、土、裱七大作严格把关，使官式建筑的工艺特征和要领等得到了有效的传承。

（3）为使维修材料与原材料尽量一致，尤其是保证质量要求，故宫利用管理和经费优势条件，确定了主要材料甲方（即故宫）采购原则，主要是木材、青砖、琉璃瓦件、金箔等材料，保证了古建筑维修中主要材料的材质、储存、使用。

（4）管理队伍建设得到加强，管理水平得到提高。多年来，故宫有着健全的管理机构，能够进行专业研究、工程设计、项目管理、工程施工等。大修充分发挥了这些优势，尤其是工程管理处，组成了完整的管理体系，实行了项目负责人制，锻炼了一批善于管理的干部。为满足大修需要，连续多年从历届高校毕业生中选取、录用优秀的本科生、研究生。这批人才有的参与了大修的部分过程，有的甚至完整地参与了全程。故宫古建筑大修切实地为故宫古建筑的保护事业培养、充实了年轻的研究、技术、项目管理人员，使故宫古建筑保护事业后继有人。

（5）由于故宫古建筑维修注重原工艺和传统工艺，古建筑维护与修缮工艺得以在施工队伍中传承下来。无论是故宫自有施工队伍，抑或是招标进入故宫的施工队伍，都注重官式建筑工艺的训练、培养、考查和实际操作成果的检验、监督。在原工艺得到保护的背景下，更使官式工艺有了传承之人，不仅促使故宫施工队伍，也使得北京地区古建筑施工队伍的工匠向年轻化、多专业化转变。

（6）进一步规范工程资料档案的收集、整理、归档工作，尤其是借助故宫信息资料中心的介入，使档案的电子化、先进性有了实质性的保障。

（7）通过大修，增强了整体规划意识，故宫博物院由此拟制定总体保护规划大纲。

（8）此次大修尝试妥善处理修缮与开放的关系。例如在太和殿、太和门大修中，利用围挡，采取大型彩绘喷涂，配以较简练的文字、图片，介绍建筑知识、历史知识及维修知识，弥补了两年多时间中太和殿及太和门不能向观众开放的遗憾，收到良好的公众效果（图 4）。

图 4　维修中的太和殿

（9）通过大修，提高了故宫的利用水平。利用是文物保护的主要目的之一。结合大修，故宫随之扩大了开放区域、开放建筑、开放面积，充实了开放内容，得到良好的社会反响。

（10）故宫安全得到进一步巩固。故宫古建的维修与部分安全防护工程，包括消防、技防、防雷等同步进行。在之后的十几年中，古建修护始终与平安故宫建设项目紧密结合。同时，维修施工十分注意安全，有一套严格的进场教育、现场检查、用电管理、环境整理、出场要求、文物保护的管理制度，安全意识、安全制度、安全监管、安全设施贯穿始终，并且不断得到健全和加强。故宫安全已不仅是口号，已表现为参与意识和实际行为。

（11）故宫大修还促进、带动了科学技术在文物保护工程中的应用，使探求新保护技术和新材料在古建筑保护中的作用成为一个课题。

五、重点工艺

2006年开工的最重要工程是太和殿维修（图5）及太和门维修，形成了2002—2008年故宫古建筑维修的高点，故宫维修的建筑，尤其是太和殿等中路建筑，官式做法非常具有代表性。

图5　2006年修缮前的太和殿

太和殿，俗称金銮殿，明永乐十八年（1420）建成，时称奉天殿，嘉靖四十一年（1562）改称皇极殿，清顺治二年（1645）改今名，屡遭焚毁，三次重建。现在所见的是清代康熙三十四年（1695）重建后的形制，上承重檐庑殿顶，金龙和玺彩画，下座3层汉白玉台阶，屋顶仙人1件，走兽多达10件，为中国现存最大木构架官式建筑。太和殿匾额“建极绥猷”，为乾隆皇帝御笔。

笔者及其学生崔瑾有专著《太和殿三百年》，2016年出版，书中较详细地介绍了太和殿的历史、建筑与结构、装修、陈列等，详细介绍了太和殿修缮前的情况、存在的问题、修缮的主要内容和修缮过程，展示了修缮成果。太和殿的修缮应该说是基本成功的，达到了保护的目的，使之辉煌仍在，为延续和保存打下了基础，创造了条件（图6）。

图6　中轴东庑修缮后局部

故宫大修是在推进中不断成熟的。作为官式古建筑的代表，在故宫中，可以说古建筑所有的工艺都得到传承，所有的手法都有体现，所有的材料都有运用。到这次大修，古建筑“八大作”中的六大作，即瓦、木、油、画、石、土，仍然齐全。首先，从设计方案开始，强调原形制、原结构、原工艺、原材料及传统工艺。在实施中，由故宫安排项目负责人现场监督、检查、签字，不能走样。另两作，一是搭作，即架子工，只是在大修之前，原来的搭材和技术基本缺失了；二是裱糊作，由于三十年以来，修缮中很少再有裱糊，所以基本没有了裱糊专业。在这次全面保护、整体维修中，有多处必须保留和按原工艺进行裱糊修缮。

为了保证把这一古建筑不能缺少的工艺找回来，故宫采取了三项举措：第一，在故宫修缮中心，启用同裱糊有关系，并有一定技艺的老工人，让他们参与裱糊修缮项目；第二，将1974年招收的学习裱糊的学徒工，现在还在故宫工作的工人请出来，参与裱糊修缮工艺的传承；第三，请参加故宫大修工程的工程公司，调配本公司具有古建筑裱糊技术的工人纳入施工队。三项举措保证了大修中的裱糊项目的完成，也培养和带出了新的传承人。

在维修理念上，故宫坚持“不改变原状的原则”，不断修正着过度、不当的修缮措施，使得整体修缮平稳推进。维修中涉及的主要问题如下：

（1）屋面做法。从大规模挑顶揭瓦逐渐走向控制挑顶、适当揭瓦的做法。不再因为屋面年代久远，就一定要重做屋脊、重瓦瓦件。实践中发现，有的建筑在揭瓦以后，发现灰背保存状态非常好，是大殿常年没有发生雨水渗漏的一道有效屏障。比如太和殿，瓦件揭下之后，发现太和殿完全是灰背，也是白灰瓦瓦，且在望板上面刮了油满。令人惊艳的是，如此大面积的屋面灰背，没有裂纹、粉化、起鼓、脱落等古建筑常见的屋脊残损问题。这种情况在经过科学论证后，停止和取消了挑顶，再恢复瓦瓦。

（2）瓦件。从实际中可以看到，年代久远的瓦件虽然釉面发生部分剥落，但即使是全部剥落，只要胎面未发生开裂、粉化，其隔水作用仍然不次于新琉璃瓦，更多保留老瓦件逐渐成为保护维修认识的主流。

（3）琉璃瓦件复釉。虽然可以查到，历史上有过琉璃瓦件、饰件复釉之说，但如果生套过来，弊多利少。如果对只是部分脱釉的瓦件进行复釉，必须先清理釉面，而清理的过程会使至少 20% 的老瓦件损坏，且复釉的效果另当别论。仅是在清理釉面中的损失就足以说明复釉的不良后果，所以在后续的维修中，逐渐减少和摒弃了复釉做法。

（4）琉璃瓦件清洗。对老琉璃瓦件进行药物清洗也非常值得商榷。在没有绝对把握的情况下，轻易采取药物清洗措施所带来的负面影响已经很明显。

（5）油饰彩画。油饰还不为重，主要是彩画。轻易砍掉重做的建筑，在第一阶段的修缮中不时出现。这种彩画保护方式在第二阶段后的维修中逐渐转变为“能保尽保，不予重做”，显得稳妥得多。但也应注意，不要走向另一个极端，应根据彩画的功能、价值，在文物保护的原则下，让古建筑的彩画重新回到古建筑保护的轨道上来。古建筑的彩画同古建筑是一体的，在古建筑后期发展阶段，彩画通常在古建筑中的地位或作用是：保护木构件、装饰建筑、表达等级。如果把彩画与古建筑分离，单独作为一个专业进行勘察、研究和保护，尤其同古建筑上的壁画相提并论，则从理论与实际看，都是不恰当的。应根据古建筑彩画的客观规律、存在状况、保护需求，采取适当的保护措施。

毋庸讳言，故宫古建筑保护工程有进展，也存在不足；有正确的理念一以贯之，但也有不甚得当的做法引起过激烈的争论。在适当的时候，对近 20 年故宫大修做出科学、全面、实事求是的评估和总结，以不辱故宫研究与保护的历史使命是十分必要的。

六、管理制度

建立保护维修工程管理办法，全过程组织管理制度化是规范管理大修工程的重要保证。

本次故宫全面保护整体维修工程是有史以来规模最大、内容最多、工期最长、结构最复杂的一次。根据这些从未有过的特点，既要满足故宫保护维修工程本身的规律性、独特性，充分利用故宫现有机构、专业人员的丰富经验优势，又要适应现代化管理的趋势，进行团队建设、机构设置、运行机制和进程管控。这是制度建设的主要内容。

第一，明确管理定位。故宫的文物保护工程不是普通的工程项目，而是影响颇大、意义深远的文物保护工程和文化建设项目。由此，一是按市场规律组织项目团队，这个团队包括业主本身，又包括工程设计单位、项目施工单位、监理单位、材料供应商、委托招标单位等。采用各种招标方式是选定项目参与方而组建项目团队的基本方式。一个项目团队必须完整地实施项目全过程，提供阶段性成果，也要完成行政和管理工作。例如项目准备、立项、工程验收、采购管理、资金管理、合同管理、安全管理、风险管理等。二是业主直接管理工程。由于故宫是中国最具代表性的古建筑群，其材料、工艺、技术等都有独特之处，故宫工程不但具有实践意义，还具有重要的理论价值。多年来，故宫维修保护工作积累了许多成熟的经验和形成了稳定的理念，也培养造就了一批又一批的专业技术和管理人员，这是任何“第三方”无法达到的先天条件。三是采用项目群管理模式。一个修缮项目是由若干个相互联系的分项目或独立小项目组成的。如果不能做到协调、集中，容易形成分散管理、多头控制，最终造成目标不集中，影响总体效果。故宫打破原来管理的职能模式，有统一决策机构、统一执行机构，也称“大甲方”制。

第二，项目运作。项目的程序主要有 5 个阶段，即调查和现场勘察、设计工程方案、方案申报审批、工程施工、工程结项。这 5 个阶段首尾相接又相对独立、程序分割义有交义，成果归属明显又相互影响，构成项目的生存周期。

第三，质量控制。质量控制是故宫保护维修工程的生命线、中心线，在处理进度、质量和成本三者关系时，必须把质量放在第一位，这是故宫保护工程管理工作的“硬道理”，也是不可逾越的底线。按照全面质量管理的理念，包括设计质量，要有高质量的调研、分析、勘察，设计理念严格落实“不改变文物原状”的原则；集中专家和设计人员的智慧，保证设计方案的科学性和可靠性；实行甲方供料制，保证古建维修用料质量；制定材料采购专项办法；工程管理处在施工现场有专人负责等。

故宫大修形成了 20 余项管理制度，包括专家咨询制度、工程测绘制度、甲方定制主要材料制度、项目负责人制度等，这些大修管理制度基本到位、行之有效，为大修的顺利、健康、有效推进发挥了明显作用。

七、文物利用

自 2008 年年末开始，故宫博物院领导提出故宫保护维修工程，也就是前文所称的故宫大修进入常态化维修阶段。按笔者理解，常态化指不再大面积集中项目施工，但并非停滞。经过 2008—2019 年 11 年的修缮，故宫的维修进一步取得明显效果，参见图 7 ~ 图 9 的效果图。

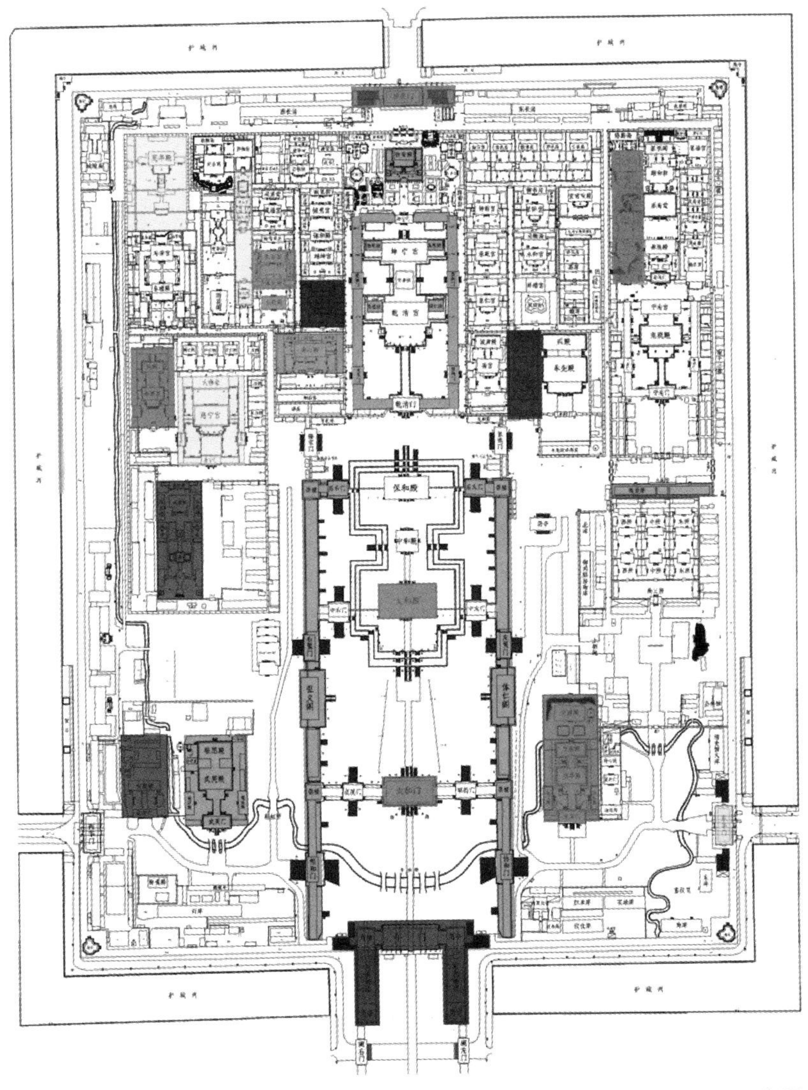

图 7　2019 年前故宫修缮进展示意图

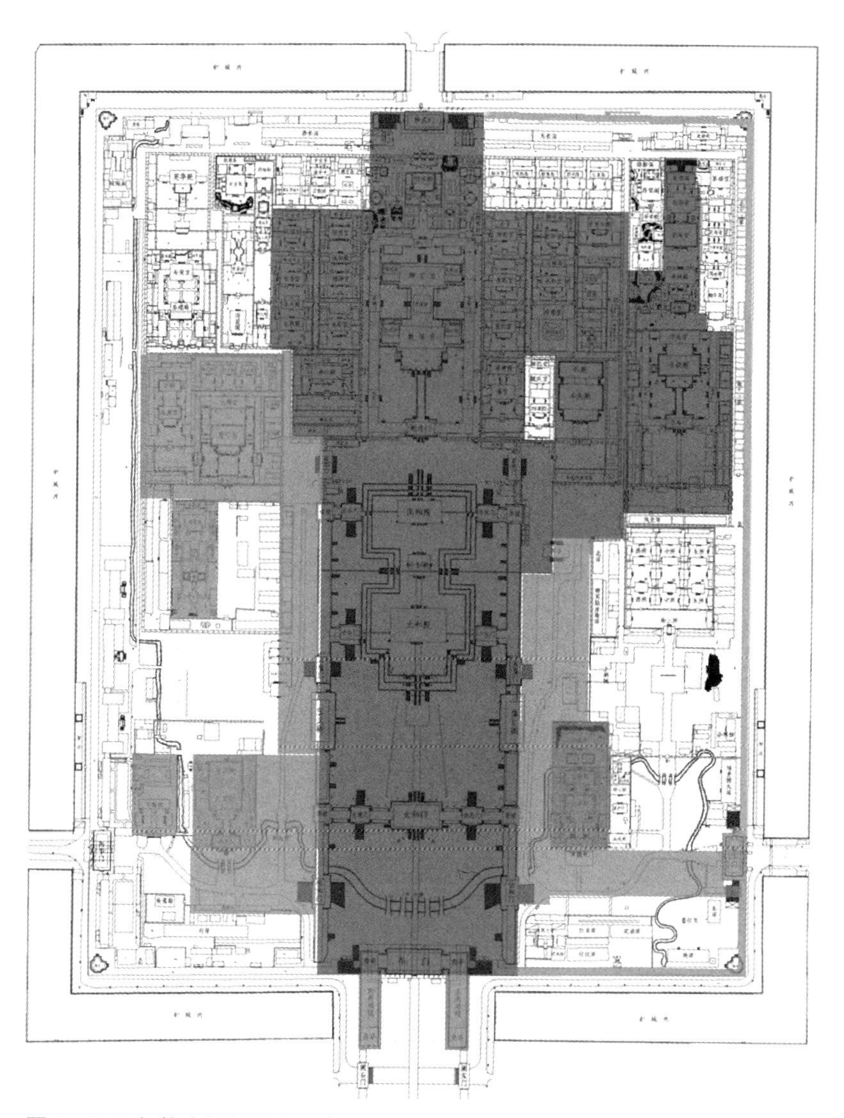

图 8　2019 年故宫开放面积示意图

如图 7 所示，2002—2006 年前，维修了武英殿一区建筑、太和门西庑和东庑区域建筑、保和殿西庑和东庑区域建筑、后三宫西庑与东庑及周边建筑、午门建筑、钦安殿建筑、戏衣库建筑等。2006—2008 年，维修了太和殿建筑、太和门建筑、神武门建筑、文华殿区域建筑、寿康宫一区等建筑。2008—2015 年，维修了午门东雁翅楼和西雁翅楼、毓庆宫一区建筑、西六宫永寿宫一区建筑、建福宫一区建筑、慈宁宫一区建筑、英华殿一区建筑、慈宁宫花园区域建筑、宝蕴楼区域建筑、东华门

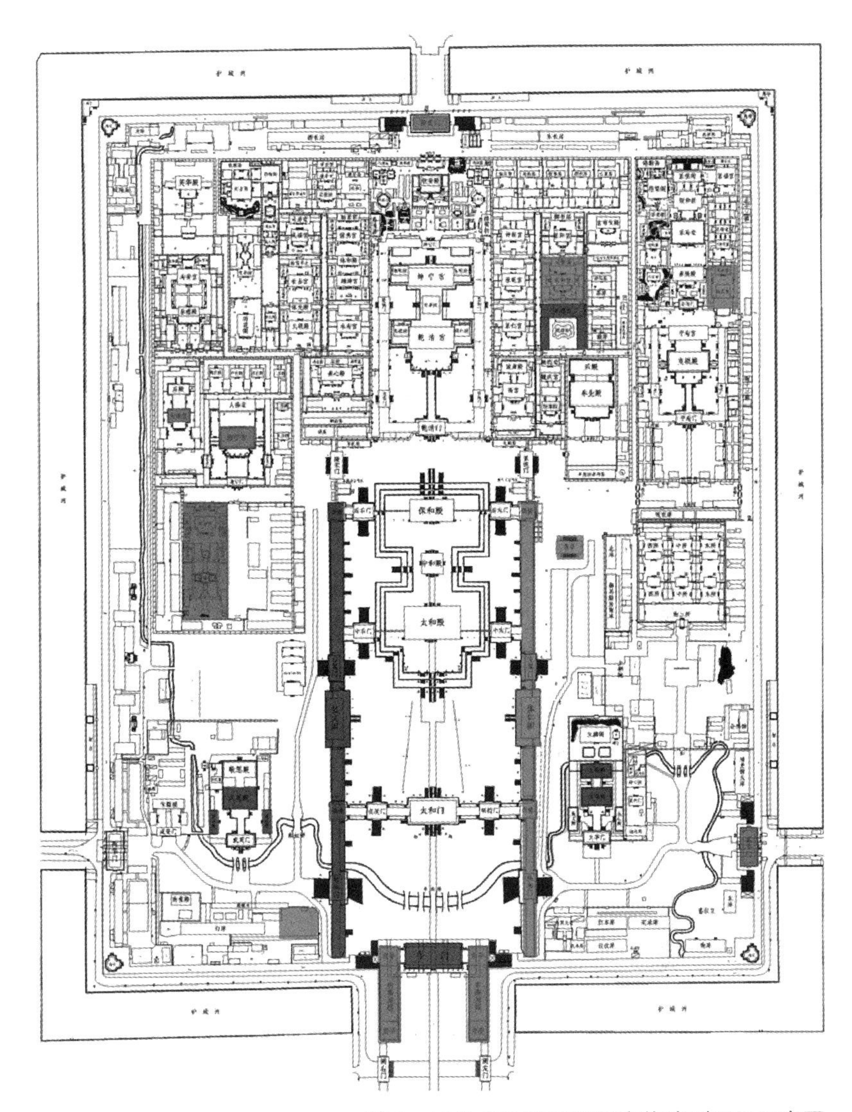

图 9　2015 年故宫可移动文物陈列展示示意图

建筑、故宫院外的御史衙门建筑群等。2015 年以后维修的是养心殿一区建筑、西六宫太极殿一区建筑、体元殿、宁寿宫花园区域建筑、故宫院外的大高玄殿建筑群等。

图 8 标示的是开放面积。故宫的开放面积，一般是指建筑开放面积与室内原状陈列面积。这次大修之前，故宫的开放区域主要是故宫中轴线建筑、东六宫建筑、西六宫建筑、外东路的宁寿宫建筑群，而室内的原状陈列、开放面积不断变化，且开放面积不多。图中的原开放面积，中轴线的建筑太和殿曾经

可以穿过，西六宫的养心殿曾可进入室内。20 世纪 90 年代后，基本是只可在门外观看，不能进入室内。外东路的皇极殿、宁寿宫等因兼做珍宝馆，可进入室内。所以，向观众开放的建筑，大部分室内没有陈列或不具备开放条件。由于全面保护整体维修的成果，使得建筑开放面积大幅度增加，中轴线的两庑建筑及室内大部分已经开放，增加了午门建筑、东华门建筑、文华殿区域建筑、神武门建筑的开放，尤其是大面积增加了故宫外两路的开放，包括武英殿一区、断虹桥至隆宗门区域建筑及构筑物、慈宁宫区域建筑、寿康宫区域建筑、慈宁宫花园区域建筑、午门城楼建筑群、午门东侧城墙、东华门及东城墙、神武门及东侧城墙、东侧两角楼等。

图 9 显示了可移动文物室内展示的面积。故宫收藏有 186.7 万余件文物，展示这些珍贵文物，始终是故宫作为博物院的重要职责，故宫古建筑全面保护和整体维护修缮的成果，给展示创造了条件，不包括调整的展示面积，仅新增的室内展示面积，即有午门建筑群、三大殿东庑和西庑建筑群、神武门建筑、东六宫的延禧宫和永和宫、东华门建筑、箭亭建筑、宁寿宫东庑、慈宁宫建筑、武英殿一区建筑、文华殿一区建筑等。

有人总问，故宫到底开放了多大面积、增加了多少。由于认定的基数不一样或不准确，统计的方式、内容也不一致，很难有准确结论。例如按区域计算，还是按建筑、院落计算，如果按区域计算，室内面积是否计算等。但一个基本事实是，大修之前故宫收藏的 180 余万件可移动文物基本都放置在古建筑内，使古建筑无法修缮；20 世纪 80 年代中期开始，至 20 世纪 90 年代末，故宫建设了相当规模的地下文物库房，也就陆续腾出一些古建筑，但又因经费问题，很难进行大面积修缮。同时也有整个社会对文化遗产，包括对故宫这样的古建筑在精神、意识与实际上的需求变化的因素。

正是这次大修促进了文物入库，得到了充足的经费，使古建筑得到全面修缮成为现实，让古建筑扩大开放不再是幻想和空话，也使故宫具备了对可移动文物进行更多展示的条件。所有这些成果恰恰契合了民族文化自信、文化遗产保护、传统文化利用、文化强国建设的大势与需求。

故宫在大修之前开放面积约为30%，而到2018年，故宫的开放面积达到76%，增加了一倍多。修缮后的太和殿及两庑局部如图10所示。故宫博物院的目标是在2020年，即故宫古建筑修缮收官之年，开放面积达到80%。近些年，故宫新推出的一批各种类型、独具特色的陈列展览，影响重大。午门城楼和两侧雁翅楼不断更新的国际、国内重大题材专项文物展，如，2005年4月《太阳王 路易十四——法国凡尔赛宫珍品特展》、2005年9月《瑞典藏中国陶瓷展》、2017年《浴火重生——阿富汗国家博物馆宝藏》、2020年《丹宸永固——紫禁城600年大展》等，武英殿的重要书画展，如2005年《盛世文治——清宫典籍文化展》、2015年《清明上河图》《兰亭序》展，还有东华门古建筑展、南大库宫廷家具展等。无论从展览内容、展览形式、展览艺术都有很大的提高，甚至产生轰动效应，成为故宫博物院的精准品牌。

图10　修缮后的太和殿及两庑局部

八、平安故宫

据笔者所知，平安故宫理念基本始于2013年。其阶段性目标与故宫大修平衡推进，争取用3年时间，实际不足3年时间，在2015年即故宫博物院成立90周年之时，有效缓解当时存在的火灾、盗窃、雷击、震灾、踩踏等方面的重大隐患，解除其中最紧迫、最危险的隐患点。当时故宫博物院领导面临的最大任务是防止盗窃，以提高故宫的安全度、信誉度、可靠度。因此，完善故宫博物院的安防系统是重要内容，但安防系统的健全、科学、有效更为重要。平安故宫的中长期目标，是用 8 年时间，即到 2020 年紫禁城落成 600 周年时，与故宫古建筑的维修保护同步，在提高古建筑保护水平的同时，基本实现故宫博物院进入安全稳定的健康状态，以全面提升管理和服务水平，迈进世界一流博物馆的行列。

2020 年是非常具有代表性的时间点，在以习近平同志为核心的党中央领导下，在习近平新时代中国特色社会主义思想引领下，我国于 2020 年全面进入小康社会，同时也是故宫落成 600 周年。故宫辉煌风貌的再现表明其所承载的一个大时代的古建筑文化得到了有效的保护、传承和光大。故宫大修工程目标在 2020 年实现，使平安故宫得以彰显，体现了故宫博物院以新的面貌、以更为自信的姿态迈入下一个 600 年。

随着平安故宫的建设，一系列重点工程项目内容得到实质性展开，包括面积大约 47.5 万平方米，其中约 12 万平方米建筑的故宫博物院北院区项目建设、地下文物库扩容提升、故宫博物院安全防范新系统完善、院藏文物抢救性保护等 7 项内容，平安故宫也将真正带来故宫的平安。

九、理念创新

随着常态化下的古建筑修缮，在平安故宫建设理念后，同时推进的一个新的保护修缮理念诞生了——时任故宫博物院院长单霁翔提出了“研究型修缮工程”的创新理念。在大高玄殿初试（图 11）的基础上，将养心殿工程作为系统、完整的研究型修缮项目。在养心殿的维修保护前，由相关部门或研究、技术人员提出建筑格局研究、瓦件材料研究、彩画形制及色彩研究、玻璃材料研究、宫廷历史原状研究、装修研究、故宫古建筑修缮施工工具调研、研究型修缮管理制度研究等 30 余项各类研究课题、研究项目，可谓五彩纷呈，使研究与保护并行、方式互补、成果共享，使故宫古建筑保护呈现了多面性、立体性、前瞻性的整体水平，为古建筑保护提供了新的思路（图 12、图 13）。这种创新性的文物建筑保护理念、运行模式、实际践行等，虽然还未可知其能否延扩到故宫古建筑保护维修工程的所有重要项目，进而给全国文物建筑保护提供可以效仿的模式，且其解决掣肘因素的方法也还不得而知，但其体现出的优点确实值得重视，对文物建筑保护的理论建立和延续，在可视和可预料的范围将起到很重要的作用。

图 11　维修中的大高玄殿

图 12　修缮后的弘义阁

图 13　修缮后的太和门及西庑建筑

故宫是中华民族极具代表性的文化遗产，党和政府及各界关心、爱护、支持故宫古建筑保护事业是实现故宫古建筑全面保护整体维修目标的必要条件。正是因为具备了这个厚重的条件，可以说，迎接紫禁城落成 600 周年，把一个完整的紫禁城交给下一个 600 年的目标已经实现，让下一个 600 年的紫禁城更美好的目标已经启程，这个目标也一定会实现。

北京故宫毓庆宫建筑年代浅析

贾京健[*]

摘　要：本文从建筑法式特征分析了北京故宫毓庆宫建筑群，考察主体建筑惇本殿、毓庆宫前殿、继德堂、后罩房，发现其柱网特征、间架结构，构件截面尺寸及细部工艺做法等均反映了清中期的建筑特征。

关键词：毓庆宫；惇本殿；工字殿

一、毓庆宫区建筑概况

毓庆宫建筑群，位于紫禁城内廷东路，东西与奉先殿和斋宫相邻，是紫禁城中的重要殿宇。最初的毓庆宫始建于康熙十八年（1679），后改建为斋宫。今日所见的毓庆宫建筑群是乾隆八年（1743）在明代神霄殿、宏孝殿位置新改建的，后经乾隆、嘉庆朝的改建和添建，形成今天的格局。从建筑法式特征分析，主体建筑惇本殿、毓庆宫前殿、继德堂、后罩房反映了清中期的建筑特征。

历史上，毓庆宫是康熙皇帝为皇太子允礽所建的太子宫。乾隆皇帝少年时、嘉庆皇帝幼时曾居此宫，嘉庆皇帝即位后又

* 故宫博物院高级工程师。

在此居住过。毓庆宫也曾作为光绪、宣统等皇帝读书的地方。

毓庆宫建筑群南北长约 93 米，东西宽约 33 米，占地面积约 3070 平方米。其由四进院落组成，主要建筑为自南向北轴线上的前星门、屏门、祥旭门、惇本殿、毓庆宫（毓庆宫前殿、穿堂、继德堂）、后罩房以及两侧的配殿、围房、值房等建筑。主体建筑为惇本殿、毓庆宫前殿、继德堂、后罩房（图 1）。

图 1　毓庆宫全景（陈百发　摄）

二、毓庆宫建筑历史沿革

毓庆宫的初建与康熙皇帝公开立储制度密不可分，康熙十八年（1679）将明代神霄殿改建为太子宫，始称毓庆宫。《钦定日下旧闻考・卷三十三・宫室》载：“……前明宫室规制，本朝多仍其旧，有更易其名者，如皇极门今改为太和门……其宏孝、神霄等殿，今改建斋宫及毓庆宫。”[1] 康熙十八年（1679）建皇太子宫，正殿曰惇本殿，殿之后曰毓庆宫，前曰祥旭门。[1] 当时的毓庆宫仅为两进院落，主体建筑为前殿惇本殿，后殿毓

1 《康熙会典》卷 131.

庆宫。雍正九年（1731）二月初二日，内务府总管海望奉上谕："毓庆宫改为斋宫不必将就盖造，另画样呈览过重新盖造。钦此"从这条档案的记载及斋宫建造年代所在位置，可以看出斋宫所在地的前身应是毓庆宫，也就是说康熙十八年毓庆宫是在明代奉慈殿一带基址上建造的。[2]

乾隆八年（1743），毓庆宫进行了大规模的建造工程。据内务府奏案："乾隆八年十一月初九日，奴才海望、三和谨奏，为请领银两事。奴才等遵旨办理毓庆宫工程，照依奏准式样建造大殿五间，后殿五间，照殿五间，前东、西配殿六间，琉璃宫门两座，转角露顶围房三十四间，宫门前值房十四间，后院净房一间，成砌宫门大殿后殿两边院墙，铺墁甬路、散水、丹墀，海墁地面。其殿宇房座俱照宫殿式样油饰、彩画、糊裱。斋宫门外建造值房六间。除松木、架木、蔗杆、库贮铜、锡、银、朱、苎布、绫绢、纸张等项向部、司取用，以及本工拆下之旧木石砖瓦拣选添用外，约估需用办买物料、给发匠夫并琉璃瓦料银五万四千九百七十余两，请向广储司支领应用，以便今冬备料，明春兴修。俟工竣之日，将用过钱粮细数据实（清）销。倘有盈余，照例交回，如不敷用，再行奏请。谨将约估分析银两细数另缮清单，一并恭呈御览。为此谨奏。"乾隆八年十一月初九日，海望、三和将毓庆宫工程奏折一件、随折一件、做法册一本，交太监张玉转奏。奉旨："原旧琉璃门自应拆挪盖造，不必估入。其斋宫琉璃门前值房用琉璃瓦料，毓庆宫琉璃门前值房用布筒瓦，至殿宇门座不用青白石，改为青砂石料。且原有旧料所估银两甚多，暂领银二万两，办理减定做法另行约估奏闻。钦此"。[1]

从档案内容来看，此次工程规模很大，工程用料用银数量甚巨，均指向此次工程为一次大规模的新建或改建工程。首先，档案中工程范围包括：①单体建筑工程，包括建造大殿 5 间，后殿 5 间，照殿 5 间，前东、西配殿 6 间，琉璃宫门两座，转

1 《内务府奏案》.

角露顶围房 34 间，宫门前值房 14 间，后院净房 1 间。②成砌院墙：成砌宫门大殿后殿两边院墙。③铺墁地面工程，包括铺墁甬路、散水、丹墀，海墁地面。④油饰、彩画、糊裱等项目。其次，工程用料涉及瓦、木、油、石各工种。最后，工程除内务府库存用料及拆卸旧料，还需用工料银达 54970 余两银之巨。此时的毓庆宫已不是康熙十八年所建的毓庆宫，而是在明代神霄殿、弘孝殿位置新改建的毓庆宫，档案中提及“本工拆下之旧木石砖瓦”证明，在此次工程之前此地已有房屋，此次工程是在拆除原有建筑后改建而成。从乾隆十五年（1750）京城全图来看，当时毓庆宫与斋宫并存，奉先殿以西为毓庆宫建筑群，再西为斋宫建筑群，毓庆宫的建筑规模布局与乾隆八年档案记载一致（图 2）。今日所见的毓庆宫建筑群就是在此基础上进行改建添建而形成的。而在此次改建之前，这一区域的建筑规模或是否已有初具规模的毓庆宫，尚待进一步考证。

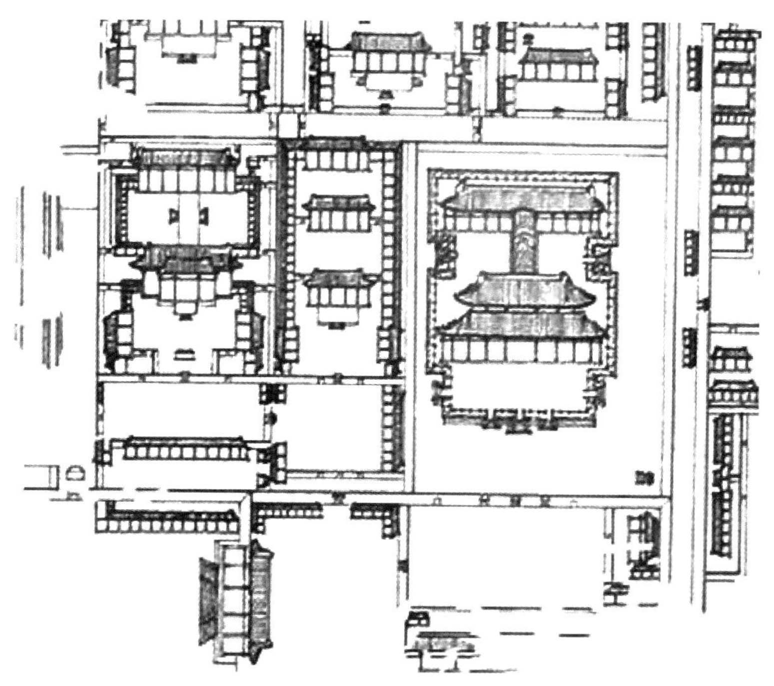

图 2　乾隆十五年京城全图中的毓庆宫（故宫博物院藏）

乾隆六十年（1795），毓庆宫区进行较大规模改建，除附属建筑外，主体建筑也有较大变动，将惇本殿向南挪盖至今天的位置，仍沿用“惇本殿”之名。添盖大殿1座（毓庆宫前殿）：“据《内务府奏销档》，奴才和珅、福长安、盛住谨奏，为奏闻销算工料、银两事……再查本年正月内后遵旨，将：毓庆宫殿前添盖大殿一座，其惇本殿并东、西配殿露顶、祥旭门俱往前挪盖，添盖围房、值房、游廊及东山抱厦，改盖顺山殿以及添做檐网，改做画活，琉璃头停并内檐装修、油画、裱糊，除行取外，按例约需工料银二万一千四百六十两五钱八分三厘。又宁寿宫……约需工料银四千五十两二钱一厘。以上二项共估需银二万五千五百十两七钱八分四厘。其节次遵旨应修活计俱经奴才等先后烫样，于去冬今春估计钱粮奏准在案，当即捡派妥员敬谨修理。今据该监督等呈报，实修得：毓庆宫添盖大殿一座，计五间；继德堂东山添盖抱厦一间；改盖东顺山殿三间；后殿两边添盖游廊两座，每座三间；挪盖惇本殿一座，计五间；东、西配殿两座，每座计三间；配殿南山房两座，每座一间；祥旭门一座；添盖东、西围房六间；改盖东、西围房六间；祥旭门前院改盖值房两座，每座计三间；成砌月台、丹陛、墙垣；拆墁甬路；海墁散水；挪安青白石灯座、缸座；添锭铜丝檐网；添安铜字匾额及油画、裱糊、内里装修等项。除行取物料应用外，实查用过工料银二万一千六百八十八两九钱七分六厘。”[1]

嘉庆六年（1801），毓庆宫前殿与继德堂之间添建穿堂，始定今日工字殿之规模。《内务府奏案》记载：“嘉庆六年四月十二日……毓庆宫后檐至继德堂前檐添建穿堂一座，计三间。内明间面阔一丈，二次间各面阔七尺八寸，进深一丈二尺三寸，柱高一丈一尺、径一尺，安斗口二寸二分单昂斗科，四檩卷棚二扒山成造。装修东、西二面支摘窗六槽，内里顶格，安砌青白土衬、埋头、柱顶、阶条、西洋踏跺等石，磉墩、拦土、埋头、地面踏跺、背底槛墙，里皮灰砌城砖，台帮、槛墙外面细停城砖。头停苫掺灰泥背一层，青灰背三层，提压青浆，瓦六

1 《内务府奏案》：449-135-1.

样黄色琉璃瓦料，地面细澄浆二尺方砖以及油画、内里装修、楠木书格、铜丝檐网、天沟铺锡。”[1]

三、主体建筑特征分析

（一）惇本殿

惇本殿为开间 5 间、进深 1 间，前后廊，六样黄琉璃瓦七檩歇山顶建筑。建筑面积（台明面积）211.4 平方米。前檐明间、次间金部设隔扇均安帘架，梢间设槛窗，后檐明间檐部设隔扇，安帘架。隔扇、槛窗及横披窗均为双面台毯纹菱花心屉。内外檐龙枋心金线大点金旋子彩画。室内明间正中设宝座。

明间面阔 3.84 米，次间与梢间均为 3.54 米，通面阔 18 米，进深前后金柱间 5.79 米，前后廊步深 1.33 米，通进深 8.45 米。通面阔与通进深比为 2.13∶1。清《工程做法》对大式带斗拱做法庑殿或歇山大木做法规定了明、次、梢间面阔取值关系，若明间平身科六攒，加两边柱头科各半攒，即明间面阔共 77 斗口，次间则减一攒，即 66 斗口，梢间与次间相等或再递减一攒至 55 斗口。等级稍低的建筑在《工程做法》未做明确规定，而是根据实际情况酌定，谓之“至次间、梢间面阔。临期酌夺地势定尺寸”。惇本殿明间开间虽大于次间，次间仅减 8%，次间与梢间相同，即：明间＞次间＝梢间。明间、次间和梢间均设平身科斗拱 4 攒，山面中央间设平身科斗拱 8 攒，前后廊步各设平身科斗拱 1 攒。

梁架结构为七檩歇山木架，共设前后檐檐柱、金柱各一排，前、后金柱头上承五架梁，五架梁上设瓜柱，瓜柱上承三架梁，三架梁中部承脊瓜柱。两侧设角背支撑。梁架前后檐檩中心的水平距离为 9170 毫米，檐檩上皮至脊檩上皮的垂直距离为 2771 毫米，整个屋架高跨比为 1∶3.3。檐步举架系数为 0.50，

1 《内务府奏案》：05，0490，044.

金步为 0.60，脊步为 0.74。与《工程做法》七檩大木常用五举、七举、九举的取值相比，屋面较为平缓。歇山山面梁架为两山顺梁承托踩步金的形式，踩步金截面与正身五架梁截面相近，位置略高于五架梁，其下设随梁。

从细部做法特征上看，檐柱柱径 380 毫米，柱高 3.69 米（不计柱顶石鼓径高），檐柱径与柱高比为 1∶9.71，与《工程做法》取值趋近。三架梁高 485 毫米，宽 400 毫米，高宽比为 1.21∶1。五架梁高 540 毫米，宽 460 毫米，高宽比为 1.17∶1。与《工程做法》规定基本一致。《工程做法》规定“五架梁以檐柱径加两寸定厚，高按本身之厚每尺加三寸”，惇本殿五架梁宽比檐柱径多 80 毫米，按清尺 32 厘米计，约 2.5 寸，高比本身宽每尺多出 80 毫米，约为 2.5 寸，与《工程做法》规定基本一致。《工程做法》规定三架梁高宽应为五架梁高宽各收两寸，即高 467 毫米，宽 396 毫米，与现状较为接近。三架梁与五架梁均做圆弧形熊背，但曲线与梁侧面交接并不是圆滑自然过渡，而是有明显棱线，兼有四棱见线做法特征。脊瓜柱为清代常用的抹圆做法，相邻檩间榫卯为燕尾榫形式，屋面望板以顺望板为主。

（二）毓庆宫前殿

毓庆宫前殿为开间 5 间、进深 3 间，六样黄琉璃瓦七檩歇山顶建筑。建筑面积（台明面积）201.5 平方米。前檐明间设隔扇门 4 扇，外安帘架及风门，前檐次间、梢间及后檐次间及东梢间外均设槛墙，设步步锦支摘窗。后檐明间与工字廊相连。内外檐烟琢墨石碾玉旋子彩画。

明间面阔 4 米，次间与梢间均为 3.6 米，通面阔 18.4 米，通进深 7.75 米。通面阔与通进深比为 2.37∶1。毓庆宫明间面阔大于次间，次间面阔为明间的 0.9 倍，次间与梢间相同，即：明间＞次间＝梢间。明间、次间和梢间均设平身科斗拱 4 攒，山面中央间设平身科斗拱 7 攒，梢间各设平身科斗拱 1 攒。

梁架结构为七檩歇山木架，共设前后檐檐柱各一排，前后檐柱头上承七架挑尖梁，七架挑尖梁上设柁墩，上承五架梁，五架梁上设瓜柱，上承三架梁，三架梁中部承脊瓜柱。两侧设角背支撑。梁架前后檐檩中心的水平距离为8120毫米，檐檩上皮至脊檩上皮的垂直距离为2525毫米，整个屋架高跨比为1∶3.2。步架深呈现出檐步架＝金步架＝脊步架的取值关系，与《工程做法》规定一致。檐步举架系数为0.47，金步为0.65，脊步为0.76。与《工程做法》七檩大木常用五举、七举、九举的取值相比，屋面较为平缓。与惇本殿不同，歇山山面梁架为两山趴梁承托踩步金的形式，踩步金截面与正身五架梁截面相近，但尺寸略小，位置略高于五架梁，其下设随梁。两山用顺梁与趴梁承托踩步金是明清歇山建筑山面的最常用结构形式，按梁与檐檩的交接方式分为顺梁和趴梁，梁头位于檐檩之下，其底面落于山面檐柱柱头之上称为“顺梁”，梁头扣于山面檐檩之上则称“趴梁”。明代建筑踩步金截面常制作成檩形，清代歇山建筑山面檐椽后尾搭在踩步金上，踩步金为中部似梁、两端似檩的特殊构件，两端与下金檩截面相同并与之十字搭交，正身截面似梁，为长方形，并且将截面加宽加高，尺寸与对应正身梁相同。踩步金外侧则剔凿椽窝用来搭置山面檐椽。踩步金是歇山建筑特有的构件，是山面檐椽椽尾及上部梁架的支点。毓庆宫一区歇山建筑踩步金均为《工程做法》规定的踩步金形式。

从细部做法特征上看，檐柱径与柱高比为1∶9.7，与《工程做法》取值趋近。三架梁高宽比为1.2∶1，五架梁高宽比为1.25∶1，七架挑尖梁高宽比为1.17∶1，与《工程做法》规定较为接近。三架梁与五架梁均做圆弧形熊背，但曲线与梁侧面交接并不是圆滑自然过渡，而是有明显棱线，兼有四棱见线做法特征。脊瓜柱为清代常用的抹圆做法，相邻檩间榫卯为燕尾榫形式，整个大木构件所用木材均为优质松木，用材规整，加工较为精细。

（三）继德堂

继德堂为毓庆宫后殿，开间5间、进深1间，前后廊，六样黄琉璃瓦七檩歇山顶建筑。建筑面积（台明面积）197 平方米。前檐明间与工字廊相连前檐次间、梢间及后檐各间均设槛墙，设步步锦支摘窗。外檐绘烟琢墨石碾玉旋子彩画，前檐廊内绘金线大点金旋子彩画。

明间面阔 3.85 米，次间与梢间均为 3.55 米，通面阔 18.05 米，通进深 7.75 米。通面阔与通进深比为 2.33∶1。继德堂明间面阔大于次间，次间面阔为明间的 0.9 倍，次间与梢间相同，即：明间＞次间＝梢间。明间、次间和梢间均设平身科斗拱 4 攒，山面中央间设平身科斗拱 6 攒，梢间各设平身科斗拱 1 攒。

梁架结构为七檩歇山木架，共设前后檐檐柱、金柱各一排，前、后檐金柱头上承五架梁，五架梁上设瓜柱，瓜柱上承三架梁，三架梁中部承脊瓜柱。两侧设角背支撑。前后廊步设单步梁、穿插枋拉结檐柱与金柱。整个屋架高跨比为 1∶3.25。步架深呈现出檐步架＝金步架＝脊步架的取值关系，与《工程做法》规定一致。檐步举架系数为 0.5，金步为 0.6，脊步为 0.75，屋面较为平缓。与惇本殿相同，歇山山面梁架为两山顺梁承托踩步金的形式，踩步金截面与正身五架梁截面相近，位置略高于五架梁，其下设随梁。

从细部做法特征上看，檐柱径与柱高比为 1∶10，与《工程做法》取值一致。三架梁高宽比为 1.18∶1，五架梁高宽比为 1.12∶1，与《工程做法》规定较为接近。三架梁与五架梁均做圆弧形熊背，但曲线与梁侧面交接并不是圆滑自然过渡，而是有明显棱线，兼有四棱见线做法特征。脊瓜柱为清代常用的抹圆做法，相邻檩间榫卯为燕尾榫形式。

（四）后罩房

后罩房为开间 5 间、进深 1 间，前后廊，六样黄琉璃瓦七檩悬山顶建筑。建筑等级低于中轴线上的前 3 个殿座。前檐金里装修，样式同毓庆宫前殿，后檐为封后檐墙。前檐为烟琢墨石碾玉旋子彩画，前檐廊部及后檐为金线大点金旋子彩画。明间面阔 3.85 米，次间与梢间均为 3.55 米，通面阔 18.05 米，通进深 7.05 米。通面阔与通进深比为 2.56∶1。后罩房明间面阔大于次间，次间面阔为明间的 0.9 倍，次间与梢间相同，即：明间＞次间＝梢间。明间、次间和梢间均设平身科斗拱 5 攒，两山为五花山墙形式。

梁架结构为七檩悬山木架，两山出梢四椽四档。共设前后檐檐柱、金柱各一排，前、后檐金柱头上承五架梁，五架梁上设瓜柱，瓜柱上承三架梁，三架梁中部承脊瓜柱。两侧设角背支撑。前后廊步设单步梁、穿插枋拉结檐柱与金柱。整个屋架高跨比为 1∶3.35。步架深与前 3 座建筑不同，呈现出檐步架＞金步架＝脊步架的取值关系。檐步举架系数为 0.5，金步为 0.6，脊步为 0.67，屋面较前 3 座建筑更为平缓。檐柱径与柱高比为 1∶12，较前 3 座建筑更为细长。梁檩等构件细部做法特征与前 3 座建筑相似。

四、结语

整体来看，毓庆宫区主体建筑惇本殿、毓庆宫前殿、继德堂、后罩房等单体建筑为大木结构，从其柱网特征、间架结构、构件截面尺寸、细部工艺做法特征等方面均反映出《工程做法》颁布之后，清代中期官式建筑的做法特征，结合档案资料分析，应为乾隆时期所建。

参考文献

[1] 于敏中，窦光鼐，牛筠 . 日下旧闻考 [M]. 北京：北京古籍出版社，1983：507.

[2] 常欣 . 毓庆宫沿革略考 [C]// 中国紫禁城学会 . 中国紫禁城学会论文集：第七辑 . 北京：紫禁城出版社，2012：104.

故宫西华门大木构架特征初探

崔　瑾*

摘　要：本文通过对北京故宫西华门大木构架，包括平面柱网、折屋曲线、庑殿推山部位、天花与帽梁、细部构造特征等方面的分析，揭示出西华门大木构架所体现的明代做法特征，并结合历史档案推断，现存西华门大木构架很可能为万历二十四年（1596）重建后的遗物。

关键词：西华门；大木构架；庑殿

西华门是紫禁城的西门，始建于明永乐十八年（1420）。据《明世宗实录校勘记》记载，明万历二十二年（1594）六月，西华门城楼遭雷击焚毁："己酉大雷雨灾西华门楼。"[1] 万历二十四年（1596）八月，西华门城楼重建工程竣工："八月壬寅，西华门城楼工竣命侍郎徐作祭告，后土司工之神。"其后未查到重建和大规模维修记录。

一、平面柱网

西华门平面为矩形，红色城台，汉白玉须弥座，城台当中

* 故宫博物院古建部高级工程师。

辟3座券门，券洞外方内圆。城台上建城楼，黄琉璃瓦重檐庑殿顶，基座围以汉白玉栏杆。台基长43.5米，宽19.8米。城楼面阔5间，进深1间，四周出廊，明间面阔9.51米，一次间面阔6.51米，二次间面阔6.51米，廊间面阔2.86米，通面阔41.27米，山面明间进深11.95米，廊间进深2.86米，通进深17.67米。通面阔与通进深的比例为2.24∶1。明、次 、梢间开间尺寸呈现出明间开间明显大于次间，各次间相等，明显大于廊间的尺寸关系，即明间＞一次间＝二次间＞梢间。

西华门平面柱网由外围一周檐柱和里围金柱共同组成。从进深方向上看，共有4排圆柱，每排8根，在两山明间各设两根方柱。檐柱径0.67米，角柱柱径略大，为0.725米，金柱径0.86米，方柱径0.42米。西华门平面图如图1所示。

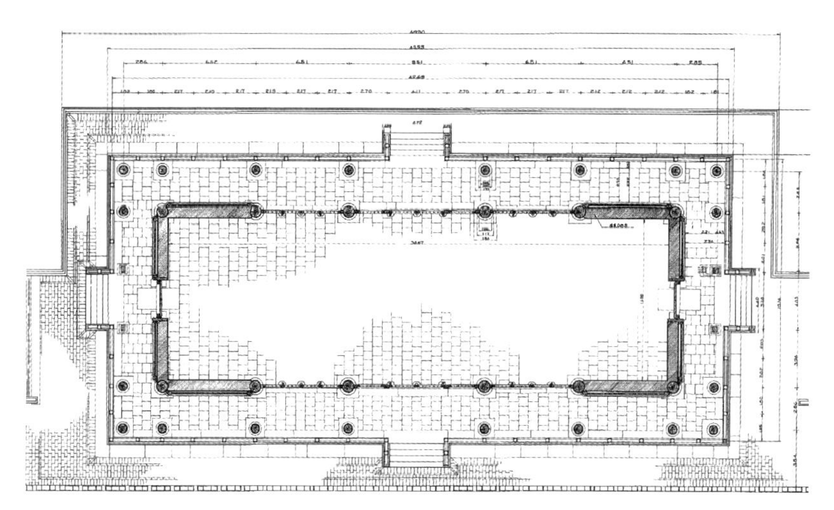

图1　西华门平面图（中国营造学社民国三十一年测绘制档图）

二、剖面构成与折屋曲线

西华门横剖面结构为七檩重檐庑殿形式，共设4排柱子，前后檐柱和前后金柱。上层檐为单翘重昂七踩镏金斗拱。前后金柱柱头上承七架梁，其上为叠梁式结构：七架梁上设柁墩，柁墩上承五架梁，五架梁上再设柁墩，柁墩上承三架梁，三架梁中部承脊瓜柱。两金柱柱头间各间自上而下设上檐大额枋、承椽枋、花台枋、跨空枋。西华门下层檐为五踩镏金花台科斗拱，前后檐柱以抱头梁、穿插枋与金柱连接。

西华门上层檐各步架值为：檐步 2710 毫米、金步 1630 毫米、脊步 1620 毫米。上层檐举高值为：檐步 1260 毫米、金步 1140 毫米、脊步 1440 毫米。步架关系为：脊步∶金步∶檐步为 1∶1.01∶1.67。各步架举架系数取值为：檐步 0.46、金步 0.70、脊步 0.89。

西华门屋架总高 4.41 米（挑檐檩上皮至脊檩上皮的垂直尺寸），屋架总长 14.2 米（前后檐挑檐檩中线到中线的水平距离）。整个屋架高跨比为 1∶3.22。从数值上看，比宋代举折制对殿阁楼台所定的三分举一之法略矮。[1] 宋制按屋架深，即总长度定举高，再加以折，即先有举高后得出折屋曲线。[2] 在屋架总高、总长、各步架深确定的前提下，按举折之法绘制折屋曲线图，与现状加以对比发现，两者屋面曲线走向虽大体相同，但存在一定檩位差距，其中，上金檩比实际位置高 17 毫米，下金檩比实际位置高 30 毫米。从举架系数看，檐步 0.46、金步 0.70、脊步 0.89。清制则先定折法，后得出举高。举架系数为 0.5 的整数倍，七檩建筑多为五举、七举、九举。西华门大木趋近于清工部《工程做法》的整数比，接近举架法七檩大木五举、七举、九举的规定，但略有出入。自宋代至清代，屋架高跨比呈现逐渐增高的趋势，清代高跨比增高的趋势更为明显，如与西华门同为重檐庑殿顶的北京故宫太和殿屋架高跨比为 1∶2.91，北京故宫乾清宫为 1∶2.66，举高明显增大。西华门屋架高跨比体现出过渡阶段的特征（图 2 ～图 5）。

图 2　明间南缝梁架

图 3　明间前檐梁架

1 据北宋《营造法式》卷五，大木做制度二，举折规定：举屋之法为“如殿阁楼台，先量前后撩檐方心相去远近，分为三分。从撩檐方背至脊缚背举起一分。”

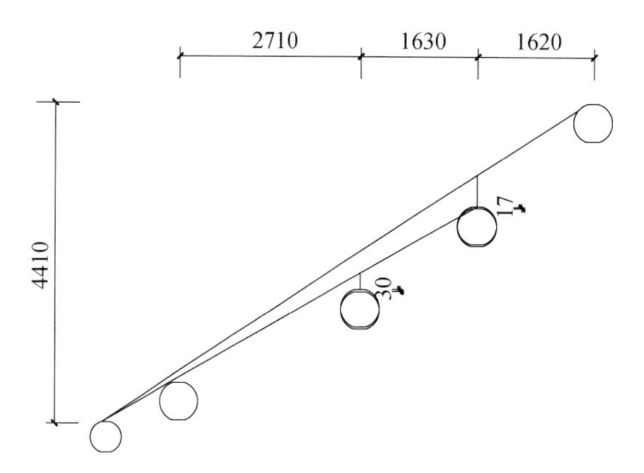

图 4　折屋曲线图（单位：毫米）

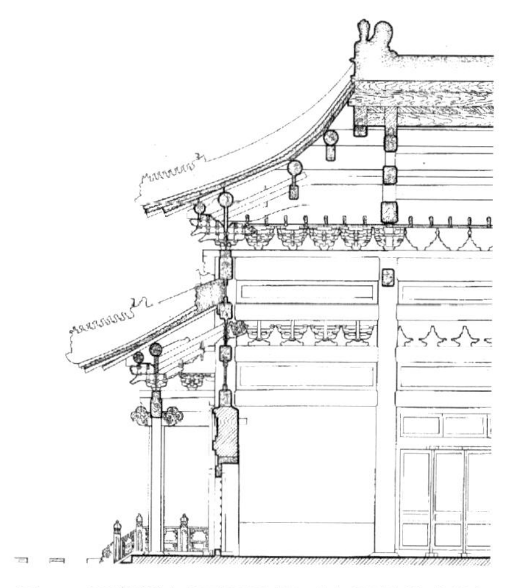

图 5　西华门剖面图局部（中国营造学社民国三十一年测绘制档图）

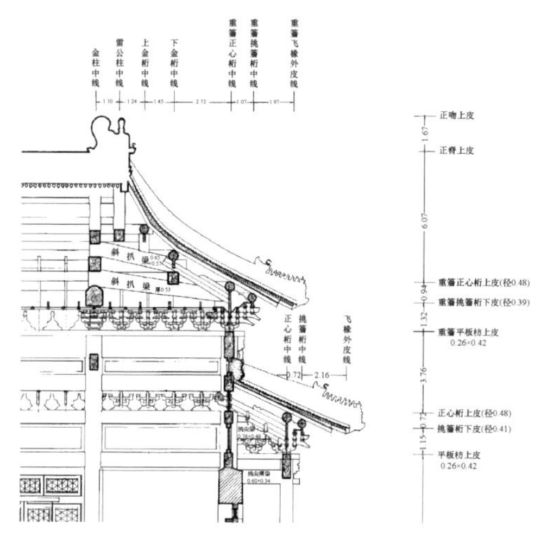

图 6　神武门剖面图局部（中国营造学社民国三十一年测绘制档图）

三、庑殿推山部位

庑殿木构建筑，为解决山面桁檩的搭接问题，通常采用顺梁法和趴梁法。在实际应用中，二者常结合使用。以清代七檩庑殿顶大式建筑为例，山面大木通常采用以下两种形式：一种是山面最下一层梁架用顺梁，顺梁上承托山面正心桁和下金桁，下金桁上置趴梁，趴梁上承托上金桁。另一种是每一层均用趴梁。紫禁城现存清代庑殿顶建筑，山面无论采用趴梁、顺梁，均为直梁。斜梁形式则在明代建筑中较常用，与顺梁和趴梁均不太相同，梁头既不是趴在山面檩上，其下也没有柱子，形式与宋代的丁栿类似。明初神武门，山面下层梁架采用直线形的斜丁栿，并且上层梁架也同为斜丁栿形式（图6）。类似做法还见于明代北京太庙大戟门及后殿、明代北京智化寺万佛阁等处。西华门山面下层梁架采用弧线形的斜丁栿，梁身前半段似月梁形式的弧线，后半段接近直线，其上承托下金桁，后尾插入五架梁下驼墩。从山面看，斜丁栿位于一攒山面镏金斗拱分位，梁头下形似垫木的构件是外拽斗拱深入内拽的后尾部分，压在梁头下以保证斗拱的稳定性。上层梁架则为直梁形式的趴梁，承托上金桁，上金桁两端插入趴梁内侧，其上承托太平梁（图7～图12）。

图7　北梢间东侧顺梁前段

图8　北梢间东侧顺梁后段

图 9　梁头局部

图 10　上金趴梁

图 11　太平梁

图 12　神武门上金桁下斜顺梁

推山做法，特指庑殿屋顶，两山屋面向外推出的做法，未经过推山的屋面正身与山面瓦面相交成的垂脊在平面上投影为45°直线。推山后的垂脊投影为向外侧弯的曲线，推山使正脊加长，两山屋面变得更为陡峭。关于推山做法，在《工程做法》中未见记载，而在《营造算例》中有明确规定：除檐步方角不推外，自金步至脊步，按进深步架，每步递减一成，例如七檩每山三步，各五尺，除第一步方角不推外，第二步按一成推，计五寸，再按一成推，计四寸五分，净计四尺零五分。[1] 西华门上层各步架依次为：金步架 1630 毫米，脊步为 1620 毫米。实际推山后面阔方向尺寸依次为 1430 毫米、1170 毫米，总推山尺寸为 650 毫米。按《营造算例》计算推山后面阔方向尺寸依次为 1467 毫米、1311 毫米，总推山尺寸为 482 毫米。实际推山效果较《营造算例》数值更为显著。[3]

1　据清工部《营造算例》第一章，斗拱大木大式做法之庑殿推山的记载。

四、天花与帽梁

进深方向设帽梁，帽梁与天花支条连做，截面通高 430 毫米。为方便安装天花板，上宽下窄，一侧开槽，一侧为斜线形，上宽 200 毫米，下宽 160 毫米。帽梁间距非常密，明间 12 根，一次间 8 根，二次间 7 根。进深方向每一井天花使用通支条一根，相邻两帽梁间距在 700 ～ 720 毫米，仅为一块天花板宽度。帽梁侧面固定铁挂件与相邻大木构件拉接。这样密集的进深方向帽梁设置是明代建筑常用做法，故宫神武门也是在进深方向设帽梁，每一井天花使用 1 根。清代建筑多在面阔方向设帽梁，且间距普遍加大，通常每两井天花设通支条 1 根，通支条上施用帽梁。例如清代重建后的故宫太和殿、乾清宫、坤宁宫均为面阔方向设置帽梁，间距为两块天花板宽度（图 13、图 14）。

图 13　北次间天花帽梁

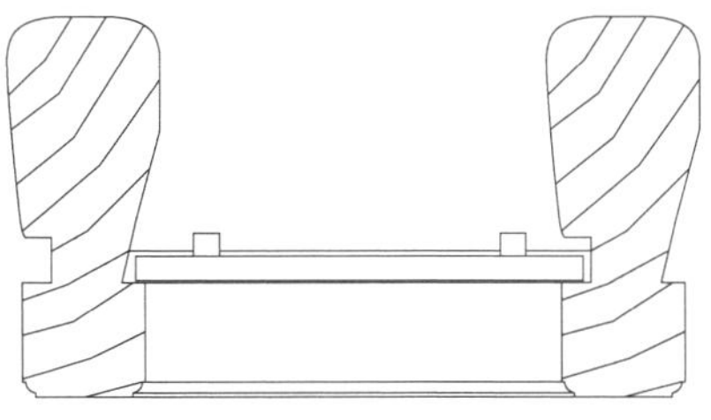

图 14　帽梁及支条断面示意图

五、主要结构构件尺寸特征

（一）柱

西华门檐柱净高 6.005 米，径 670 毫米，柱径与柱高比为 1∶8.96。檐柱通高为 7445 毫米，斗口 125 毫米，檐柱通高约为斗口的 60 倍，檐柱径约为斗口的 5.2 倍，与《工程做法》规定檐柱以斗口 70 份定高，斗口 6 份定柱径差别较大。宋《营造法式》规定“厅堂等屋内柱皆随举势定其长短，以下檐柱为则”。

但下檐柱高究竟如何确定，《营造法式》仅提到“若副阶、廊舍，下檐柱虽长不越间之广”[1]，只规定了檐柱高的最大值不得超过面阔尺寸，并无具体规定。从现存唐宋大木构架实物来看，檐柱径与柱高比多在1∶7至1∶10之间，大多在1∶8至1∶9之间。[4]清《工程做法》涉及庑殿顶做法的名目仅有九檩单檐庑殿周围廊单翘重昂大木做法，其中大木做法檐柱条规定“凡檐柱以斗口70份定高”[2]，如斗口二寸五分，得檐柱连平板枋，斗拱通高一丈七尺五寸。内除平板枋高五寸，斗拱高二尺八寸，得檐柱净高一丈四尺二寸。以斗口六份定径寸，如斗口二寸五分，得檐柱径一尺五寸。可知檐柱径与柱高比为1∶9.5。西华门檐柱径与柱高比为1∶8.96，符合唐宋建筑柱径与柱高常用比例，比清《工程做法》规定则更显粗壮。

西华门檐柱、金柱均有侧脚。檐柱侧角73毫米，为柱高的12/1000，金柱侧角136毫米，同为柱高的12/1000。《营造法式》规定面阔与进深方向侧脚不同，面阔方向略大，占柱高千分之十，进深方向占柱高千分之八。《工程做法》虽未规定侧脚做法，但现存清代建筑实例证实，清代侧脚做法仍在沿用，只是限于外檐柱。明代建筑多沿袭宋制，例如北京智化寺如来殿，大木结构为明正统遗构，金柱存在两个方向侧脚：柱高9.002米，面阔方向侧脚占柱高约九十五分之一，进深方向侧脚柱高约一百零三分之一，与《营造法式》规定接近。[5]再如北京故宫保和殿，大木结构为明万历遗构，不仅檐柱有侧脚，所有金柱均有侧脚，只是进深开间两方向未见明显差异：保和殿内金柱高9.45米，平均侧脚85毫米，即柱高的千分之九。西华门金柱两方向均有侧脚，与《营造法式》规定接近但尺寸略大。西华门檐柱等高，没有升起，与清制相同。

（二）梁、枋

西华门的主要梁类构件：三架梁高695毫米，宽570毫米，

---

1 《营造法式》卷五，大木作制度二。

2 《工程做法》卷一。

高宽比为1.22∶1；五架梁高780毫米，宽625毫米，高宽比为1.25∶1；天花梁高1010毫米，宽720毫米，高宽比为1.4∶1；抱头梁高850毫米，宽720毫米，高宽比为1.18∶1；太平梁高605毫米，宽440毫米，高宽比为1.38∶1；上金趴梁高850毫米，宽480毫米，高宽比为1.77∶1；顺梁高785毫米，宽590毫米，高宽比为1.33∶1。主要枋类构件：上檐大额枋高宽比为1.83∶1，下檐大额枋为1.75∶1，脊枋为1.3∶1，上金枋为1.21∶1，下金枋为1.29∶1。从现存实例来看，自唐以来，梁的宽度与高度之比是呈逐渐增加的趋势。按宋制，梁高宽比为3∶2即1.5∶1的比例关系："凡梁之大小，各随其广分为三分，以二分为厚。"[1]《工程做法》则多在6∶5上下，即1.2∶1左右的比例关系。将西华门主要梁枋尺寸与《工程做法》比较，以天花梁为例，高1010毫米，厚720毫米，按《工程做法》规定，天花梁以金柱径加两寸定高，以本身高收两寸定厚。西华门金柱径860毫米，按《工程做法》规定，天花梁高应为924毫米，厚应为860毫米，与实际不符。再如，《工程做法》规定三架梁以五架梁之高厚各收两寸定高、厚，按《工程做法》规定，三架梁高应为716毫米，厚应为561毫米，与实际尺寸亦不符合。主要结构构件高宽比值则三架梁、抱头梁、上金枋接近《工程做法》取值，上金趴梁、上下檐额枋、跨空枋大于宋制1.5∶1的规定。其余构件取值多在1.5∶1与1.2∶1之间（表1、表2）。

表1　西华门主要梁类构件截面尺寸

构件名称	三架梁	五架梁	天花梁	抱头梁	太平梁	上金趴梁	顺梁
梁高（毫米）	695	780	1010	850	605	850	785
梁宽（毫米）	570	625	720	720	440	480	590
高宽比	1.22	1.25	1.4	1.18	1.38	1.77	1.33

1 依据《营造法式》卷五，大木作制度二。

表 2　西华门主要枋类构件截面尺寸

构件名称	跨空枋	承椽枋	花台枋	棋枋	上檐额枋	下檐额枋	穿插枋	脊枋	上金枋	下金枋
高（毫米）	800	675	675	675	960	875	575	600	555	555
宽（毫米）	530	500	500	500	525	500	405	460	460	430
高宽比	1.51	1.35	1.35	1.35	1.83	1.75	1.42	1.3	1.21	1.29

（三）桁

西华门脊桁、上金桁、下金桁、正心桁径均为 545 毫米，按斗口 125 毫米计算，合 4.36 斗口，与《工程做法》规定“以斗口四份定径”不同。西华门两相邻檩间榫卯为螳螂头口。螳螂头口为宋《营造法式》的榫卯形式之一，明代建筑还有所沿用，例如北京故宫保和殿、养心殿正殿、咸若馆等建筑均使用了螳螂头口榫卯形式。到了清代，螳螂头口基本不再使用，简化为燕尾榫形式，分带袖肩和不带袖肩两种。螳螂头口这种做法虽然工艺复杂，但是受力更为合理，不容易出现拔榫现象（图 15 ～图 17）。

图 15　西华门相邻檩间螳螂头口

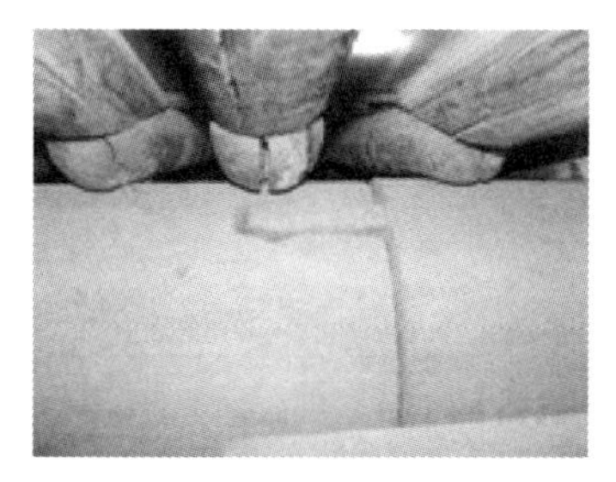

图 16　北京故宫咸若馆螳螂头口

图 17　北京故宫养心殿正殿螳螂头口

六、椽望做法

西华门椽子交接部位为压掌做法，后尾为“卷鹅头”做法。屋面上下两根椽子交接通常有压掌和墩掌两种方式。压掌也称等掌，是将交接部位砍制成斜面，上方的椽子压在下方椽子之上。明代建筑常将下方椽子的后尾加工成圆形，像鹅头顶，称为“卷鹅头”做法，这样既美观，又加强了受力面，结构受力更加合理，不容易开裂。墩掌做法也是清代建筑常用的做法，特点是交接面几乎垂直于地面，缺点是容易错位。西华门望板为明代建筑常用的顺望板形式。

七、斗拱

（一）用材特征

西华门下层檐为五踩镏金花台科斗拱，上层檐为单翘重昂七踩镏金斗拱，斗口 125 毫米，合四寸（图 18 ～图 20）。宋《营造法式》规定“凡构屋之制，皆以材为祖，材有八等，度屋之大小，因而用之。”宋制斗拱采用“材份制”，以材、栔的组合方式为特征。第一等材为最大，广九寸，厚六寸。第八等为最小，广四寸五分，厚三寸。清《工程做法》规定斗口材分制度，以斗口为标准度量单位，实际上就是材的宽度，分为十一等材，头等材宽六寸，其后每降一等减五寸，十一等材宽一寸。西华门用材合宋制六等材，按清制为五等材。清代官式建筑用材等第虽多，但实际常用的多在四等以下，西华门已算是较大的了。宋代以后，随着斗拱结构作用的减弱，斗拱数量增加、尺寸逐渐减小，至清初已非常显著。康熙三十四年重建太和殿斗口仅 88 毫米，仅合清制七或八等材。

《营造法式》规定材高分为十五分，以十分为其宽，栔则高六分，宽四分，高宽比为 1∶1.5。足材的高度为 21 分，计算起来较为烦琐。《工程做法》则将单材的高宽比改为1∶1.4，这样足材的高宽比即为1∶2的整数比。西华门单材高185毫米，合1.48斗口，足材高260毫米，合2.08斗口。考虑到构件长期受压变形，原设计尺寸应为1.5斗口和2.1斗口，符合《营造法式》对材高宽比的规定，体现了明代对宋《营造法式》用材制度的继承关系。

图18　上层檐单翘重昂七踩镏金斗拱平身科

图19　上层平身科里拽架

图20　下层五踩镏金斗拱柱头科

（二）开间进深与斗拱的关系

前后檐明间平身科斗拱6攒，攒距1320毫米，合10.6斗口。一、二次间均为4攒，攒距1290毫米，合10.3斗口。廊间1攒，攒距1275毫米，合10.2斗口。山面明间为8攒，攒距1300毫米，合10.4斗口。廊间1攒，攒距1310毫米，合10.5斗口。宋《营造法式》规定："若逐间皆用双补间，则每间之广，丈尺皆同；只心间用双补间者，假如心间用一丈五尺，则次间用一丈之类，或间广不匀，即补间铺作一朵不得过一尺。"由此可见，宋代开间的确定与斗拱数量有关，而并未规定斗拱间距。清《工程做法》则以斗口尺寸为模数，规定斗拱间距为11斗口，而开间的确定则为斗拱间距乘以该间斗拱攒数，即为11斗口的整数倍。西华门斗拱攒距为10.2～10.6，与清代11斗口的数值趋近但不同，数值也非定值，可见西华门并非先定斗口后定面阔进深。

整体来看，西华门是结合开间、面阔尺寸，适当调整攒距均匀布置斗拱的。明次梢各间单攒斗拱的各拱长不变，均与明间相同，但各间攒距不同。下层梢间因放置一攒斗拱明显过于稀疏，而距离又不够增加一攒斗拱，因此在柱头中线正侧两面附加翘昂一缝，角科采用增加缝数的方式平衡攒距，在明代建筑中较为常见，角科坐斗也随之增加。明代北京智化寺智化殿、大悲殿等角科斗拱均为双坐斗形式。西华门略有不同，因两缝之间距离需与斗拱内拽出跳距离相等，西华门出跳尺寸为斗口2.8倍，放置单独的附角斗距离稍窄，因而采用了一种特殊构件，连瓣坐斗的形式，即一种长形斗，在正侧两面均开两缝斗口（图21、图22）。

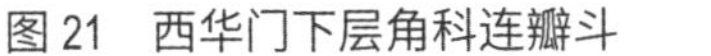

图21　西华门下层角科连瓣斗

图22　北京智化寺智化殿角科双坐斗

在现存明代建筑实例中，还有长达四缝的连瓣斗形式，如曲阜孔庙奎文阁上层斗拱。从现存实例可知，斗口制度形成以前，先定开间面阔后排列斗拱，为合理排列斗拱以便立面协调，常用方法有增设附角斗或连瓣斗，调整攒距，调整拱长3种常用方法。西华门采用了其中增设连瓣斗和调整攒距两种方法。因明代建筑较之宋代斗拱结构作用减弱，攒数增多，先定开间进深后排列斗拱的做法势必引起设计和斗拱构件制作烦琐，这是过渡时期的特征，也是促进清代斗口模数制形成的重要原因。

（三）主要构件取值特征

西华门斗拱各拽架出跳尺寸相同，均为350毫米，合斗口尺寸的2.8倍，《工程做法》以斗口三分定拽架，各跳均等。《营造法式》则规定第一跳三十分，向上酌减，三十分即材宽的3倍，相当于清代的3斗口；向上酌减，意味着除第一跳外其他均小于三十分。西华门各跳尺寸相同，而与清制3斗口的规定趋近但不相同。

西华门坐斗宽 380 毫米，合 3.04 斗口，深 420 毫米，合 3.36 斗口，平面呈长方形，与清制坐斗宽、深均为 3 斗口规定不同。十八斗宽 230 毫米，合 1.84 斗口，深 200 毫米，合 1.6 斗口，大于清制十八斗宽 1.8 斗口，深 1.48 斗口的规定，与宋制交互斗长十八分、广十六分的比值更为接近。三才升宽 180 毫米，合 1.44 斗口，深 200 毫米，合 1.6 斗口，大于清制三才升宽 1.3 斗口、深 1.48 斗口的规定，与宋制散斗长十六分、广十四分的比值更为接近。槽升子宽 180 毫米，合 1.44 斗口，深 240 毫米，合 1.92 斗口，大于清制宽 1.3 斗口、深 1.72 斗口的规定，由此可见，西华门十八斗、三才升、槽升子面阔进深均大于《工程做法》的规定。西华门正心瓜拱、正心万拱均厚 165 毫米，合 1.32 斗口，比《工程做法》1.24 斗口的规定略厚。正心瓜拱长 795 毫米，合 6.4 斗口；正心万拱长 1175 毫米，合 9.4 斗口，厢拱长 925 毫米，合 7.4 斗口，比《工程做法》规定的瓜拱长 6.2 斗口、万拱长 9.2 斗口、厢拱长 7.2 斗口的取值略短，与西华门斗拱攒距不足 11 斗口关系密切。

柱头科斗拱各层构件宽度自下而上逐渐增大，以上层檐柱头科为例，头翘宽 225 毫米，合 1.8 斗口，头昂宽 285 毫米，合 2.28 斗口，二昂宽 345 毫米，合 2.76 斗口。梁头之下翘宽 405 毫米，合 3.24 斗口。梁头宽 465 毫米，合 3.72 斗口。其逐层等比递增的关系与清制相同，《工程做法》规定柱头科梁头伸出斗拱宽度为 4 斗口，宋元以前的建筑梁头并不伸出斗拱，而仅为窄小的耍头，西华门梁头伸出斗拱，已是明清常用的形式，但宽度比清制略窄，各层构件宽度合斗口数值也与清制不同。角科斗拱斜头翘、斜头昂、斜二昂、由昂宽度分别合斗口数为：1.44 斗口、1.76 斗口、1.92 斗口、2.08 斗口，角梁宽 325 毫米，合 2.6 斗口。可见其是逐层减小的关系，但又尚未形成清制各层宽度均等比递减的关系。整体看来，西华门斗拱构件取值一方面继承宋制，另一方面与《工程做法》趋近，体现了过渡阶段的特征。

（四）细部构造特征

西华门斗拱细部做法保留有明代建筑特征：坐斗有斗幽页，而不是清代的直线形（图 23）。宋代斗拱坐斗斗底两侧不是直线，而是略向内凹的弧线，称为“(幽页)”（同‘凹’）。宋《营造法式》卷四，大木作制度一，斗：“造斗之制有四：一曰栌斗……高二十分，上八分为耳，中四分为平，下八分为欹。开口广十分，深八分。底四面各杀四分，欹幽页一分。”[1]明代多沿袭宋制，如明初北京故宫神武门坐斗有斗 (幽页)，而清《工程做法》则取消了斗（幽页）的做法，简化为直线。西华门瓜拱拱瓣为四瓣、万拱拱瓣为三瓣，厢拱为五瓣，与《营造法式》规定的泥道拱、瓜子拱、慢拱拱头四瓣卷杀、令拱五瓣卷杀规律不同，与清代“瓜三、万四、厢五”的做法不一致。

图 23　西华门坐斗斗幽页

角科斗拱采用明代常用的鸳鸯交首拱的形式，而非清代的搭角闹头昂形式。宋《营造法式》卷四：“凡拱至角相连长两跳者，则当心施斗，斗底两面相交，隐出拱头，谓之鸳鸯交首

1 据《营造法式》，卷四。

拱。”[1]明代角科斗拱沿用了这种形式，例如明正统时期的智化寺万佛殿鸳鸯交首拱，北京故宫中和殿、保和殿鸳鸯交首拱等，有些形式上会出现细微的变化，如保和殿的鸳鸯交首拱两拱相交处刻出拱形线。至清代，官式建筑鸳鸯交首拱形式已很少见，逐渐被搭角闹头昂形式取代，清《工程做法》中也仅规定了搭角闹头昂形式，康熙三十四年（1695）重建的太和殿已经是搭角闹头昂形式了（图 24 ~图 27）。

图 24　北京故宫西华门上层角科鸳鸯交首拱

图 25　北京智化寺万佛殿鸳鸯交首拱（明正统）

图 26　北京故宫保和殿上檐东北角鸳鸯交首拱（明万历）

图 27　北京故宫太和殿上檐角科搭角闹头昂（清康熙）

西华门上檐镏金斗拱挑杆自蚂蚱头前端斜向上挑起，并与下部翘昂构件均不发生关系。与宋、清制度均不同。宋代下昂为结构构件，与挑杆是连为一体的，自昂嘴起即斜向上挑起。因下昂与多跳斗拱构件相交，榫卯构造复杂，制作必须严丝合缝。将挑杆位置上移，相交构件减少，可使构件榫卯减少、制作简单。明代以后水平部分逐渐延长，转折点逐渐移向里侧，

1 据《营造法式》，卷四。

以正心枋为界将外拽的昂与内拽的挑杆分为两个构件。西华门上檐镏金斗拱挑杆的简化做法，可认为是宋清之间的过渡做法。此外，西华门昂底面自十八斗外皮伸出一段水平线至下一跳中线位置才转为向下倾斜。内檐草架部位镏金斗拱构件简洁，伏莲销无任何曲线和雕饰，均与清制不同（图 28 ~图 30）。

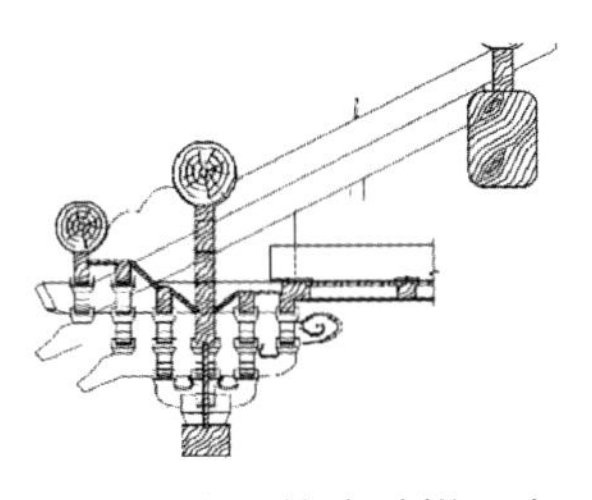

图 28　上层镏金斗拱平身拱起挑杆位置

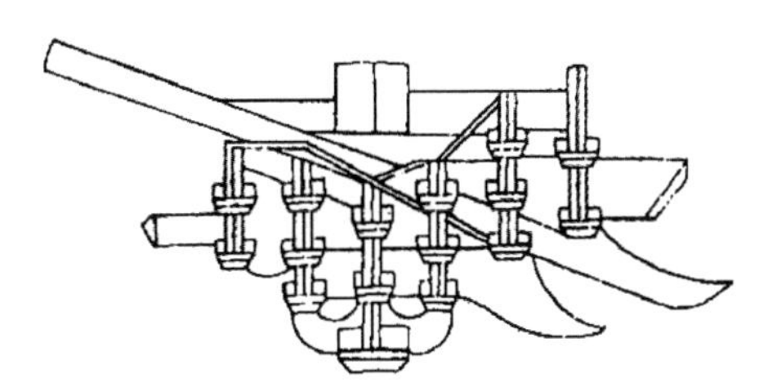

图 29　宋《营造法式》六铺作重拱出单抄双下昂

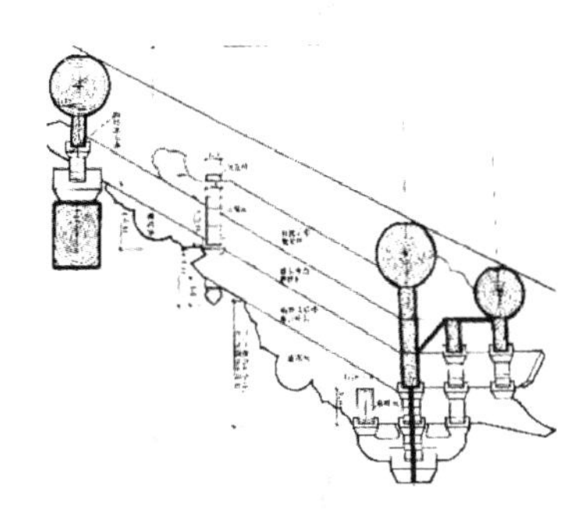

图 30　清《工程做法》单翘单昂镏金斗拱

总体来看，现存西华门大木构架体现出诸多明代官式建筑的做法特征，很可能为万历二十四年（1596）重建后的遗物。

参考文献

[1]　黄彰健 . 明世宗实录校勘记［M］. 北京：中华书局，2016.

[2]　李诫 . 营造法式［M］. 邹其昌，点校 . 北京：人民出版社，2006.

[3]　梁思成 . 清式营造则例［M］. 北京：清华大学出版社，2006.

[4]　潘谷西，何建中 . 营造法式解读［M］. 南京：东南大学出版社，2005.

[5]　刘敦桢 . 北平智化寺如来殿调查记［J］. 中国营造学社汇刊，3（3）：34.

山东地区府州县儒学建筑的营建择址及城市功能研究

徐　磊*

摘　要：本文通过探讨儒学建筑在山东地区的起源发展、相地营建及在城市运作中承担的功能，研究了儒学建筑的城市功能及与城市发展之间的耦合关系。

关键词：儒学建筑；择址；功能；城市功能

儒学建筑指与儒学文化的发展及儒家思想的传播相关的建筑类型。历代君王因推崇儒学思想，或祭祀先贤名儒，或讲学传道授业，或读书修书藏书，或推行科举取士，伴随这些功能应运而生的文庙、书院、贡院、考棚等儒学建筑逐步成为古代城市中重要的组成部分。此外，在山东地区各级地方城市中还存在一类比较特殊的儒学建筑，即祭祀孔子弟子的专门场所，包括祭祀亚圣孟子的孟庙、祭祀复圣颜子的颜庙、祭祀宗圣曾子的曾庙以及仲子庙、冉子祠等。

作为儒家思想的发源地，至明清时期，山东地区乃至全国府、州、县一级的地方城市不论规模或等级，儒学建筑都成为其不可或缺的功能性的礼制建筑，造就了儒学建筑对古代地方城市不言而喻的城市意义。在各类儒学建筑的祭祀活动及教学功能基础上

* 北京建筑大学博士。

逐渐演变出的空间布局、建筑配置等特征，与城市的空间规划和管理运作等系统有着密不可分的联系。将儒学建筑作为城市类型建筑的探讨和研究，必能丰满中国古代城市的认识构架，同时，在城市背景下研究儒学建筑的形态特征也更具指向性。

一、山东地区府州县儒学建筑的历史源流

孔子去世后，弟子相继离去，但在其故里留下了学习礼乐文化的传统。至汉武帝时，司马迁“适鲁，观仲尼庙堂车服礼器”，曾亲见“诸生以时习礼其家”[1]，[1] 孔子子孙“即宅为庙”“世以家学相承，自为师友”[2]，此时庙学合一。至魏黄初二年（221），文帝下诏“令鲁郡修起旧庙”“又于其外广为屋宇，以居学者”[3],此为因庙建学之始。宋真宗大中祥符三年（1010），准“于家学旧址，重建讲堂，延师教授”“讲学道义，贵近庙庭”以训孔氏子孙，从此有了庙学之名。[4] 后孔氏家学逐步演变为“四氏学”。随着历代封建统治者对孔子及儒家思想的推崇，各地对文庙也不断加以扩建，唐太宗曾下诏“州县皆特立孔子庙，四时致祭”，一时间各地兴建文庙为盛事，以曲阜孔庙为蓝本，以“庙学合一”为规制，建庙修学，从而形成了立体的全方位分布且格局和风格自成体系的儒学建筑群模式，创造了特有的儒学建筑文化。

“古帝王统一区宇，罔不建学置师以宏文化。鲁以周公之宇得立四代之学，别于列国。”“汉唐以来庙学之制师儒之设取则鲁郡，具在史策，可考览也。”“国家崇儒重道兴贤育才礼乐诗书光被四表，而于鲁由加意焉，岂不以渊源之地，实为万国所宗仰哉。”[5] 由此可见山东地区作为儒学思想的起源地,其儒学

1 西汉·司马迁.《史记·孔子世家》.

2 清《阙里文献考》，卷27《学校》.

3 三国《魏鲁孔子庙碑》.

4 张须.《曲阜县庙学记》，《全元文》九卷：213-214.

5 清《乾隆兖州府志》卷十四《学校志》.

建筑文化也是源远流长。山东地区各类儒学建筑的兴建普及始于北宋时期，与北宋仁宗（在位1023—1063年）、神宗（在位1068—1085年）及徽宗（在位1101—1125年）的三次大规模官方“兴学”活动密切相关，[2] 对儒学建筑在地方城市中的普及推广、扩大规模、完备建置等起到了一定的积极影响。到明朝时山东地区又掀起了一波重修及重建文庙的高潮。

二、山东地区府州县儒学建筑的营建择址

山东地区府州县城市中文庙的营建无外乎两种情况：其一是在府州县城市中选择适当的位置新建，新址的选择往往受到多方面因素的影响，比如堪舆、城市地形或功能需求等；其二是在城市旧有建筑基础上改建或重建，即利用城市中原有的建筑改为文庙或在旧有建筑群的基础上增加建筑构成新的文庙建筑群落。

（一）新址新建

成一农先生在研究“唐末至明中叶中国地方建制城市形态”时指出：中国古代城市地图上绘制的内容，一定程度上体现了当时人们的价值判断，是当时人们心中组成城市的最重要的因素，与此相应这些要素在城市形态中也占有较为重要的位置，它们的演变也直接关系到城市形态的变化。[3] 在可考的地方志中可以发现，儒学建筑都是出现在古代城市城池图中频率较高的建筑类型，其在建造时的择址考量往往受到诸多因素的影响。

1. 堪舆的考量

中国传统堪舆理念会影响古代城市的城址选择、城市筹建，以及城市修建的进程等诸多方面。文庙与一方文运息息相关，古人认为文庙、魁星楼、文峰塔等儒学建筑的选址对弘扬文风及昌盛文运有着重要的作用，因此受到堪舆理念的影响较大。

《阳宅三要》中载“公衙务要合法，而庙亦不可不居乎吉

地……文庙建于甲、艮、巽三字之上，为得地也”；[4] 另《相宅经纂》中又载“文庙建甲、艮、巽三方，为得地。庙后宜高耸，如笔如枪，左宜空缺明亮，一眼看见奎文楼，大利科甲。”[5] 又据《周易》载“万物出震，震，东方也。齐乎巽，巽，东南也”，[1] 可知甲为震，为东方；艮为东北；巽为东南。按照堪舆理论，东南为日出之地，是城中日照时间最长的方位，寓意朝气和昌盛，文运兴盛，宜建文化建筑。又根据五行阴阳的理论：东部属于东方甲乙木，木为青绿色，具有生发、通达的特性。因此古代地方城市中的儒学建筑大都建于城市的东或东南方位，参见表 1、表 2。

表 1　明末山东地区文庙城市选址统计 [2][6]

行政区划	府学方位	州学		方位统计									合计
		散州	方位	东	南	西	北	东北	东南	西北	西南	其他	
济南府	西北			9	1	0	0	0	3	0	2	0	15
		泰安州	东	2	0	0	0	0	0	0	0	0	2
		德州	东	0	1	0	0	0	1	0	0	0	2
		武定州	东	1	0	2	0	0	1	0	0	0	4
		滨州	东南	3	0	0	0	0	0	0	0	0	3
兖州府	北			4	0	2	0	1	2	1	0	1	11
		济宁州	东北	1	1	0	0	0	1	0	0	0	3
		东平州	东北	2	0	1	0	1	1	0	0	0	5
		曹州	东	1	0	0	0	0	0	1	0	0	2
		沂州	西北	0	0	1	0	0	0	0	0	1	2
东昌府	东			3	0	0	0	2	1	0	0	1	7
		临清州	东	1	0	0	0	0	1	0	0	0	2
		高唐州	东	0	1	0	0	0	2	0	0	0	3
		濮州	东	2	1	0	0	0	0	0	0	0	3
青州府	西			4	0	0	0	1	4	0	1	1	11
		莒州	东北	1	0	0	0	0	0	0	1	0	2
莱州府	东			0	0	0	0	0	0	0	0	1	1
		平度州	东南	1	0	0	0	0	1	0	0	0	2
		胶州	东南	2	0	0	0	0	0	0	0	0	2
登州府	南			2	0	0	1	1	1	0	1	0	6
		宁海州	东南	0	0	0	0	0	1	0	0	0	1
合计				39	5	6	1	6	20	2	5	5	89

1 《周易正义》卷九《说卦》.

2 《大明一统志》卷二十二～卷二十五：山东布政司、兖州府、东昌府、青州府、登州府、莱州府之学校.

表 2　清末山东地区文庙城市选址统计 [1][7]

行政区划	府学方位	散州	方位统计									合计
			东	南	西	北	东北	东南	西北	西南	其他	
济南府	西北	德州	4	2	0	0	1	5	0	4	0	16
东昌府	东	高唐州	2	0	1	1	3	3	0	0	0	10
泰安府	东	东平州	4	0	1	0	0	2	0	0	0	7
武定府	东南	滨州	3	1	0	1	2	2	1	0	0	10
兖州府	北		4	0	3	0	1	1	0	0	1	10
沂州府	东南	莒州	2	0	1	1	0	2	0	0	1	7
曹州府	东	濮州	5	1	0	0	1	4	0	0	0	11
登州府	南	宁海州	5	0	0	0	2	2	0	1	0	10
莱州府	东南	平度州	1	0	0	0	1	1	0	1	0	4
青州府	东		4	1	1	0	0	5	0	0	0	11
临清直隶州	东		0	0	0	0	0	3	0	0		3
济宁直隶州	东		1	1	0	0	0	0	1	0		3
胶州直隶州	东南		1	0	0	0	0	1	0	0		2
合计			36	6	7	3	11	31	2	6	2	104

从梳理的山东地区明清方志 [8] 中可以看出，其府、州、县城市的文庙选址基本符合堪舆中兴旺文运之义的择址观念。值得注意的是，在山东各州县城市中，大部分在城市东南角或文庙东南方都建有奎文楼、文昌阁及魁星楼等用于祈祝文运的儒学建筑，可见东南方向在堪舆中所谓“文明之方”其言不虚，亦是古人对于振兴文运、昌盛科甲的美好愿景在城市空间规划时的影射（图 1）。

1 《大清一统志》卷十、卷十二：山东统部、济南府、兖州府、东昌府、青州府、登州府、莱州府、武定府、沂州府、泰安府、曹州府、济宁直隶州、临清直隶州、胶州直隶州之学校 .

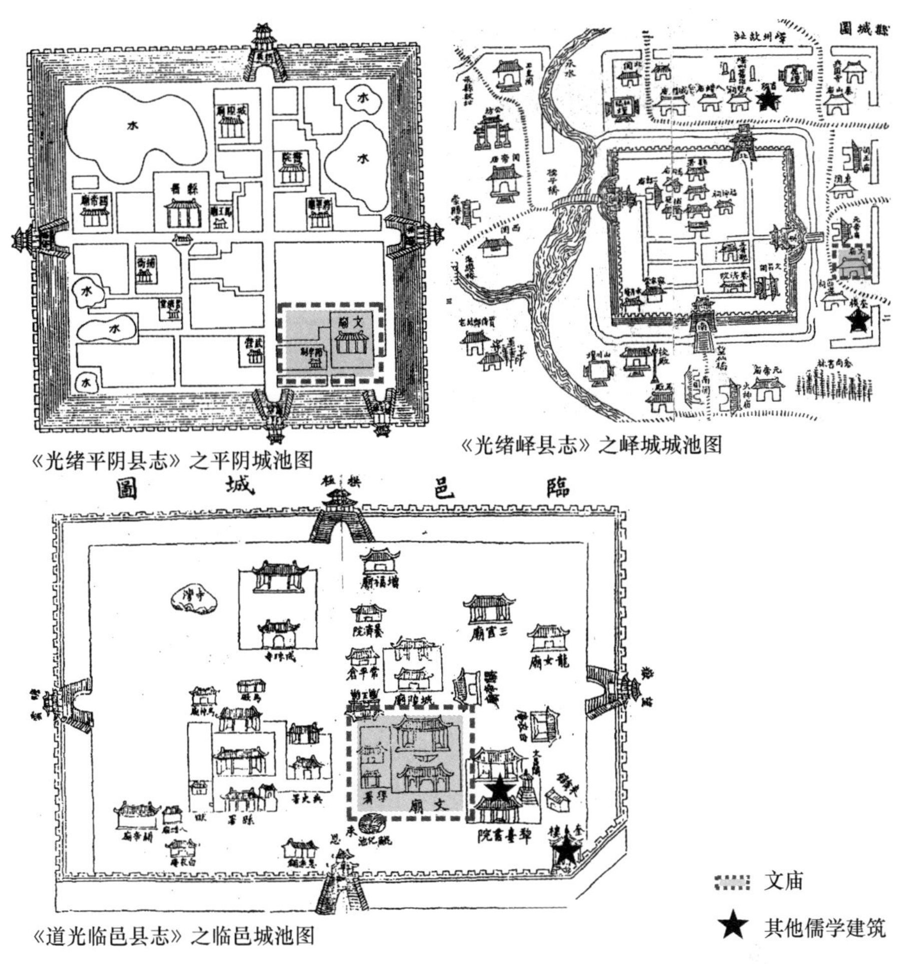

《光绪平阴县志》之平阴城池图

《光绪峄县志》之峄城城池图

《道光临邑县志》之临邑城池图

图 1　堪舆对文庙择址的影响

2. 统治需求的考量

在古代城市城池图中，另一类出现频率较高的建筑类型为县治建筑。围绕其形成的政治中心衍生出的其他城市类型建筑中，书院、文庙等儒学建筑是其中最主要的类型（图 2）。

古时“王制乡学教民之法，修六礼以节民性，明七教以兴民德，齐八政以防淫一，道德以同俗典至重也。”[1] 统治者在其政治中心四周修筑文庙或书院，一种是出于对民众教化的需求，以便于进行社会宣教，传播儒学；另一种是出于礼制规程的需求，祭孔自古以来就是国家重要的政治活动之一。

1　《道光东阿县志》卷七《学校》.

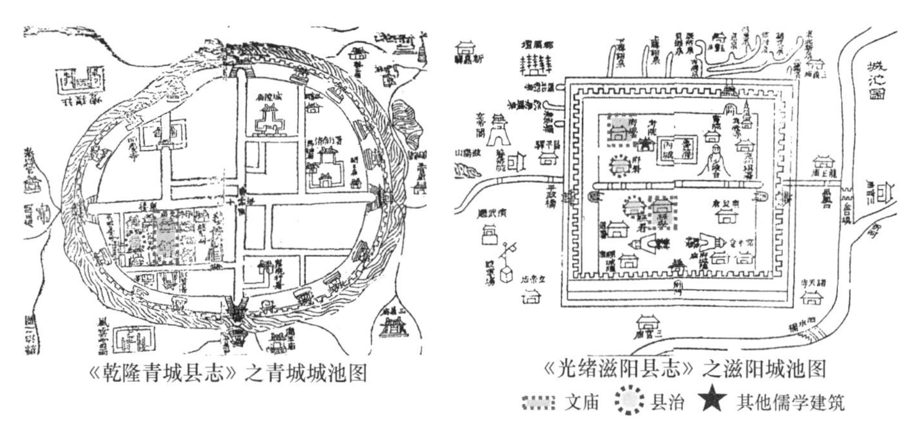

《乾隆青城县志》之青城城池图

《光绪滋阳县志》之滋阳城池图

图 2　统治需求对文庙择址的影响

3. 山水地形的考量

对文庙择址的考量往往还受到山水或城市地形的影响。鲁西南地区因靠近黄河，黄河易泛滥古已有之。部分靠近黄河流域的州县，文庙皆有多次修建的历史，皆是因为水患。例如城武文庙“元治元间修，明永乐嘉靖间因河患屡圮屡修，本朝康熙二十七年重建”，[1] 馆陶文庙“金皇统中建，后圮于水，明洪武三年重建”等；或为借穿城之活水，以与泮池相连，如东阿县学；或困于城中狭隘拥挤处迁址，如昌乐县学；或为交通便利，如德州县学（图 3）。

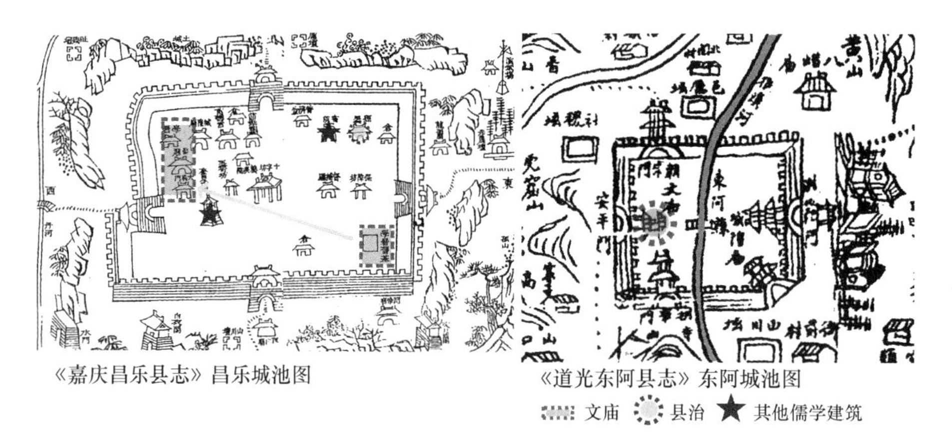

《嘉庆昌乐县志》昌乐城池图

《道光东阿县志》东阿城池图

图 3　山水地形对文庙择址的影响

1 《道光城武县志》卷四《学校》.

（二）旧址重建

1. 旧有文庙基址重建

文庙的重建及复建在历史上较为多见，在可考的清末104处县学中，有47处为元末明初时在旧有文庙基础上重建或增建。抑或有旧有州学改建为县学，例如曹县文庙“明洪武二年建曹州始创州学，四年改县学，嘉靖二十六年因河患重修”；或旧有卫学增建为县学，如荣成文庙“原为成山卫学，明宣德初建，本朝雍正十三年升为县，因旧址增修”。

2. 旧有其他建筑改建

城中旧有建筑改建为县学或书院，涉及城市中废弃或使用中的其他类型建筑有寺院、城隍庙、县衙等。例如嘉祥文庙“元至元三年，后圮。明洪武三年复建。嘉靖九年，城隍庙改建”；[1] 再如宁阳文庙“元时为县治，后县徙，以其地为学”。[2]

三、山东地区府州县儒学建筑的城市功能

在学校中设立专门祭祀孔子的场所有深刻的意义。对政府而言，因学设庙便于宣传儒家的正统思想，加强对学子士人的思想控制，确保文化的正统性；对学生而言，“学者，效也”，庙学相依使得学子们能够时刻保持敬畏之心，进而动效法之念，利于儒家道统的传承。

（一）先贤崇拜的祭祀圣地

儒学建筑中重要的组成部分即祭拜先贤的“庙”，即孔庙的部分。《礼记》规定：“凡学，春，官释奠于其先师，秋冬亦如

1 《光绪嘉祥县志》之《建置志》.

2 《光绪宁阳县志》卷八《学校》.

之。凡始立学者，必释奠于先圣先师”。[1] [9] 孔庙设立之初就是鲁国国君鲁哀公为祭祀孔子的场所。随着儒学思想在封建社会中逐步居于正统地位，祭孔活动逐步成为国家常典，并作为一种礼制活动在国家政治活动中占据重要的地位。

孔子弟子在离开阙里后，将儒学思想进一步传播到自己的家乡，并在当地讲学授业，后世为纪念他们也为其专门立庙祭拜。曾子云：慎终，追远，民德归厚矣。追思先贤，就能使民风归于淳朴。山东地区作为儒学思想的发源地，祭祀活动更为丰富。礼制规定每年农历二月和八月都要举行祭孔大典，对文庙的配祀人物、祭祀等级、名目、礼仪遗迹祭品、音乐等都有着明确的规定。

（二）政治教化的宣教场所

儒学建筑另外一种主要的体现形式是其“学”即学宫的部分，是传播儒家思想及学生习礼明义的主要场所。《礼记·学记》云“古之王者，建国君民，教学为先”，学校是“化风成俗”的场所，教育与国家政治息息相关，学校的设置是立国为政的必要首选。从某个角度来说，文庙的建设是统治者自上而下强制推行的一种管理方式。自东晋孝武帝后，学校开始立孔子之庙，唐太宗贞观四年（630）诏“州、县学皆作孔子庙”，“自唐以来，州县莫不有学，则凡学莫不有先圣之庙矣”。从秦始皇“焚书坑儒”到汉武帝“罢黜百家，独尊儒术”，从南宋“程朱理学”的发展到清末封建王朝崩溃，儒家思想一直是中国传统社会的主流思想，深刻影响了封建社会的价值观念和行为方式。历代封建统治者几乎都将儒学视为中国文化的正统，并把儒学作为一种强有力的统治工具。

作为孔孟故里的山东地区更是深受儒学思想浸染，形成了崇尚教化、尊孔重贤的独特民俗风尚。在现存可考的山东地区各级城市的地方志中，都有类似“民有圣人之教化，尚礼仪重

1 《礼记·文王世子》.

廉耻，有桑麻之业”等关于其民风民俗的记载。[6] 封建社会历来把儒学视为中国文化的正统，并把儒学作为一种有力的统治工具。文庙是中国古代社会推崇儒家思想、崇尚文化的象征，彰显国家继承弘扬传统思想文化的意志。儒学建筑在一定程度上肩负着教育与教化责任，这种文化模式一定程度上也推进文化共相的建构，维护了国家的统一（图 4）。[10]

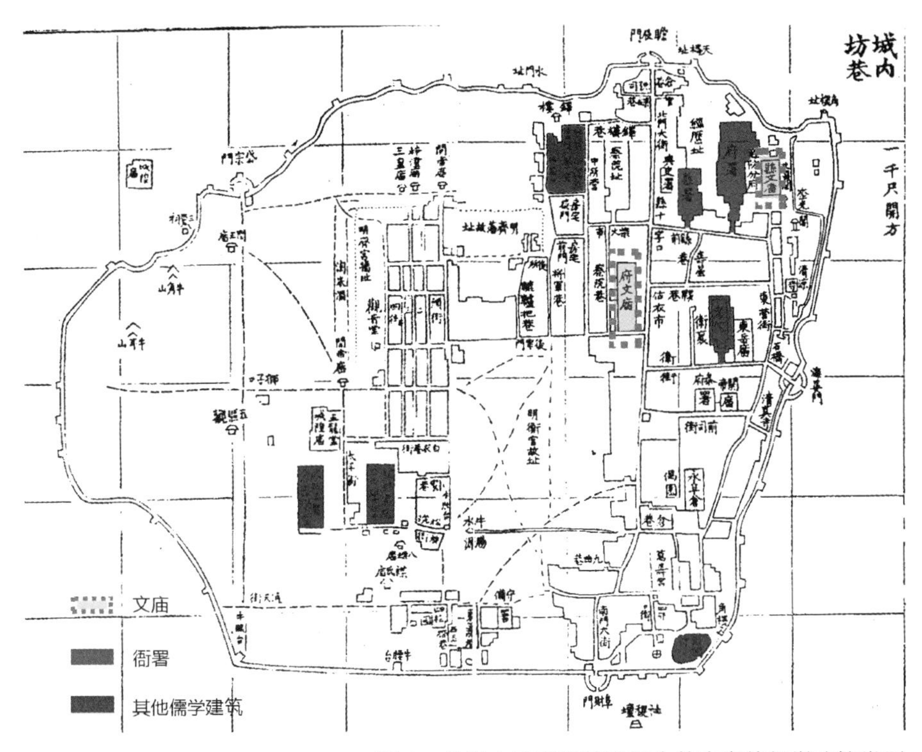

图 4　益都古城围绕衙署衍生的丰富的儒学建筑类型

（三）天下文枢的集散中心

儒学建筑重要的社会功能之一是传道授业，即教育功能，后世的学校，特别是实行科举考试制度以后，主要转向对储备官吏的道德和伦常的教育。因此儒学建筑同科举制度紧密联系在一起，承担起为科举取士培养并输送人才的任务。庙学之学子“进足以臣吾君，而泽吾民，退足以化其乡，而善其俗”。[1]由于庙学直接为科举服务，其中的佼佼者进而被选用为各级官吏。至明代“中外文臣皆由科学而选，非科举者毋得与宫”，而“科举必由学校”，决定了通过各类儒学建筑的教育功能，培养选拔了一批维护君主专制统治的人才。

文庙以其祭祀和教育的双重功能，吸引着天下学子。庙学的学子“进足以臣吾君，而泽吾民，退足以化其乡，而善其俗”。士子们“循其习溺其心”，以求他日终成“渊儒硕卿”哉！心怀成圣成贤或成仁立业的愿景，莘莘学子埋头读书，砥砺品德，或成为硕学通儒，贤相良臣，配祀于文庙内；或为官勤政廉洁，心系百姓，祔祀于乡贤祠或名宦祠内。

（四）城市景观的呼应空间

儒学建筑作为城市建筑的一种类型，丰富了城市的功能和景观，其选址及营建与城市空间构架息息相关。若城市临山，儒学建筑多选址为背靠主山，面对案山，必然科甲发达；若城市临水，儒学建筑多选与水相邻，因此造就了城市山水及儒学建筑别具一格的城市形态。学宫多筑万仞宫墙，以隔绝外界喧嚣而使学子安心读书，筑雄壮的宫阙以敦促学子梳理崇宏的道德，这些既是儒学建筑的文化影响力，也是另一番别致的城市景观（图5）。

《相宅经纂》曰：“凡省府县乡村，文人不利，不发科甲者，可于甲、巽丙、丁四字方位上择吉地，立一文峰，只要高过别山，即发科甲，或于山上立文笔，或于平地建高塔，皆为文笔峰”。山东地区府州县城市中，文昌阁、魁星楼、文昌祠等建筑比比皆是，各种表现形式多样繁复，都是寄希望于本地学子能够文运亨通、仕途平坦。各种不同类型、不同功能的儒学建筑在一定程度上促成了城市景观的多样性（图6）。

1 《山东通志》.

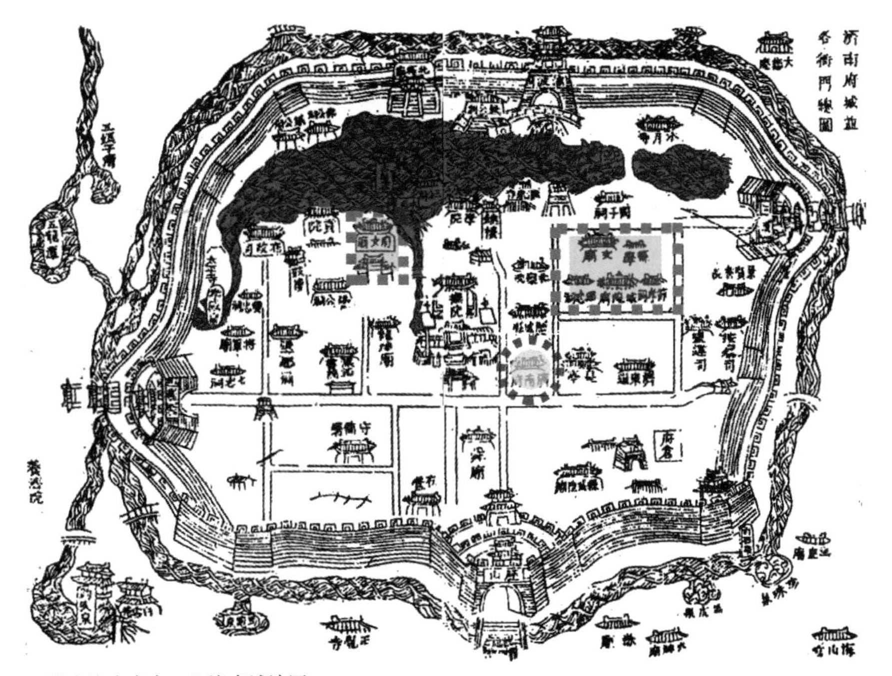

《道光济南府志》之济南城池图

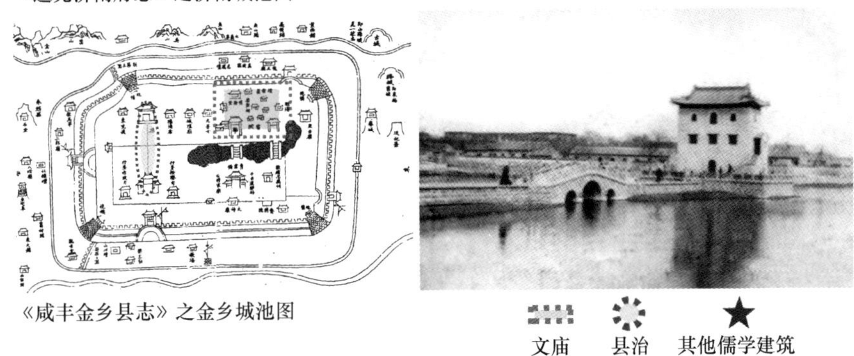

《咸丰金乡县志》之金乡城池图

图5　文庙与城市水系相邻构成城市景观

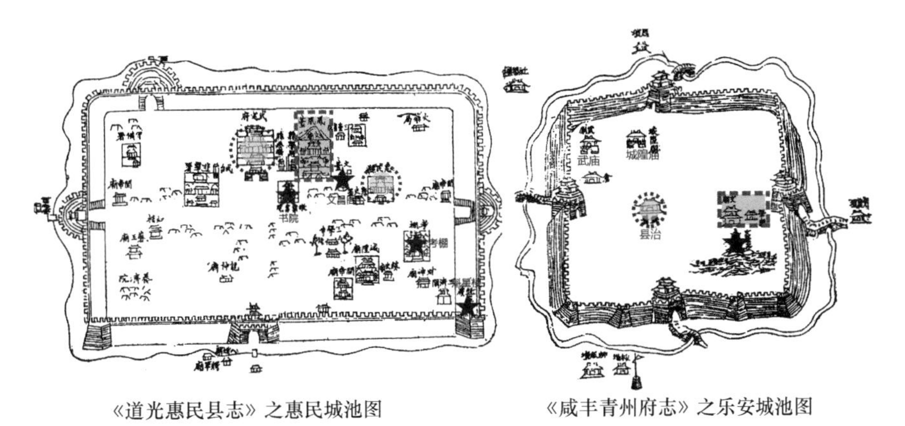

《道光惠民县志》之惠民城池图

《咸丰青州府志》之乐安城池图

图6　丰富的儒学建筑类型构成古代城市景观

四、山东地区府州县儒学建筑与城市发展的耦合关系

儒学建筑的兴建、繁荣及衰败与城市的发展运作活动息息相关。围绕祭祀功能和教学功能，造就了类型多变又合乎规制的儒学建筑。一方面，各类儒学建筑促成并丰富了城市的规划。在城市形态的形成过程中，儒学建筑作为其中较为重要的建筑类型，其选址及营建直接或间接地影响了古代府州县各级城市的发展及最终形态的形成。另一方面，以其为核心形成了城市的文化中心。各类儒学建筑占据城市中一部分空间，以文庙及学宫为主，辅以书院、考棚等，相互映衬，渲染起浓厚的文化氛围，并在一定程度上烘托了政治权威。

参考文献

[1] 孔繼汾．阙里文献考［M］．济南：山东友谊书社，1992.

[2] 沈暘．东方儒光：中国古代城市孔庙研究［M］．南京：东南大学出版社，2015.

[3] 成一农．唐末至明中叶中国地方建制城市形态研究［D］．北京：北京大学，［出版日期不详］．

[4] 赵九峰．阳宅三要［M］．上海：上海古籍出版社，1987.

[5] 高见南．相宅经纂［M］．上海：上海古籍出版社，1987.

[6] 李贤，彭时，等．大明一统志［M］．西安：三秦出版社，1990.

[7] 穆彰阿，潘锡恩，等．大清一统志［M］．上海：上海古籍出版社，2008.

[8] 凤凰出版社．中国地方志集成・山东府县志辑［M］．南京：凤凰出版社，2004.

[9] 戴圣．礼记［M］．上海：上海古籍出版社，1987.

[10] 张宏斌．建国重道，莫先于学：安史之乱后学校的堕败与地方庙学的兴起［J］．世界宗教研究，2015（6）：40-54.

[11] 佚名．天一阁藏明代方志选刊［M］．上海：上海古籍出版社，1982.

浅谈清西陵昌妃园寝油饰彩画保护研究

张　勇*

摘　要：本文通过对昌妃园寝油饰彩画的现状残损勘察，说明彩画保护研究工作的紧迫性和必要性，在保护实践过程中应运用最适合的保护理念，采取最适当的保护措施来解决油饰彩画的保护问题，并通过对昌妃园寝油饰彩画的社会价值、历史价值、科学价值分析，提出适用于昌妃园寝油饰彩画现状的保护原则、保护方法与技术措施。

关键词：昌妃园寝；油饰彩画；旋子彩画；保护理念；保护措施

古建筑中的油饰彩画是中国历史文化重要的表现形式，但油饰彩画保护工程在我国的文物保护中起步较晚。对油饰彩画的认知以前仅停留在彩画是大木的附属物上，在修缮中基本都是以大木梁架的保护为主，油饰彩画则大部分采取大面积铲除重做的做法。随着文物保护工程的发展，目前有价值的彩画遭到破坏的状况和对油饰彩画的原始材料及形制愈加深入的研究，已经引起了社会对油饰彩画保护的重视。

* 河北省文物与古代建筑保护研究院 副高级工程师。

一、绪论

（一）油饰彩画保护研究的现状

油饰彩画的损害因素既有外部自然条件的影响所造成的自然老化褪色，也有木构件的变形、拔隼等造成地仗层开裂并直接影响到彩画的延年。随着人们对彩画保护的重视，一味地铲除重做理念已转变为“修旧如旧”理念，但随之而来的问题是大面积的做旧并没有起到对彩画更好的保护作用，只是从观感上给人带来一定的历史感。时至今日，彩画保护理念已发展成为“尽可能减小干预”“不改变文物原状”的原则。但目前的彩画保护还没有形成统一的保护理念，保护的方法也不一致。对于彩画的保护措施应取决于彩画所在文物的类别与价值。一是文物建筑本身保留的原始彩画，在各级文物建筑的修缮中，设计者要最大限度地保留历史特征，较少损害，保证彩画的延年，对于破损较为严重的彩画则采取局部修补或根据历史资料进行复原，不应掺杂设计者的任何创新。二是文物建筑在历史修缮的过程中后做的彩画，在后期修缮过程中经过判定，根据残损现状以及对木构架的保护情况，可以依据同时期的彩画形制进行砍净挠白后，按照原形制进行复原。

（二）清代官式旋子彩画的种类

清代旋子彩画是在明代旋子彩画的基础上演变而成的，是清代官式彩画的母体。从纹饰组合、设色和做法 3 个方面分析大致分为 8 种：混金旋子彩画、金琢墨石碾玉旋子彩画、烟琢墨石碾玉旋子彩画、金线大点金旋子彩画、墨线大点金旋子彩画、小点金旋子彩画、雅伍墨旋子彩画、雄黄玉旋子彩画。旋子彩画的基础构图是一致的，檩枋大木两端绘箍头，檩枋在箍头的内侧括出一个近方形的盒子，盒子的内侧再增设一条箍头。在檩枋的正中画出约占构件全长 1/3 的长方形画框，称为枋心。

枋心和箍头之间的部分称为找头儿。其间绘三层或两层花瓣所组成的旋花，根据找头儿长度绘制一整两破或勾丝咬、喜相逢等其他形式。旋花的形式随找头的长短做相应调整。旋子彩画形制参见图 1。

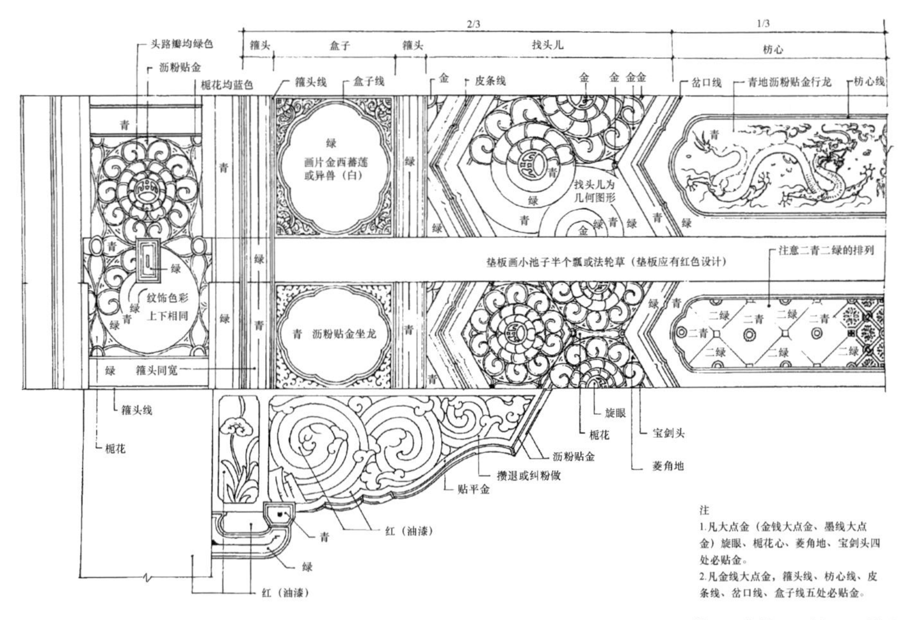

图 1　一整两破旋子彩画形制

（三）清西陵昌妃园寝的彩画形制

清西陵昌妃园寝建筑彩画形制为墨线大点金旋子彩画和金线大点金旋子彩画（图 2、图 3），宫门为墨线大点金，隆恩殿内檐彩画为金线大点金，隆恩殿外檐为墨线大点金。东西朝房及东西班房为二朱红油三道清光油一道，椽望油饰为铁红光油三道、绿椽肚一道、清光油一道。地仗分一麻五灰、单皮灰两种类型。

图 2　金线大点金

山花博缝油饰为二朱红油三道清光油一道，椽望油饰为铁红光油三道、绿椽肚一道、清光油一道。

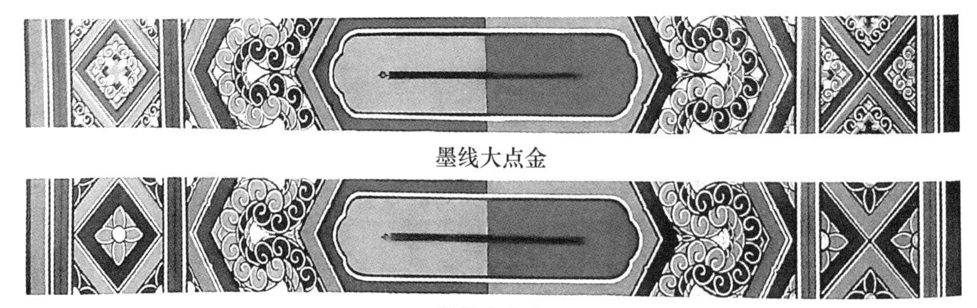

图3　墨线大点金

二、清西陵昌妃园寝概况

清西陵昌妃园寝位于河北省易县城西 7.5 公里的太平峪，背靠永宁山，易水河缓缓流过整个陵区。地理坐标为东经 115° 34′ 北纬 39° 36′ 海拔 91.10 米，东侧是太平峪村农田，西侧是太平峪村的小广场，南侧是河北林学院留守，北侧有环陵路和昌妃园寝相连。

昌妃陵寝位于昌妃园寝与昌西陵之间，规制与泰妃寝陵相同，规模比泰妃陵寝稍小，内葬仁宗嘉庆皇帝的 17 个妃嫔，修建于 1796—1803 年（嘉庆元年至八年）。

昌妃陵寝在昌妃园寝西南，其规模比泰妃园寝小约 1/3，但建筑数量规制同泰妃园寝。葬有和裕贵妃刘佳氏、华妃侯佳氏、恕妃完颜氏、庄妃王佳氏、如妃钮祜禄氏、淳嫔董桂氏、信嫔刘佳氏、简嫔关佳氏、逊嫔沈佳氏、恩贵人乌雅氏、荣贵人梁氏、常在苏完尼瓜尔佳氏等。清西陵昌妃园寝建筑主要包括：孔石拱桥、东西厢房、东西班房、隆恩门、隆恩殿、焚帛炉、园寝门、宝顶、甬路、围墙等。

三、清西陵昌妃园寝油饰彩画现状评估

（一）现状概况

经现场实地踏勘，昌妃园寝现存油饰彩画保存下来的为清

代原始油饰彩绘，后期基本未做维修，仅局部剥落位置临时采用木条钉钉加固。隆恩殿内檐及殿内大木构件彩画整体保存相对较好，殿内造景画部分脱落、局部缺失；外檐彩画仅余东西山面局部，正立面及北立面油饰檐部及下架大木、装修油饰彩画剥落严重、大面积缺失。隆恩门外檐彩画的保存状况整体比较差，殿内藻井彩画绝大部分已经脱落，内檐及大木油饰彩画剥落严重、局部缺失。

现存外檐彩画整体地仗层起翘、空鼓、剥离、脱落十分普遍，个别部位地杖层剥离明显，悬挂于木构件之外，随时有脱落的可能。现存彩画颜料脱落、褪色、变色十分普遍，导致彩画色调比较灰暗。踏勘时以肉眼观察到的颜色仅有蓝色、绿色、红色，少量贴金，大部分彩画的图案模糊不清。

内檐彩画保存状况相对较好，地杖层与建筑木构件结合相对外檐较紧密，但也存在起翘、空鼓、剥离、脱落现象。内檐彩画的颜料层色彩还比较鲜艳，图案比较清晰，清代彩画风格十分明显。

（二）病害种类及病害统计

1. 彩画层主要病害

（1）颜料层脱落：黏合剂的老化导致颜料层脱落，露出地仗层。

（2）颜料层起翘：在颜料层已产生病害开裂的情况下，外卷翘曲。

（3）彩画表面粉化：颜料层的黏合剂老化失效，形成颜料粉末。

（4）彩画表面积尘：彩画表面形成的灰尘沉积现象。

（5）颜料层空鼓：颜料层与地仗层之间产生局部脱离，形成空鼓现象。

（6）颜料层龟裂：颜料层黏合剂老化，引起彩画表面开裂。

（7）彩画表面污染：动物粪便在彩画表面形成污染。

（8）彩画表面水渍：彩画受雨水侵蚀，在表面留下的水渍痕迹。

2. 地仗层病害

（1）灰层脱落：地仗麻层以外的灰层开裂后脱落。

（2）灰层酥松起翘：裸露的灰层在自然环境下产生酥松、外卷、翘曲。

（3）麻层裸露松软：灰层脱落后麻层裸露而产生蓬松现象。

（4）麻层碳化：麻层中因微生物分解作用而导致麻层降解、失去强度。

（三）彩画与地仗层的综合病害

（1）彩画与地仗层脱落：在木构件热胀冷缩及铁箍腐蚀的作用下，由于黏合剂的老化使彩画地仗层从木构件表面脱落。

（2）彩画与地仗层空鼓：彩画地仗层从木构件表面产生部分脱离而形成的中空现象。

（3）彩画与地仗层翘曲：彩画地仗层在开裂的情况下，裂缝向外张开而翘曲。

（4）彩画与地仗层开裂：由于木构件开裂，导致彩画地仗层裂缝。

（四）油饰、彩画病害成因分析

病害的形成主要是“风吹雨打日头晒”，即自然环境的温、湿度变化以及紫外线照射造成黏结材料老化。另外，油饰地仗层及彩画地仗层多数为猪血料、油满料、麻、布等构成，在温度适宜的情况下，常年微生物活动造成霉变以及白蚁、鸟类排泄物，都对油饰彩画层造成一定的破坏；空气中的化学物质侵蚀也是近几十年来产生病害的原因之一。地仗制作过程中，材料的配制工艺和操作技术不稳定，也是形成病害的隐患。此外，粉尘、漏雨、水渍等的污染，以及人为使用管理不当，都可能造成油饰、彩画病害。

（五）清西陵昌妃园寝油饰彩画现状评估

通过对清西陵昌妃园寝的实地调查及材料的取样分析，昌妃园寝的油饰地仗层及彩画颜料层开裂、空鼓、剥落现象明显，现存部分彩画层脱落，表面附着灰尘、水渍、鸟粪等污染物。地仗层采用“一麻五灰”的工艺，隆恩门的外檐及下架大木、装修地仗脱落缺失严重，外檐油饰彩画大部分剥落缺失，残余部分空鼓、剥落严重；内檐及大木油饰彩画保留相对较好，地仗层普遍酥松、开裂、空鼓、剥落，颜料层脱落严重，局部有重层彩绘的痕迹，顶部藻井油饰彩画剥落缺失严重。隆恩殿外檐及下架大木、装修油饰、彩画地仗层剥落和缺失严重，斗拱部位保存相对较好，昂头及柱头科蚂蚱头位置油饰彩画缺失；檐头椽望部分油饰彩画多数更换未断白。内檐油饰彩画保存相对较好，两梢间北侧平板枋、额枋油饰彩画层剥落 50% 以上，整体藻井油饰彩画层空鼓、剥落严重。

四、清西陵昌妃园寝油饰彩画保护原则及方法

（一）保护原则

清西陵昌妃园寝油饰彩画保护在严格遵循“尽可能减小干预”“不改变文物原状”的原则大前提下，根据彩画的残损情况以“排险、最小扰动、最大保留”为具体原则。排险指首先排除建筑结构的安全隐患。因为彩画依附于大木构件，如果大木构件受外界因素影响出现拔隼、劈裂情况，就会对表层的地仗彩画层产生致命打击，严重影响彩画的延年。最小扰动是指在建筑结构安全的情况下，地仗彩画层自身产生的问题如果不影响彩画的延年性，应尽可能地减少对其扰动。最大保留是指若地仗彩画层本身出现了较为严重的残损情况，无法采取修补的方式进行保留，应对原有彩画进行复制，最大限度地保留其历史信息。

（二）油饰彩画保护技术路线

建筑彩画是制式的绘画，是匠人依据谱子严格按规矩描绘，尤其是清代彩画重彩画等级制度，艺术形象方面要求偏弱，与壁画重艺术形象的特征有很大不同。参考各清代寺庙及彩画保护试验成果，结合本次试验效果评估，筛选出保护效果较为理想、可操作性强的保护材料和方法，用于清西陵昌妃陵寝清代彩画保护处理工程中。具体保护技术路线参见图 4。

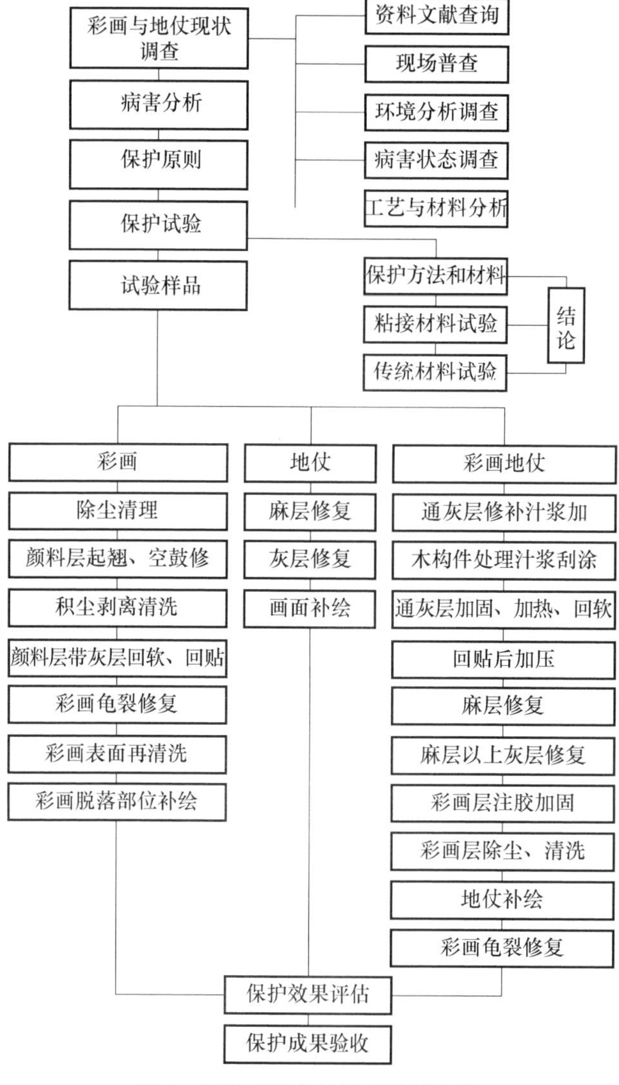

图 4　昌妃园寝保护技术路线示意

（三）彩画加固保护方法

彩画加固保护方法技术路线见图 5。

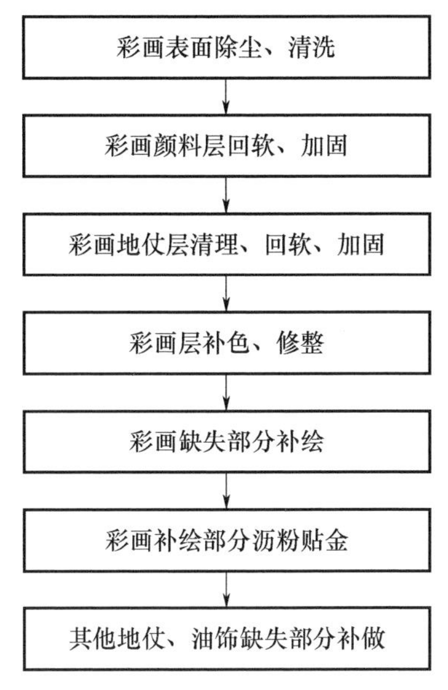

图 5　彩画加固保护方法技术路线示意

1. 彩画表面除尘、清洗

使用洗耳球、羊毛刷等工具，把画面及缝隙中的尘土顺一个方向刷除或吹出来。由于彩画起翘严重，动作幅度不宜过大，避免挂落颜料层。缝隙等不易处理的旮旯可以结合使用洗耳球（图 6）。尘土量大时，在不影响画面安全的情况下，可以使用小型吸尘器吸尘。对较顽固的污迹，如鸟粪、泥渍等，用海绵擦、竹签等擦除、剔掉，坚硬的污迹用浓度为 50% 的乙醇溶液软化后再用手术刀细心刮除。 水渍与烟熏的去除是用去离子水把绵纸粘于污染部位，干燥后轻轻取下，可多次操作，必要时使用无水乙醇溶液进行贴附，水渍及烟熏痕迹变浅不明显即可，操作中如有颜料脱落现象，应停止操作。

由于彩画本身保存状况较差，为避免后续处理过程中颜料层掉色、脱落，需进行预加固。选取前期实验室整体效果较好的 K9 溶液，以 5% 浓度进行全面喷涂并且等待干燥 24h。

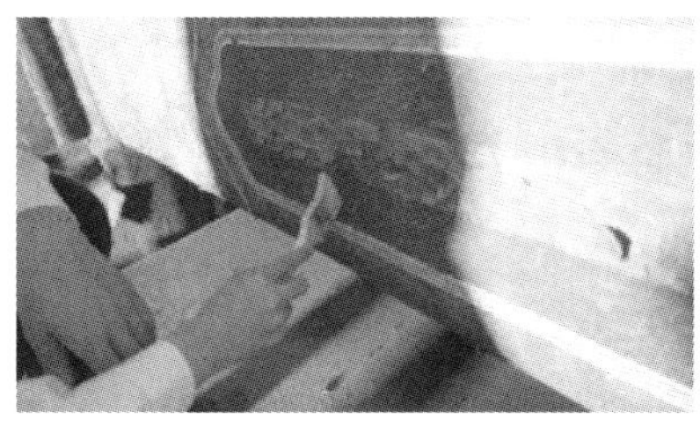

图 6　使用毛刷、洗耳球除尘

在加固操作前为清除细小缝隙中的灰尘并使黏结剂更好地渗透，用毛刷蘸浓度为 50% 的乙醇水溶液擦拭，并用绵纸吸附多余的清洗液。起翘颜料层如需要回软，则无须提前清洗，因为在回软过程中，大量的水蒸气可湿润颜料层，在使用绵纸回压的过程中吸附多余的水分，同时带走污垢。

根据现场彩画保存情况，为尽可能避免清洗过程中造成二次伤害，用 2A 对彩画进行整体或局部湿敷，起到对表面污染物的吸附、软化作用。是否湿敷以及湿敷的时长掌握根据彩画保存状况、污染物情况调整。

之后采用竹签卷棉棒对彩画表面顽固污染物进行沾洗（图 7），配合使用 2A 或 3A 溶液。

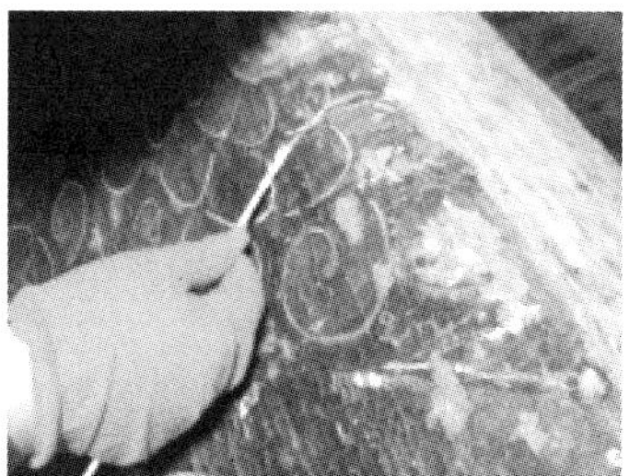

图 7　湿敷、棉棒沾洗

2. 彩画颜料层回软、加固

针对颜料层龟裂、起翘及脱落最主要的处理方法是回软与加固，要按一定顺序逐块区域操作，避免错漏。采用 K9 溶液，根据前期实验室研究，回贴浓度控制在 30% ~ 50% 为宜，浓度太低则黏结力差，浓度太高则不易渗透，易在颜料层表面残留，影响画面。实践中验证在沥粉贴金等颜料层较厚的地方用

50% 浓度亦能达到效果。

具体操作按照如下步骤进行。

① 回软：针对颜料层起翘、与地仗层分离等病害的保护加固措施。使用热蒸汽回软设备回软起翘颜料层，蒸汽温度控制在 65℃左右，小喷雾量，间接喷雾，直到回软归位。结合使用蒸汽机加温和 2A 溶液喷润，使用棉包控制力度进行回压。由于颜料层较厚且起翘变形时间较久，用蒸汽加温尽可能软化湿润，回压具有一定难度，需要耐心处理。

② 回贴与加固：使用注射器或滴管从龟裂或起翘缝隙将 K9 溶液滴注于颜料层与地仗层之间，把加固材料顺起翘、龟裂的颜料缝隙注入渗透进颜料层，待表面加固材料完全渗透后，垫脱脂绵纸按压画面，使颜料层回贴。颜料层较厚部位，可多次注胶，尤其是沥粉贴金部位待沥粉回软后再注胶按压。操作中尽可能避免对颜料表层造成污染，若材料渗出及时使用湿纸巾蘸除。

③ 回压定型：滴注后及时使用棉包回压，注意控制力度。由于材料干燥起作用需要时间，需要使用支顶技术在一定时间内保证回贴压力直到黏结材料起作用。

此外，对于施工过程中较少遇到的小面积彩画连同地仗层整体起翘或剥离情况，使用鱼胶涂抹在地仗层背面，回压定型一段时间直到达到黏结效果（图 8）。

画面病害加固完成后，对画面严重留有水迹部位进行清除，用去离子水将绵纸蘸于水迹上，待绵纸干燥后轻轻取下，如有颜料脱落现象，立刻停止此操作。

对于彩画龟裂较严重但黏结强度整体较好，以及颜料层较薄部位，则整体喷涂 K9 溶液进行渗透加固，浓度控制在 10% 左右渗透加固效果较理想。对于未及时渗透的材料应及时沾除，避免在颜料层表面残留。

待加固材料完全干燥后（原则上涂覆至少 24h），用 3% 浓度的 B72 溶液喷涂进行整体封护，B72 溶液仅用于室内梁架彩画。

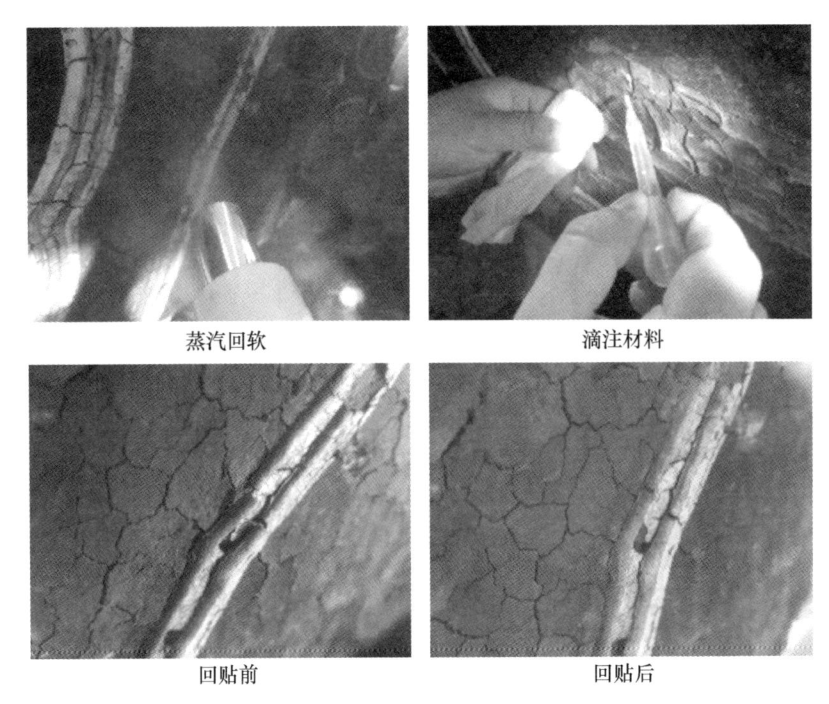

图 8　局部回贴和加固细节

通过现场实验区实际保护操作，实现操作技术的完善和保护过程的流畅化，找到现场施工切实可行的方式方法，同时达到颜料层保护效果（图 9）。

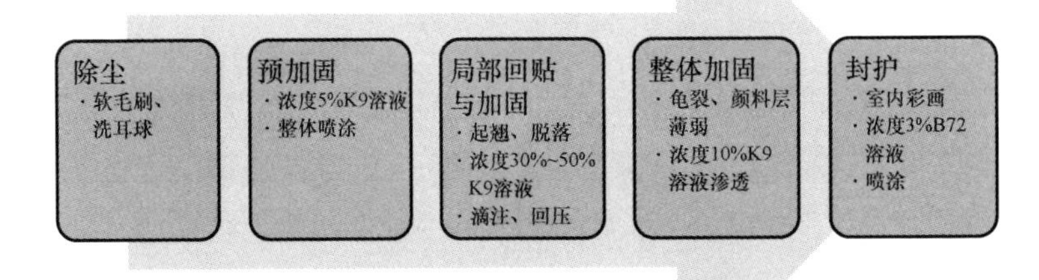

图 9　颜料层现场保护实验操作流程图

3. 彩画地仗层回软加固

建筑内檐彩画地仗层的空鼓、剥离病害，使用原地仗中的传统黏结材料油满做回贴材料。在操作前先要去除彩画表面旧有的人为的临时支撑，如钉子、木板等。回贴剥离、开裂地仗层，首先在回贴的木基层上使用油浆（灰油：生桐油：稀料＝1∶2∶3）涂刷一遍，此工序传统工艺中叫汁浆，起清洁回贴层除尘的作用，同时可以使油满更易渗入木基层中，提高其亲和性。干燥后使用热蒸汽回软设备回软要回贴的地仗层，蒸汽温度控制在70℃左右，中喷雾量，间接喷雾，直到回软归位。回贴使用净油满，将体积比1∶0.3油满水涂于木基层上，涂不到的地方借助灌浆工具，灌入黏结剂，轻轻按压使彩画回贴原位后，用支顶设备支顶，2～3天后油满基本干燥可取下支顶。使用油满浆加细砖灰，修补回贴部位地仗层表面缺失的灰层及裂隙回贴后的表面缝隙，干燥后按周围彩画的色调做全色处理。

空鼓地仗层回贴加固时，应先从画面顶部或两侧没有画面的部位切开，把木构架上残留通灰及杂物清理干净，重做一遍汁浆，刷一遍通灰；导入热蒸汽，回软空鼓部位地仗，用手轻轻按压画面，使空鼓地仗层回贴，回贴后用支顶设备支顶，2～3天油满基本干燥后取下支顶。修补切口及小面积的地仗灰层缺失，使用油满水加细砖灰修补缺口，干燥后按周围彩画的色调做补色处理。脱离及空鼓地仗回贴过程中要注意，稀释油满的石灰白满水量要严格控制；涂刷油满的使用量以1毫米厚度为佳；支顶用木板与画面之间铺两层绵纸和厚度在2厘米以上的海绵，防止损害画面；对脱离、空鼓地仗层回贴后的彩画颜料层，根据情况使用浓度为50%的K9溶液补做一次颜料层加固，操作方法与颜料层加固相同。

为保证现存旧彩画加固回贴后的稳定性，在彩画加固完成后，对旧彩画周边地仗层脱落缺失部位、后期更换木构件未补做彩画部位、后期修缮制作断白没补绘彩画的部位，将使用原工艺和与原材料相同的制作材料补做“一麻五灰”地仗。补做地仗要与旧彩画地仗麻层搭接，形成一体，起到保护旧彩画易损边缘的作用。垫拱板、斗拱应补做单披灰地仗。新做地仗干燥后，按照原纹样，使用与原绘画材料相同的材料进行补色和随色。

4. 彩画层补色修整

空鼓、开裂、龟裂、起翘彩画加固回贴后要进行画面补色修整，用仿旧颜料腻子刮在裂缝之中进行补缝处理，并将刮在颜料层上面的腻子进行清理，使其不能污染画面。按照修旧如旧的原则，将脱落颜料与画面补齐。

为了更好地保护彩画，需对脚手架、照明灯光等配套设施进行特殊处理，在脚手板上铺地胶，用白色围挡布围挡，用冷光源照明，同时专门加工定做支顶架。在地面、墙面还应进行封护保护，以免污染墙面、地面、柱础。此外，施工人员在施工过程中应采取必要的安全防护措施。

5. 彩画脱落部分补绘

彩画补绘范围包括宫门、享殿两座建筑。

补绘前，先将要修缮建筑现存彩画所有纹饰描拓、记录下来，拍照、编号、存档，作为脱落部分重绘彩画的依据；根据拓取的纹饰在牛皮纸上起彩画谱子，依此绘制。彩画谱子的主要框架尺寸以实物现状为准，细部纹饰按现存历史彩画遗迹绘制，要体现出清中期建筑彩画特点。然后在重做的地仗上按照新起的彩画谱子"拍谱子"，以保证重做的彩画纹饰符合原有彩画的时代特点，再按传统工艺依照原色彩进行绘画。彩画的各种颜料需使用矿物质颜料，使用传统材料骨胶调制，比例为青∶胶 =1∶1.5，绿∶胶 =1.6∶1.1，黑∶胶 =1∶1.4。主要部位补绘时应先制成样板，经建设设计监理单位选定后，经有关部门检验评估，确认合格后，方可补绘。彩画贴金必须使用金胶油，金箔应采用南京金陵金箔厂家生产的库金、赤金。大色以色标为准，严禁色彩出现翘皮、掉色、漏虚、刷漏等现象。金线彩画各种沥粉线条要求光滑、直顺，宽窄一致，大面无刀子粉、疙瘩粉及明显瘪粉，不得出现崩裂、掉条、卷翘等现象。图案工整规则，梁枋主要线条（箍头线、枋心线、皮条线、岔口线、盒子线等）准确直顺、宽窄一致，无明显搭接错位、离缝现象。内檐补绘彩画要先小范围试验，与原有彩画纹饰、颜色协调统一，经过设计、监理、建设单位和专家评估后再大面积补绘，要最大限度地保留加固原有建筑彩画，单块彩画面积大于 0.1 平方米以上的图案较完整的画面必须加固保护。

6. 贴金保护修复工程

（1）贴金部位的清洗

采用磨砂膏机械摩擦去除金子表面污垢。用离子交换树脂去除表面较硬的结垢，再用酒精或石油精清除残留在表面的清洗材料，从而使金的光泽显露出来。

以上操作仅限于原始材料的表面，不会在原表面留下痕迹，同时对人体及环境的损害最低。

（2）贴金部位修复

贴金部分采用古建维修中常用的南京厂家生产的龙凤牌金箔，贴金箔应与金胶油黏结牢固，金箔不应有起甲、空鼓、裂缝等缺陷，金胶油不应有流坠、皱皮等缺陷。框线、云盘线、山花等各种贴金扣油部分表面线条须直顺整齐或弧线流畅、饱满，无脏活。

7. 彩画保护贴金工艺、材料要求

（1）材料要求

金胶油：把熬制的光油再放入小铁锅内，用文火熬至黏稠即成为金胶油的主要成分。另外，因为施工的不同部位、气温、湿度、风力等自然环境影响，会造成金胶油结膜时间不同，使用时通过加入豆油坯子或糊粉这两种辅料中的一种，把金胶油的结膜时间调整到 4h 以上或隔夜金胶，可给贴金提供最佳操作状态。

土粉子：过 80 ～ 100 目铜箩后使用，应无颗粒感。

滑石粉：细腻，无颗粒感。

光油：纯光油，无杂质。

黄调和漆：中黄和深黄两种。

砂纸：100# 细砂纸。

棉花：弹好加工后的新棉，无杂质。

（2）操作工艺

工艺流程如下：

磨生过水布→呛粉→（拍谱子）→（沥粉）→（包黄胶）→打金胶→贴金→帚金→罩金。

具体操作工艺包括如下几个。

① 磨生过水布：在生油地仗沥粉上贴金，用砂纸将地仗磨一遍，去其杂质，使地仗光洁平整，并过水布一遍。

② 呛粉：在油皮上贴金，为防止油皮吸金，必须用粉袋装上滑石粉或青粉，在要贴金的部位周围油皮上轻轻拍擦一遍。在生油地和画活地上贴金不需呛粉。

③ 打金胶：金胶油勾兑少许色油，便于操作，以防漏打。在油皮上打一遍金胶，在画活地上要打两遍金胶。用毛笔或油画笔蘸金胶涂抹在黄胶上或油皮上，涂抹均匀即可。顺序是先上架，后下架；先里，后外；先打复杂的线条，后打简单的线条。

④ 试金胶：用手指外侧轻轻接触金胶油，金胶不离手说明金胶还嫩，还不干，暂不能贴金。油不沾手就证明基本干了，可以贴金。

⑤ 叠金：无论贴库金、赤金，还是铜箔，均须将“一把”（十张）金连同隔金纸对折，码放整齐，对折时应错开 5 毫米，便于操作。除了手使的“一把”以外，其他待用金箔应置于盒内或篮内，用重物压住，防止风吹散和弄乱。

⑥ 撕金：一手拿折叠好的金，一手拿金夹子，根据贴金部位线条的宽窄，用金夹子折出印迹后将金撕成条，随贴随撕。

⑦ 贴金：金撕成条后，用金夹子把折叠的条再打开，拇指、食指捏住中下部，用金夹子将金连护纸一起向上捻，使金与下护纸分开后，夹起一条金连同上护纸贴于金胶上，拿金手的中指向线条方向轻按，金就粘在金胶上了，隔金纸自然脱落。

⑧ 帚金：用棉花团沿线条用揉的动作轻轻顺一下，使飞金、散金粘于未贴到之处，使金贴得更牢固。再用羊毛刷或金帚子清理金的周边，使金色线条更加突出、明亮。

⑨ 罩金：以毛笔或油画笔沾光油或金箔封护剂（金箔厂配

套产品)，在金线条上或贴金部位刷一遍，不宜过厚，涂抹均匀即可。库金在易受雨淋的部位及人易触摸的地方应罩金，檐下尤其是上架大木不用罩。赤金、铜箔、银箔必须罩金。罩金后整个贴金过程全部完毕。

（3）其他注意的问题

① 再使用须再次办理领料手续。

② 撕金先看隔金纸的横竖纹，应竖纹撕，不能横纹撕。撕金应合适，以免浪费金和影响贴金质量。

③ 贴金应先贴先打金胶的部位，后打部位后贴。先贴宽后贴窄，先贴直后贴弯。斗拱贴金应裹棱不能分两次贴。不宜暴打暴贴，更不能金胶没干好就罩金。

④ 阴雨天的空气湿度太大，不宜贴金，金胶太嫩不宜贴金。

⑤ 金胶油不能勾兑稀料，以免与金起化学反应，影响金色的质量。

⑥ 不得使用清漆等室内用漆作金胶油代用品，会影响饰金面层的耐候性。

8. 地仗、油饰缺失部分补做

地仗工程所选用材料的品种、规格和颜色必须符合设计要求和现行材料标准的规定。材料配合比，原材料、熬制材料和自加工材料的计量、搅拌，必须符合古建筑传统操作规则。各遍灰之间及地仗灰与基层之间必须黏结牢固，无脱层、空鼓、翘皮及裂缝等缺陷。生油必须钻透，不得挂甲。

各种灰浆用料严格按传统工艺配料，以保证油饰的坚固性。材料配比如下：油满（二油一水）- 灰油∶石灰水∶白面 =2.6∶1.3∶1，捉缝灰 - 油满∶砖灰 =1∶1.5，扫荡灰（通灰）- 油满（二油一水）∶砖灰 =2∶1，压麻灰 - 油满（一个半油一水）∶砖灰 =1.9∶1，中灰 - 油满（一点四油一水）∶砖灰 =1.8∶1，细灰 - 油满（一点四油一水）∶砖灰 =1.75∶1。汁浆配比为油满∶白满水 =1∶1，可操油配比为灰油∶醋酸乙酯 =1∶1。

一麻五灰地仗重做分为：砍净挠白、撕缝、下竹钉、操油、汁浆、捉缝灰、通灰、使麻、压麻灰、中灰、细灰、磨细钻生12个步骤。

首先对木构件进行清理，见木纹，剔补糟朽，表面有翘槎用钉子钉牢。对构件面上较深的裂缝顺缝隙两边剔成V字形，将缝里树脂、油迹、灰尘等垃圾清理干净。

较宽裂缝用同材质的木条代替竹钉，嵌入前用聚醋酸乙烯乳液刷在木条上，嵌入后以铁钉钉牢，对窄缝隙仍以传统方法下竹钉。汁浆前对木构架先进行操油（生油3∶稀料7），然后汁浆一道，油浆应调制均匀、稠度适宜，满刷油浆，油膜应厚薄均匀。木构件表层通过处理和汁浆干后，将表面清理干净，用油灰刀或钢皮刮子横掖竖抿将捉缝灰向木缝内嵌入，使缝内灰填实饱满，对缺棱少角或不平处应补平找圆，干后用粗金刚石砂纸打磨，对缺陷处用铲刀修整，并清理干净。

通灰刮平刮直由3人操作，一人用皮子刮涂通灰，一人用板子将灰刮平、刮直、刮圆，一人用铁板打找捡灰，将表面、阴角、接头处找补顺平、修整好。待干后用粗金刚石砂纸打磨，磨去飞刺浮粒，打扫清理干净，并用水布弹净。

用糊刷蘸油满涂刷于通灰上，厚度以能浸透麻丝为宜。刷完浆后立即将梳理好的麻丝粘贴上去，麻丝与木纹垂直，厚度均匀一致，用麻压子由阴角处着手逐次扎压3～4遍，把油满调制均匀，用糊刷涂于已压实的麻上，厚度以不漏麻丝为宜，潲生水后进行整理，无鞅角崩起、棱线浮起、麻筋松动等缺陷。

麻干燥后，用金刚石砂纸磨至麻绒浮起，清理后用皮子将压麻灰涂于麻上，先薄刮一遍，往复披刮压实，使灰与麻密实结合，然后再复灰一遍，做到平、直、圆，如有线脚，用扎子在灰上扎出线角，线条粗细均匀、平直。

压麻灰干后，用金刚石砂纸磨至平直圆滑，清扫后用铁板满刮中灰一遍，厚度掌握在2毫米以内，有线脚应以中灰扎线，进一步将线脚扎平、扎直。

中灰干后再打磨、清理、汁浆一遍，用铁板将秧角、边框线找齐，干燥后通刮细灰一遍，平面用铁板，大面用板子，圆面用皮子，厚度为2毫米，有线角者再以细灰扎线。

用细金刚石砂纸细磨，磨去细灰表面层，达到平面要平、交线为直线、圆面圆，然后用丝头沾生桐油随磨随钻，同时要修理线脚及找补生桐油。桐油必须钻透，使油渗透细灰层，不能出现有鸡爪纹、挂甲等缺陷。油饰前在地仗上再刷一遍细腻子，细磨水布掸净后才能见油。

五、结语

本文以清西陵昌妃园寝油饰彩画为研究对象，首先分析了清代官式彩画的类型及特征，并着重分析了清代官式彩画中的旋子彩画。以当代遗产保护思想为前提，研究清西陵昌妃园寝彩画的保存现状及保护方法。将理论与实践结合，提出对昌妃园寝彩画的保护方法，并结合现代修缮技术，遵循“尽可能减少干预”“不改变文物原状”的原则，根据不同的残损情况，制定相应的方案进行了修缮，采用新旧结合的方式，对原始保留的油饰彩画进行回帖加固，对缺失部分重新按照传统工艺进行补做，到保留彩画的原始麻层进行局部切割留麻压麻，使得新旧麻层搭接过渡黏结，并根据原始灰层厚度依次补灰，直至颜料层，对原始保留的彩画进行镜像复制并重新采用局部随色的方法补绘，使新旧油饰彩画相结合，既保留了原始保存较好的彩画，又按照原始工艺补绘了彩画，对木构架进行了保护，这种方法在日后的彩画保护中可以得到更多的应用。

参考文献

[1] 边精一．中国古建筑油漆彩画［M］．北京：中国建筑工业出版社，2007.

[2] 吴卫，刘志．清代官式梁枋旋子彩画及其文化意蕴［J］．求索．2006，(4)：131-133.

[3] 马瑞田．中国古建彩画［M］．北京：文物出版社，1996.

[4] 王仲杰．四十年来古建彩画维修工作的发展和进步［J］．古建园林技术，

1994，(1)：59-61.
[5] 陈岚．中国古建筑中的彩画艺术 [J]．建筑知识，2002，(6)：14-16.
[6] 蒋广全．中国清代官式建筑彩画技术[M]．北京：中国建筑工业出版社，2005.
[7] 路化林．清式油作技术‘术语’注释 [J]．古建筑园林技术，2001，(2)：85-101.

雍和宫大殿安全性检测研究与评估

姜　玲*

摘　要：本文介绍了如何运用科学检测方法对雍和宫大殿进行无损检测与评估，并证明了运用无损检测技术的可行性，提高了结构安全检测的准确性。结构安全性检测与评估的基本程序为：确定鉴定标准，明确鉴定的内容和范围；资料调研，收集分析原始资料；现场勘查，检测结构现状与残损部位；分析研究，评估结构承载能力；鉴定评级，对调查、检测和验算结果进行分析评估，确定结构的安全等级。

关键词：古建筑；安全性检测与评估；地基基础；围护结构；屋盖结构；木构架

北京有大量的木结构古建筑，保证这些建筑的安全延年是文物保护的重要工作。安全性鉴定与评估是保护中的关键环节，也是如何处置安全性问题的基础工作。在以往的建筑保护修缮中，对木结构古建筑安全性的判断大多依赖工作经验，因经验与专业背景的不同，可能产生不同的结论。本文依据《古建筑结构安全性鉴定技术规范　第1部分：木结构》对雍和宫大殿

* 北京市考古研究院（北京市文化遗产研究院）研究馆员。

进行了无损检测研究与评估，并提出合理的处理建议，为雍和宫大殿的保护及使用安全方面提供科学依据。

一、雍和宫大殿概况

雍和宫位于北京市东城区北新桥雍和宫大街12号，约建于清康熙三十三年（1694）。1961年3月4日，雍和宫被国务院列为第一批“全国重点文物保护单位”，是北京市内最大的藏传佛教寺院，1983年被国务院确定为汉族地区佛教全国重点寺院。此外，雍和宫大殿位于该寺院中轴线上。因雍和宫大殿近期未整体大修过，且已出现结构变形及破坏现象，其结构安全状况不明确，有必要进行结构安全性检测鉴定。此外雍和宫地下常年有地铁通过，产生大量震动，这种长期震动是否会对雍和宫文物建筑产生影响，尚不明确，有必要对其进行相关检测。雍和宫为对外开放的文物建筑群，其安全不仅关系到文化遗产的保护与延续，也关系到开放及使用中的公众安全。

雍和宫大殿为雍和宫中路第二进院正殿，原为王府时期的银安殿，也是雍和宫的正殿和中心。面阔7间，前出廊，歇山顶，黄色琉璃瓦屋面，檐下施单翘重昂七彩斗拱，明间6攒，其余各间4攒。室内地面为方砖墁地。殿内供奉三世佛（释迦牟尼佛、燃灯佛、弥勒佛）观音立像和弥勒立像以及十八罗汉。殿前有月台一座。

结构外立面现状照片见图1。

南立面照片

北立面照片

图1　雍和宫大殿现状照片（一）

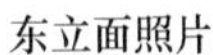

东立面照片

西立面照片

图 1　雍和宫大殿现状照片（二）

项目建筑详细测绘图纸见图 2 ～图 6。

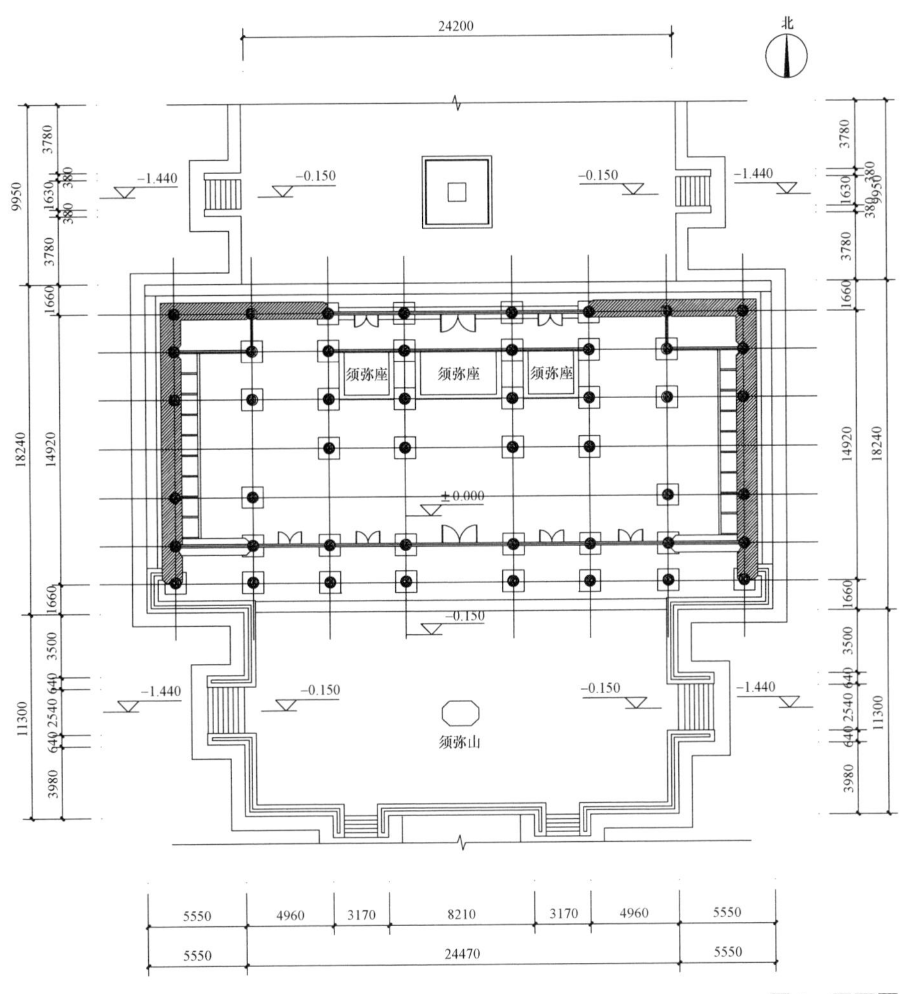

图 2　平面图

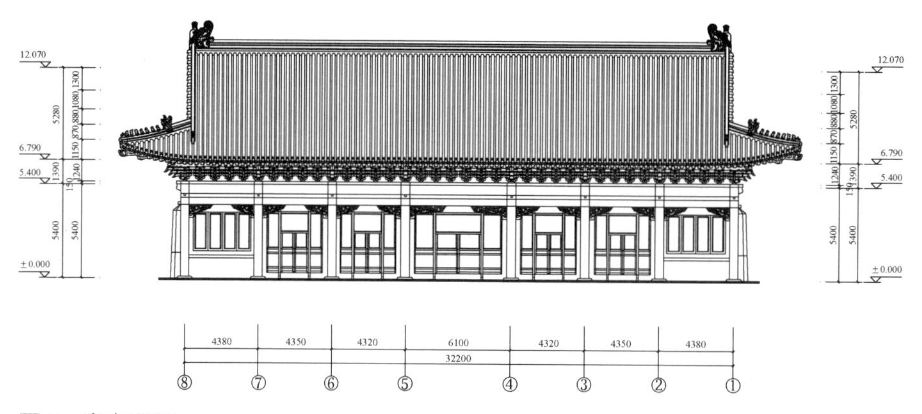

图3　南立面图

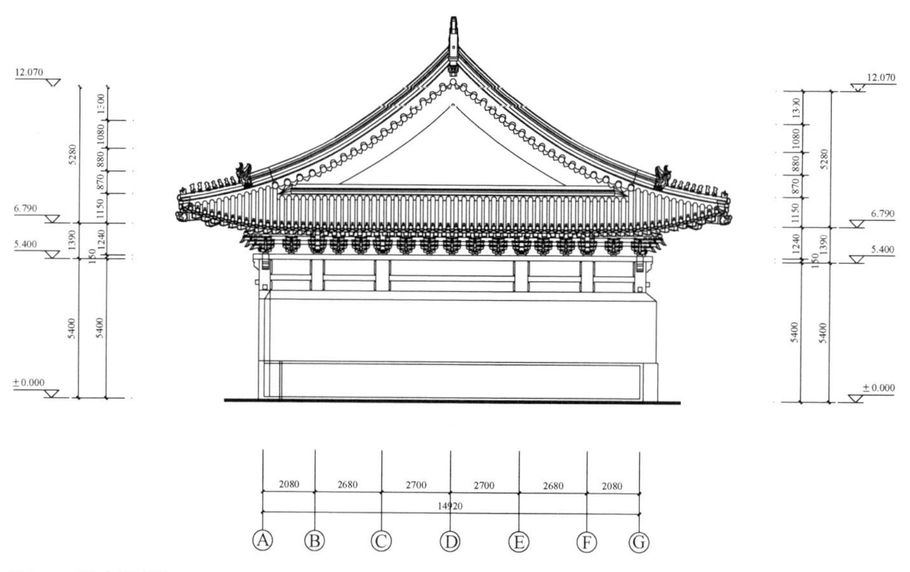

图4　侧立面图

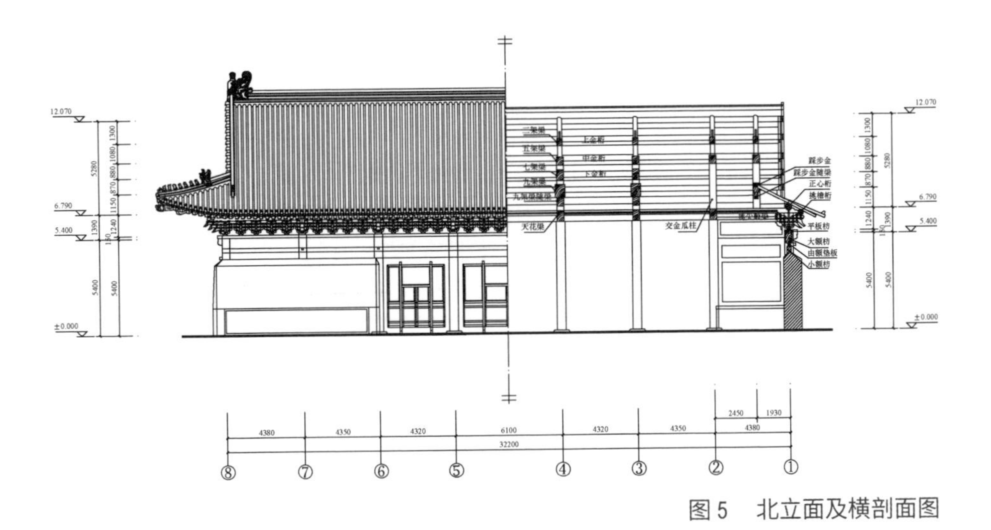

图5　北立面及横剖面图

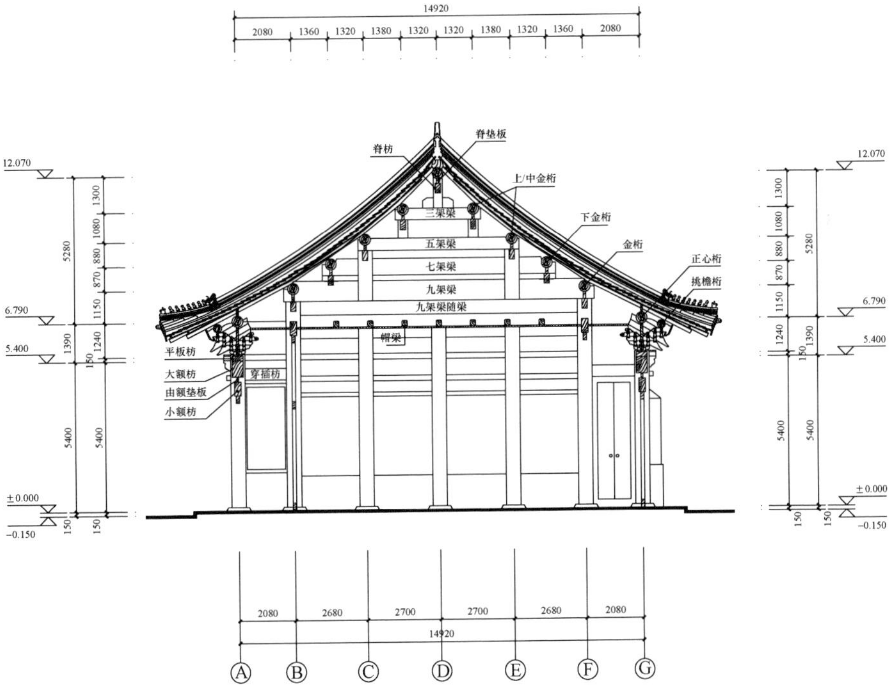

14920
2080 1360 1320 1380 1320 1320 1380 1320 1360 2080

脊枋
脊垫板
上/中金桁
下金桁
金桁
正心桁
挑檐桁
三架梁
五架梁
七架梁
九架梁
九架梁随梁
帽梁
穿插枋
平板枋
大额枋
由额垫板
小额枋
12.070
6.790
5.400
±0.000
-0.150
5280
1390
5400
150
1300
1080
880
870
1150
1240
2080 2680 2700 2700 2680 2080
14920
Ⓐ Ⓑ Ⓒ Ⓓ Ⓔ Ⓕ Ⓖ

图6　纵剖面图

二、检查鉴定内容

外观检查建筑主体结构和主要承重构件的承载状况，查找结构中是否存在严重的残损部位，根据检查结果，评估在现有使用条件下，结构的安全状况，并提出合理可行的维护建议。

三、地基基础勘查

对雍和宫大殿进行岩土工程勘察。根据岩土工程勘察资料，结合区域地质资料，判定建筑场地无影响建筑物稳定性的不良地质作用，为可进行建设的一般场地。

场地均匀性评价：根据本次勘察现有钻探地层资料，建筑场区地基土层除人工填土外在水平方向分布均匀，成层性较好，判定为均匀地基。

本次勘察未对原建筑物基础进行挖探处理，但根据先前类似工程的经验，估计拟修缮建筑基础埋深较浅。建筑场地上部人工填土层均匀性较差，压缩性较高，承载力较低。

建筑场地抗震设防烈度为 8 度。场地土类型属于中硬土，建筑场地类别判定为Ⅱ类。当抗震设防烈度为 8 度时，本场地的地基土判定为不液化。

由于地下水埋藏较深，故可不考虑地下水的腐蚀性。在干湿交替作用环境下，本场地土具有微腐蚀性。

建筑场地地基土的标准冻结深度按 0.8m 考虑。

四、地基基础雷达探查

采用地质雷达对结构地基基础进行探查，雷达天线频率为 300MHz，雷达扫描路线示意图见图 7，详细测试结果见图 8 ～图 14。

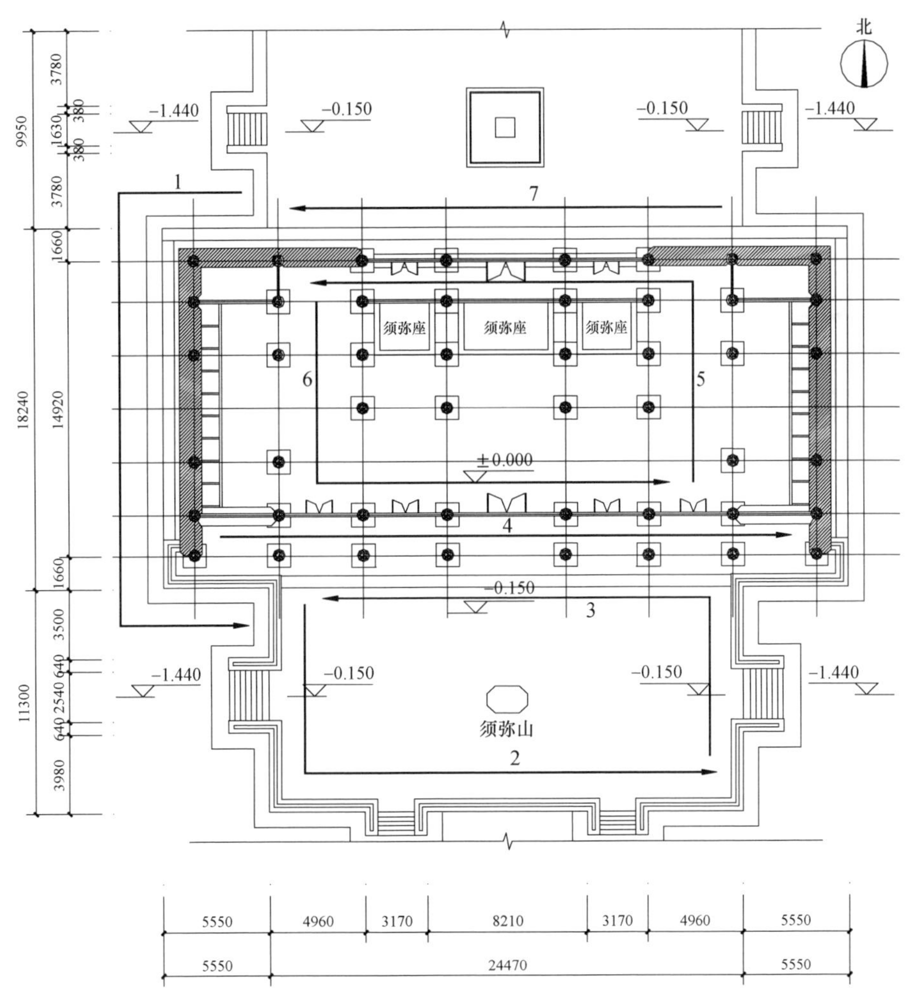

图 7 雷达扫描路线示意图

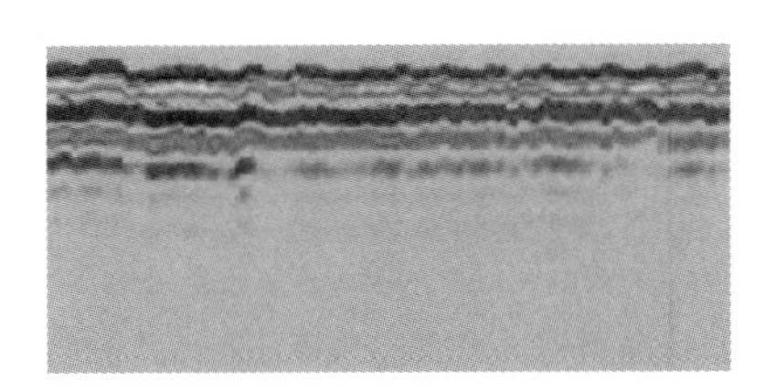

图 8 路线 1（雍和宫西侧室外地面）

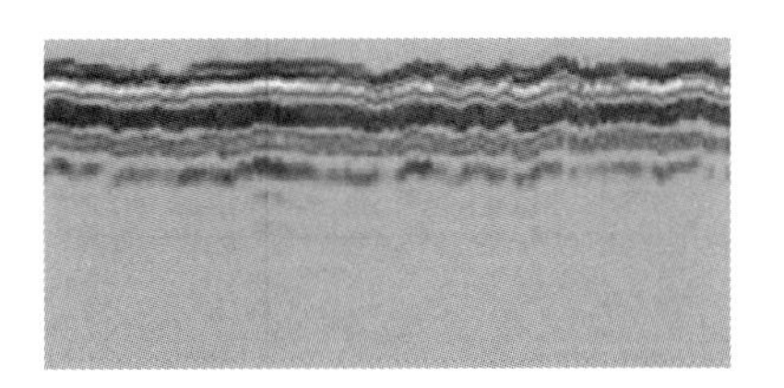

图 9 路线 2（月台西南侧）

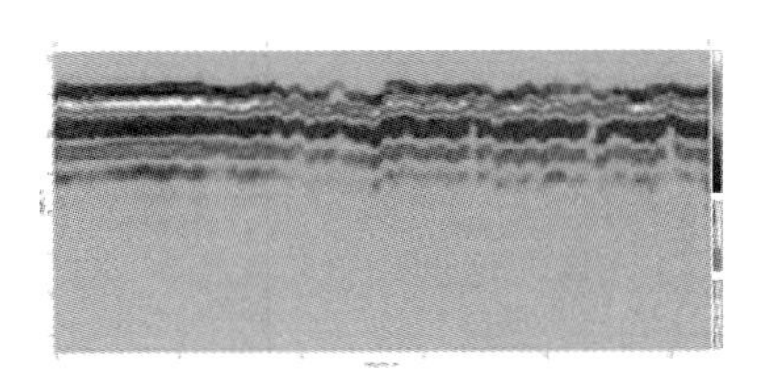

图 10 路线 3（月台东北侧）

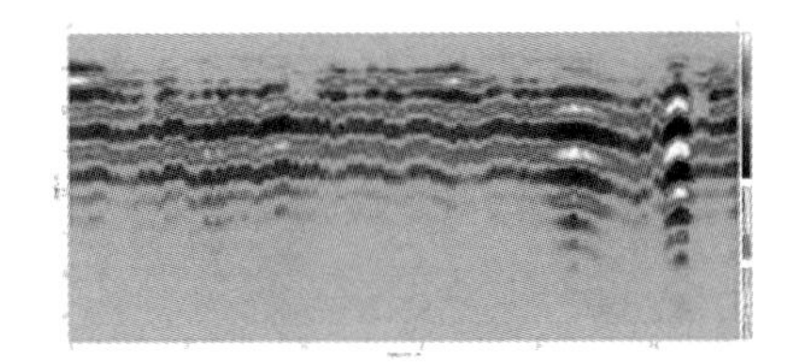

图 11 路线 4（南侧台基上）

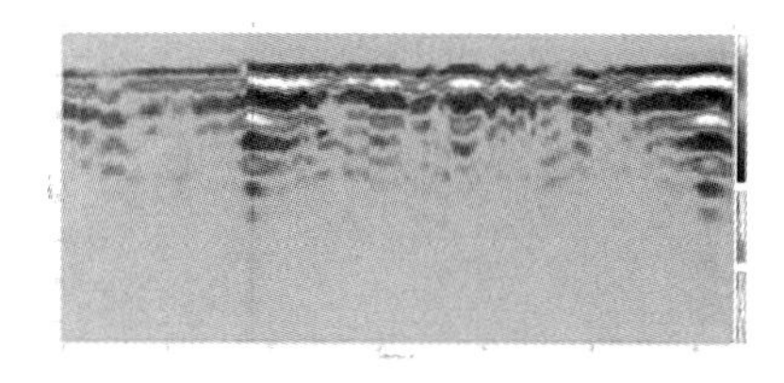

图 12　路线 5（室内地面东北侧）

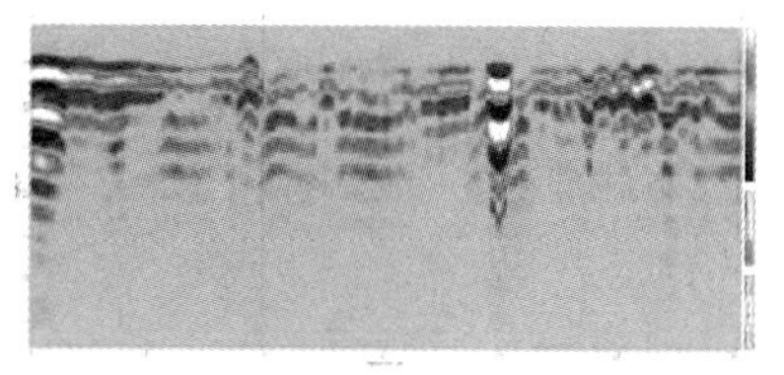

图 13　路线 6（室内地面西南侧）

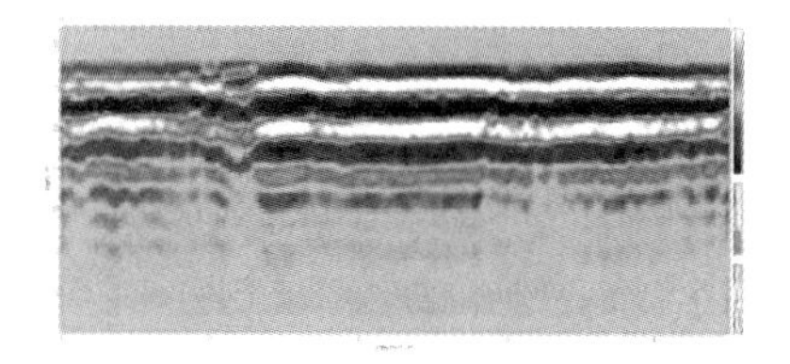

图 14　路线 7（北侧台基）

由图 7 ～图 14 可见，室内地面相对比较杂乱，表明下方介质不够均匀；其余部位雷达反射波基本平直连续，没有明显空洞等缺陷。

五、结构振动测试

现场使用 941B 型超低频测振仪、Dasp 数据采集分析软件对结构进行振动测试，测振仪放置在 3 轴梁架的九架梁上，主要测试结果见表 1，同时测得结构水平最大响应为 0.336 mm/s（图 15）。

表 1　结构振动测试结果

方向	峰值频率（Hz）	阻尼比（%）
东西向	2.34	3.68
南北向	1.95	3.86

自振频率是由质量和刚度共同决定的，其中，建筑平面体型、墙体布置、结构内部损伤等因素会影响结构的刚度。

依据《古建筑防工业振动技术规范》（GB/T 50452—2008），古建筑木结构的水平固有频率为 $f=\frac{1}{2\pi H}\lambda_{j}\varphi=\frac{1}{2\times3.14\times6.79}\times 1.571\times52=1.92$（Hz），与结构南北向的实测频率 1.95Hz 基本一致，推测现有结构实测频率符合规律。

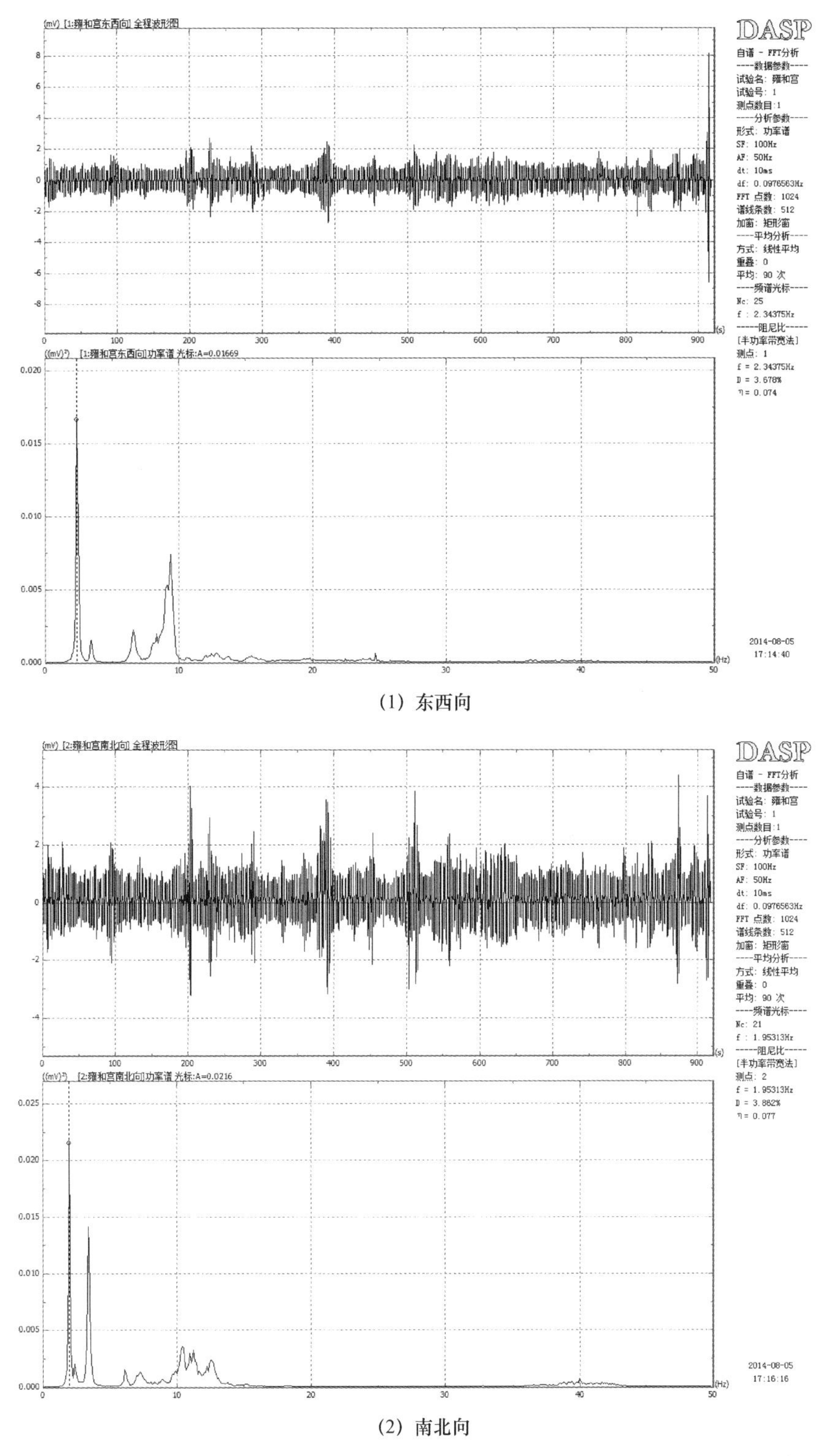

(1) 东西向

(2) 南北向

图 15 测试曲线图

根据《古建筑防工业振动技术规范》（GB/T 50452—2008）规定，对于全国重点文物保护单位关于木结构顶层柱顶水平容许振动速度最高不能超过 0.18 ～ 0.22mm/s，本结构水平振动速度超过了规范的限值。

六、结构外观质量检查

（一）地基基础

经现场检查，雍和宫大殿台基及月台未见明显损坏，上部结构未见因地基不均匀沉降而导致的明显裂缝和变形，建筑的地基基础承载状况基本良好，台基现状照片见图 16。

西南角台基

西北角台基

月台西侧

月台东侧

图 16　台基及月台现状

（二）围护结构

墙体基本完好，没有明显的开裂和鼓闪变形，墙体现状照片见图 17。

西侧外墙

东侧外墙

图 17　外墙现状照片

（三）屋盖结构

经现场检查，建筑屋盖存在的残损现象包括如下几方面。

（1）屋面生有杂草，见图 18。

（2）东侧屋檐存在明显变形，东南角檐头下沉，见图 19。

（3）北侧连廊上部天花多处存在裂缝，见图 20。

南坡

北坡

图 18　屋顶杂草

图 19　东侧屋檐存在明显变形

图 20　北侧连廊上部天花裂缝

（四）木构架

雍和宫木梁枋上部梁架示意图见图 21，平面示意图见图 22。木梁架存在的主要残损情况有：梁、柱间的连系出现松动，部分榫卯出现拔榫及卯口下方劈裂的现象，具体残损情况见表 2；梁枋檩等构件多处存在开裂。

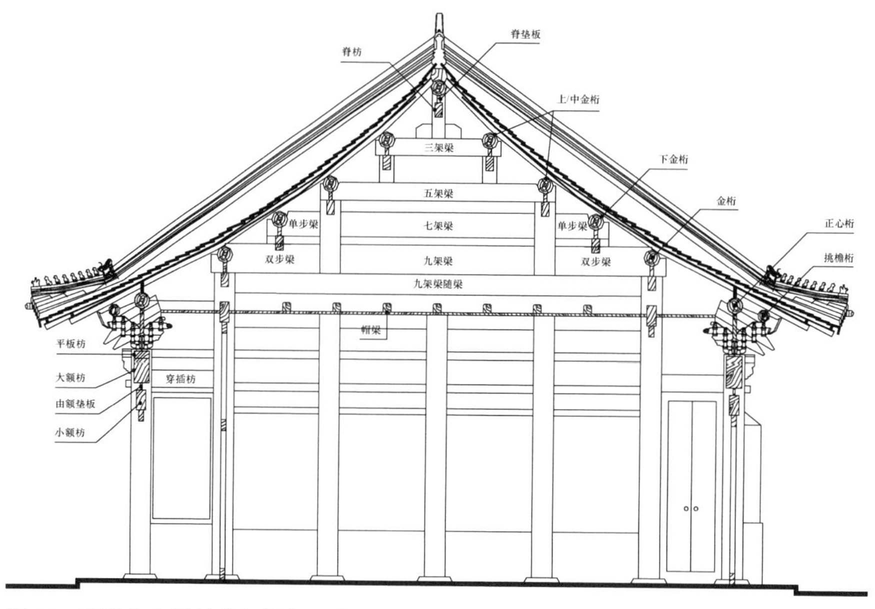

图 21　雍和宫木梁枋上部梁架示意图

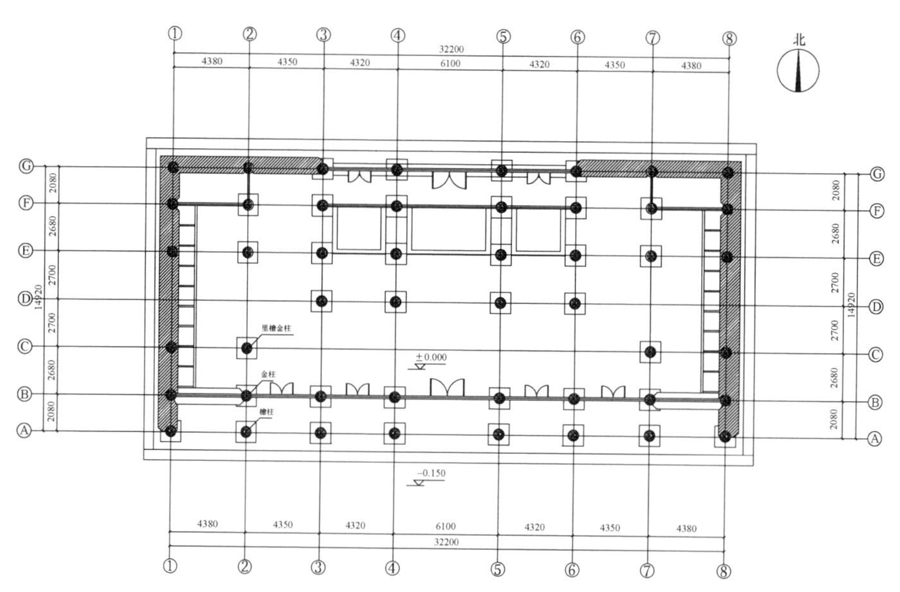

图 22　雍和宫大殿梁枋平面示意图

表 2　梁枋残损情况

项次	残损项目	残损部位	残损程度	是否残损点	加固情况
1	拔榫	1/2—2 轴之间脊枋西侧拔榫	3cm	否	—
2	拔榫	1/2—2 轴之间南侧上金枋西侧拔榫	3cm	否	—
3	拔榫	2 轴北侧单步梁与金柱之间拔榫	9cm（共 10cm）	是	—
4	拔榫	2 轴南侧单步梁与金柱之间拔榫	4cm	否	—
5	卯口劈裂	4 轴三架梁北端下童柱 1 卯口劈裂	下方通长	是	—
6	卯口劈裂	4 轴三架梁南端下童柱 1 卯口劈裂	下方通长	是	—
7	卯口劈裂	5 轴三架梁南端下童柱 1 卯口劈裂	下方通长	是	—
8	拔榫	5 轴单步梁与金柱之间拔榫	2cm	否	已加扁钢拉结
9	卯口劈裂	5 轴三架梁北端下童柱 1 卯口劈裂	下方通长	是	—
10	卯口劈裂	6 轴三架梁南端下童柱 1 卯口劈裂	下方通长	是	—
11	拔榫	6—7 轴之间脊枋西侧拔榫	2cm	否	—
12	拔榫	6—7 轴之间南侧上金枋西侧拔榫	2cm	否	—
13	拔榫	7 轴南侧单步梁与金柱拔榫	5cm	是	—
14	卯口劈裂	7 轴三架梁南侧童柱 1 卯口劈裂	下方通长	是	—
15	卯口劈裂	7 轴三架梁北侧童柱 1 卯口劈裂	下方通长	是	—
16	拔榫	7 轴北侧单步梁与金柱拔榫	3cm	否	—
17	拔榫	1/7 轴南侧双步梁与金柱拔榫	8cm（共 10cm）	是	拉结扁钢失效
18	拔榫	1/7 轴北侧单步梁拔榫	4cm	否	—
19	拔榫	1/7 轴北侧双步梁与金柱拔榫	8cm（共 10cm）	是	拉结扁钢失效
20	拔榫	1/7 轴北侧随梁枋拔榫脱落	全部脱落	是	—

经检查，结构存在多处残损点，主要残损点为榫卯拔榫损坏及卯口劈裂，其中拔榫情况主要出现在南北两侧的单、双梁与金柱连接的部位，个别榫卯甚至完全脱落，部分榫卯节点采取的扁钢拉结加固已失效。其中，梁枋檩等构件多处存在的开裂为干缩裂缝，根据目前的残损程度，暂不评定为残损点。

（五）台基相对高差测量

现场对房屋柱础石上表面的相对高差进行了测量，测量结果见图 23。

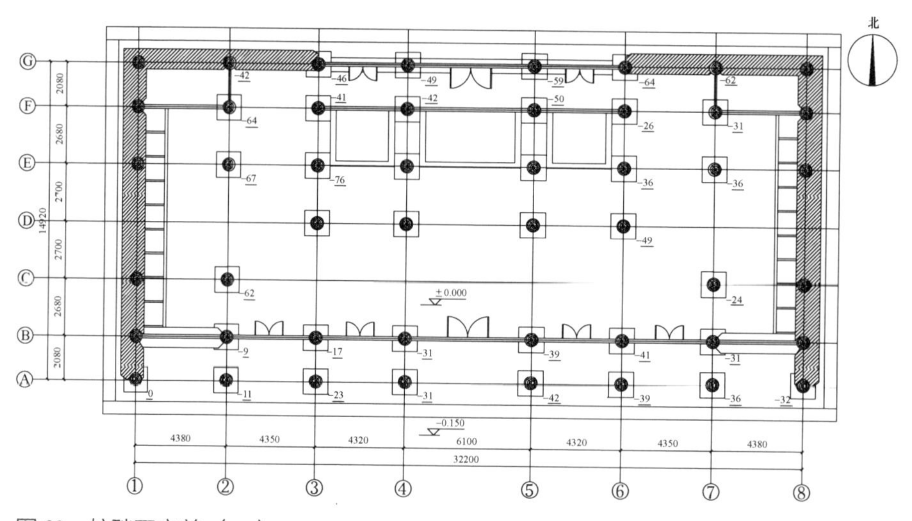

图 23　柱础石高差（mm）

测量结果表明，各柱础石顶部存在一定的相对高差，北侧柱础顶部相对于南侧柱础位置，3-E 轴处柱础与 1-A 处柱础之间的相对高差最大，为 76mm，由于结构初期可能存在施工偏差，此部分高差不完全是地基的沉降差，鉴于目前未发现结构存在因地基不均匀沉降而导致的明显损坏现象，可暂不进行处理。

（六）木构架局部倾斜

现场测量部分柱的倾斜程度，测量结果见图 24。

柱边的数据表示柱底部 3m 的高度范围内上端和下端的相对垂直偏差，数字的位置表示柱上部偏移的方向。由图 24 可见，北侧檐柱的上端基本都向南侧偏移，南侧檐柱基本向北侧偏移，南侧 B 轴金柱基本向南侧偏移。

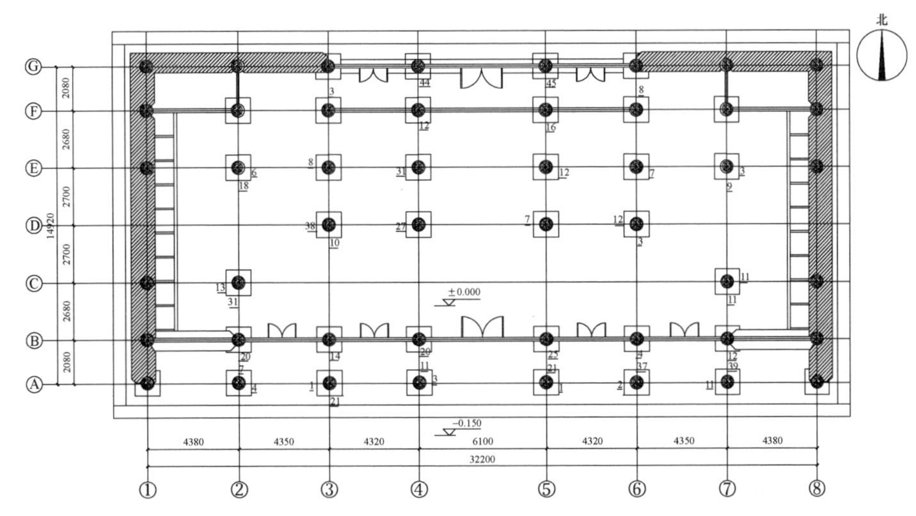

图 24　柱倾斜情况（mm）

在古建常规做法中，金柱和檐柱一般设置侧脚，会向中间偏移，B 轴金柱目前的偏移程度与建造时存在差异，有向外倾的趋势，最大相对位移：Δ=25mm<H/90=33（mm），未超出规范的限制；C、D、E 轴金柱上端在东西方向有向外侧倾斜的趋势，与建造时存在差异，最大相对位移 Δ=38mm>H/90=33（mm），略超出规范的限制。

七、木结构材质状况勘查

（一）勘察概述

1. 勘查目的

主要对木结构进行无（微）损检测，评价其材质状况（腐朽、开裂、断裂等）。检测同时对部分木构件进行取样和树种鉴定，以获得该建筑使用木材的物理力学性质等特性，从而为古建筑维护选材提供依据。

2. 勘查方法

在条件具备的情况下，通过观测、敲击和简单工具对该建筑单体所有能触及的木构件进行普查，记录木构件的材质状况，包括含水率概况及开裂、腐朽情况等，对存在问题的木构件进行选择性取样和树种鉴定。

抽查部分裸露的木柱进行阻力仪深层探测，以抽查目测存在缺陷、含水率较高或敲击异常的木柱为主。

（二）材质状况检测结果

1. 仪器检测结果说明

木结构材质状况的勘查主要分为以下 3 个步骤：木构件材质状况普查、主要承重构件的深层检测和构件的树种鉴定。

深层检测是在普查的数据基础上，利用无损检测仪器对部分存在问题的木柱构件进行深层分析。本次深层检测采用的仪器为阻力仪。

阻抗仪检测结果中，黄色区域表示估计的轻度腐朽面积；橘红色区域表示估计的中度腐朽面积；红色区域表示估计的重度腐朽面积或裂缝区域，见图 25。本报告中绘制的腐朽面积和真正的腐朽面积有一定误差，但不影响分析结果，一般来说，绘制图较多的柱子，其腐朽问题也比较严重。

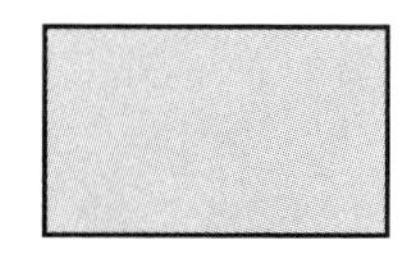

轻度区域　　中度区域　　重度腐朽或裂缝区域

图 25　缺陷分等示意图

木柱勘查一般从距柱根 20cm 开始约到柱高 1/3 处，若 20cm 处明显严重腐朽或探测存在问题则每隔一定高度（如 30cm）往上补充勘查，比如说 20cm、50cm、80cm，以此类推；若 20cm 处探测没有材质问题，则不进行 50cm 高度的探测。勘察结果中若只有 20cm 高度的勘查图形，表示 50cm 高度及以上的勘查结果正常。

2. 检测结果

此次勘查所测数据显示，雍和宫大殿木构件平均含水率为

15.06%，木构件含水率大多在 11% ~ 18%，不存在含水率测定数值非常异常的木构件。

（1）木构件材质状况普查结果

经普查，雍和宫大殿木构件存在的主要问题为开裂，部分木构件表面有水渍。

（2）木柱深层检测结果

雍和宫大殿檐柱直径约为 500mm，金柱直径均为 600mm。通过对立柱普查数据进行分析，抽选了部分立柱，进行了阻力仪检测。

检测存在问题的立柱缺陷如图 26 ~图 37 所示，情况简表见表 3，阻力仪检测结果见图 38 ~图 54。

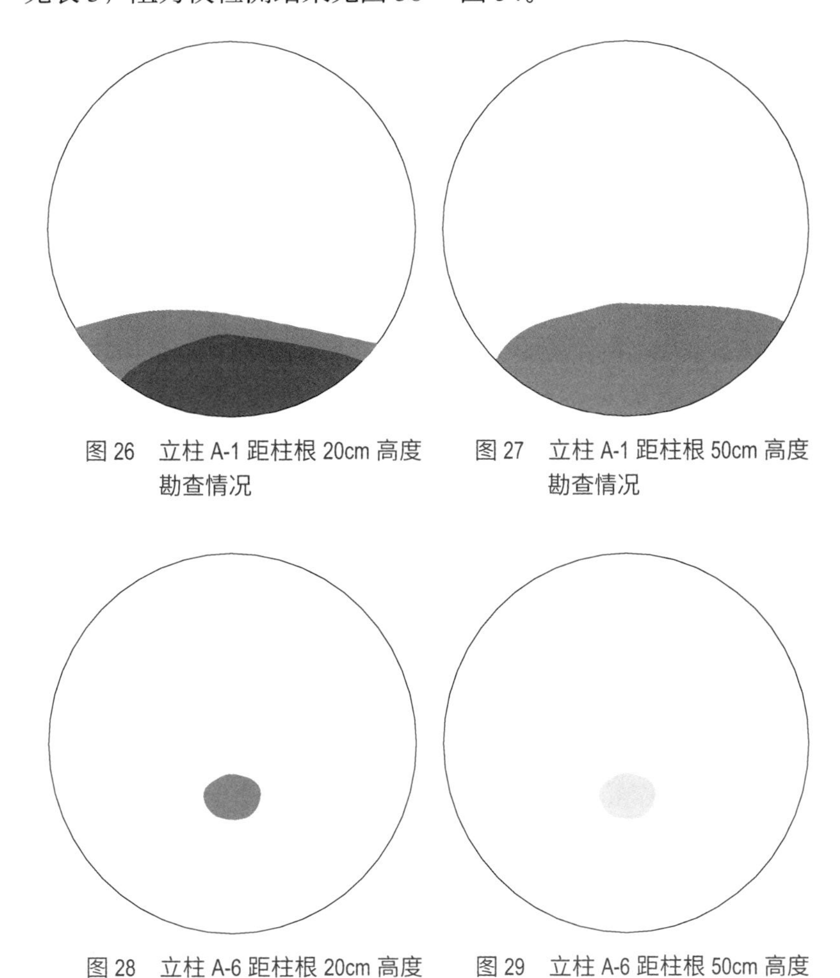

图 26　立柱 A-1 距柱根 20cm 高度勘查情况

图 27　立柱 A-1 距柱根 50cm 高度勘查情况

图 28　立柱 A-6 距柱根 20cm 高度勘查情况

图 29　立柱 A-6 距柱根 50cm 高度勘查情况

图 30　立柱 A-7 距柱根 20cm 高度勘查情况

图 31　立柱 A-8 距柱根 20cm 高度勘查情况

图 32　立柱 A-8 距柱根 50cm 高度勘查情况

图 33　立柱 C-7 距柱根 20cm 高度勘查情况

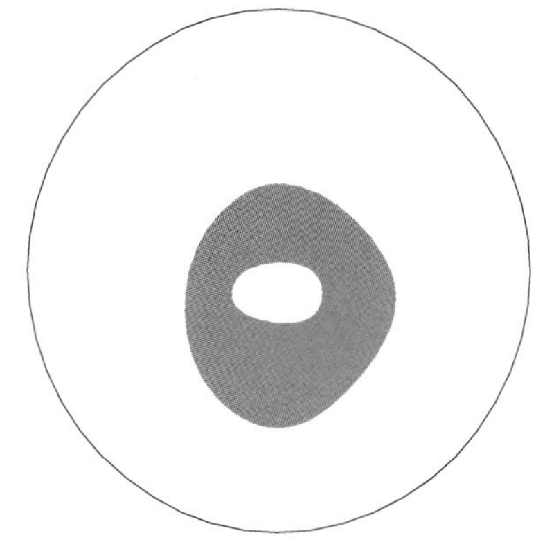
图 34　立柱 E-4 距柱根 20cm 高度勘查情况

图 35　立柱 G-5 距柱根 20cm 高度勘查情况

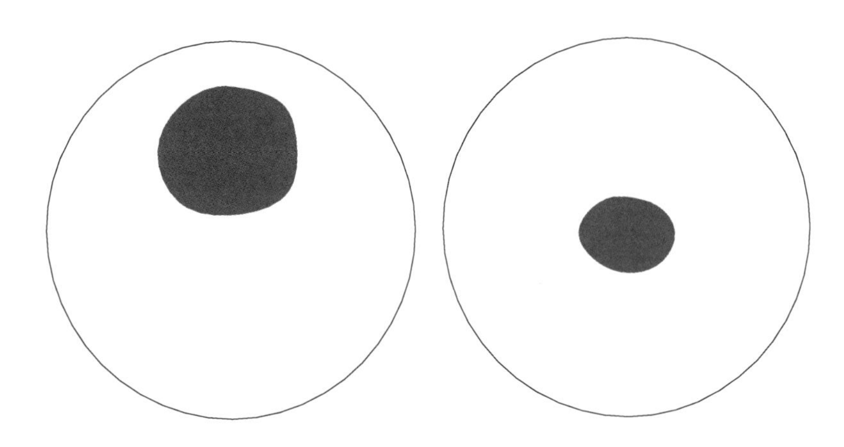

图 36　立柱 G-5 距柱根 50cm 高度勘查情况　　图 37　立柱 G-5 距柱根 80cm 高度勘查情况

表 3　雍和宫大殿立柱材质状况勘查简表

序号	名称	检测高度（cm）	材质状况	缺陷约占总截面比例（%）
1	A-1 柱	20	中度腐朽	8.00
2	A-1 柱	20	重度腐朽	12.46
3	A-1 柱	50	中度腐朽	20.21
4	A-6 柱	20	中度腐朽	1.86
5	A-6 柱	50	轻度腐朽	1.83
6	A-7 柱	20	轻度腐朽	37.64
7	A-7 柱	20	中度腐朽	12.18
8	A-8 柱	20	重度腐朽	3.41
9	A-8 柱	50	中度腐朽	6.47
10	C-7 柱	20	重度腐朽	3.25
11	E-4 柱	20	中度腐朽	16.55
12	G-5 柱	20	重度腐朽	13.39
13	G-5 柱	50	重度腐朽	13.44
14	G-5 柱	80	重度腐朽	5.19

注：表中数据主要关注重度腐朽区域；缺陷所占总截面比例的检测值可能存在一定偏差，但一般来说该数值越大其腐朽问题越严重。

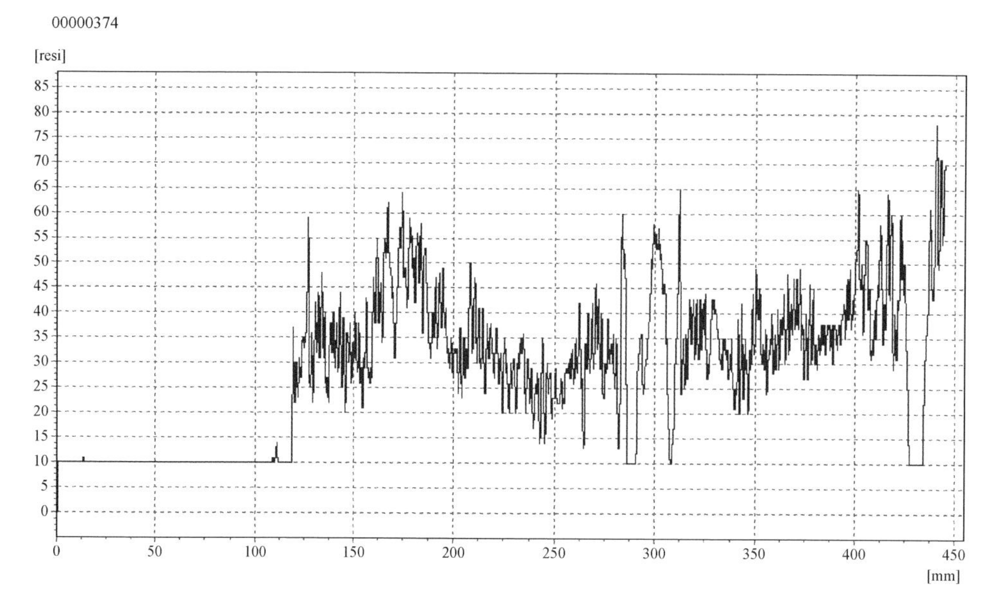

图 38　A-1 柱阻力仪检测曲线，方向由南向北，检测高度距离柱根 20cm

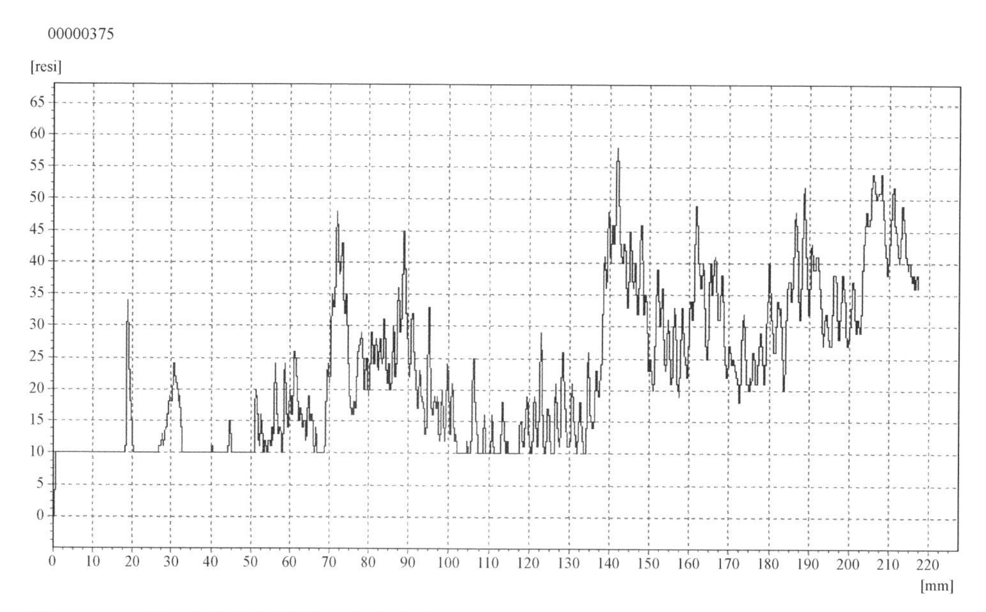

图 39　A-1 柱阻力仪检测曲线，方向由南向北偏左 10cm，检测高度距离柱根 20cm

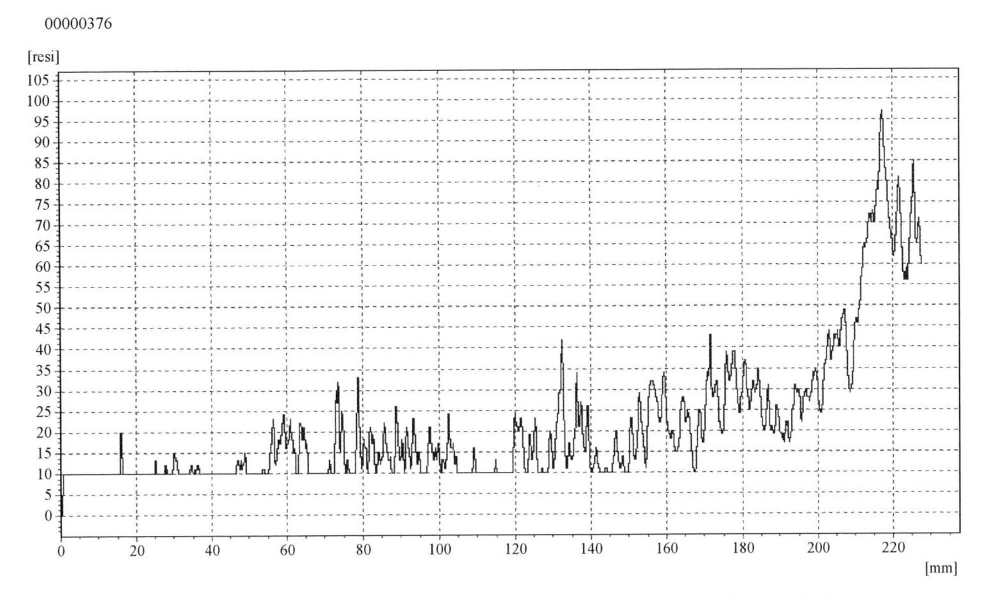

图 40　A-1 柱阻力仪检测曲线，方向由南向北偏右 10cm，检测高度距离柱根 20cm

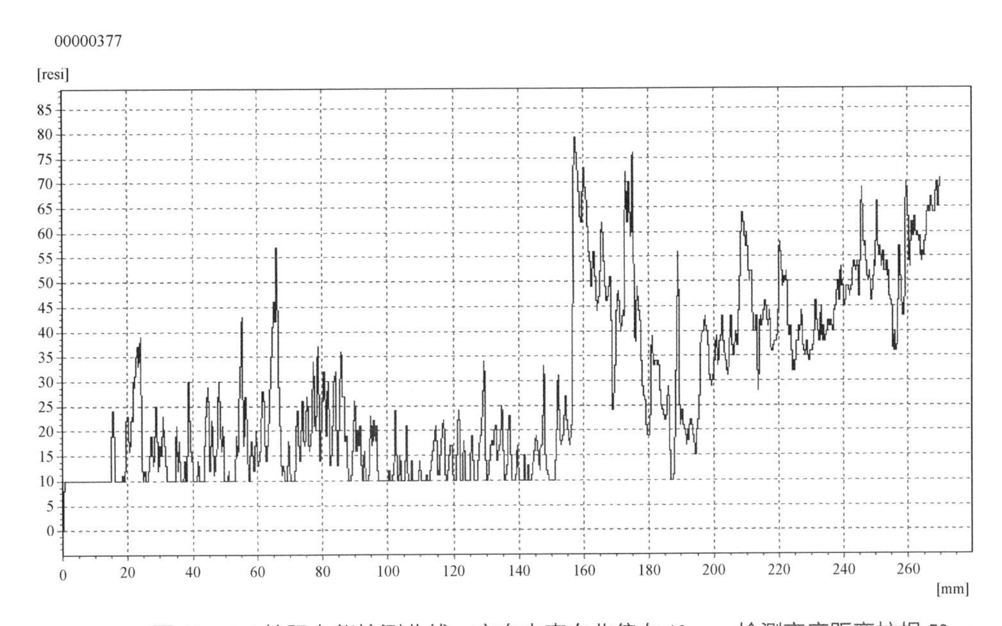

图 41　A-1 柱阻力仪检测曲线，方向由南向北偏右 10cm，检测高度距离柱根 50cm

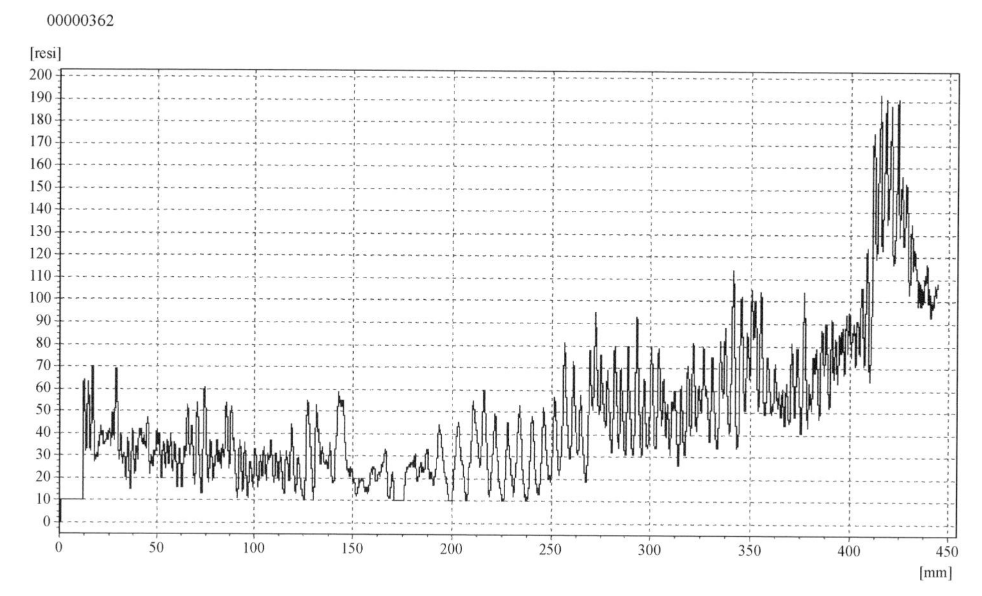

图 42　A-6 柱阻力仪检测曲线，方向由南向北，检测高度距离柱根 20cm

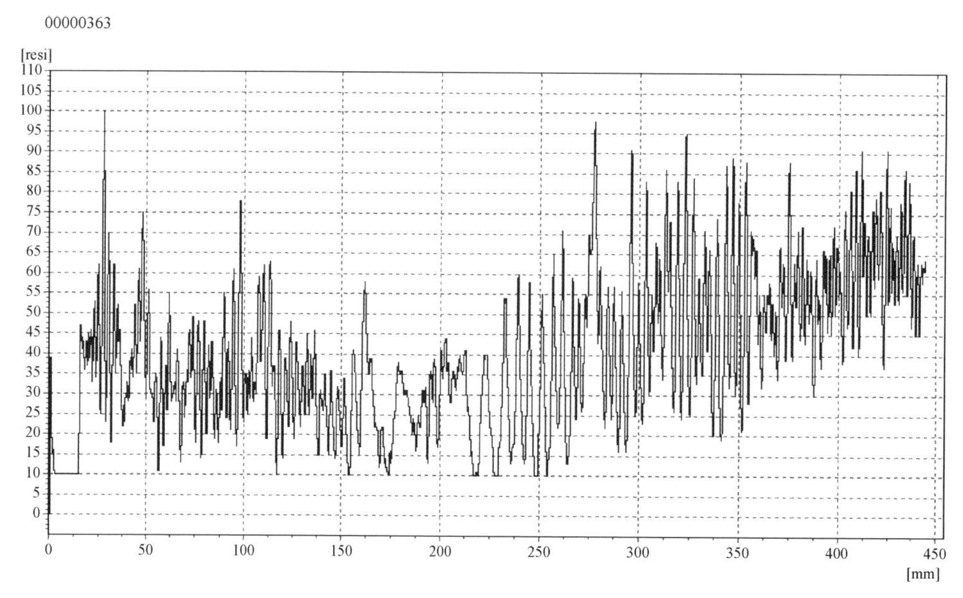

图 43　A-6 柱阻力仪检测曲线，方向由南向北，检测高度距离柱根 50cm

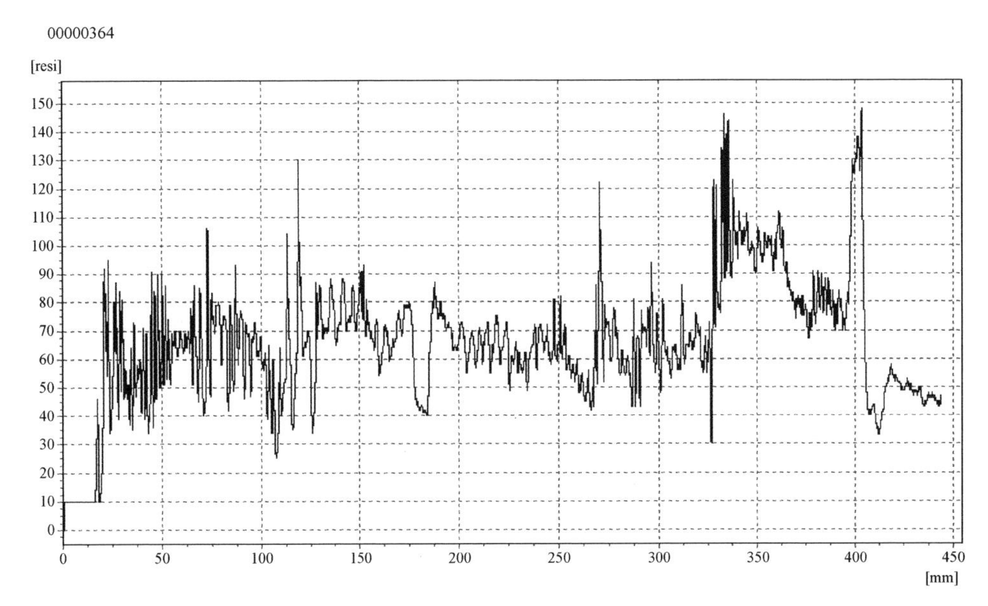

图 44　A6 柱阻力仪检测曲线，方向由南向北偏左 15cm，检测高度距离柱根 20cm

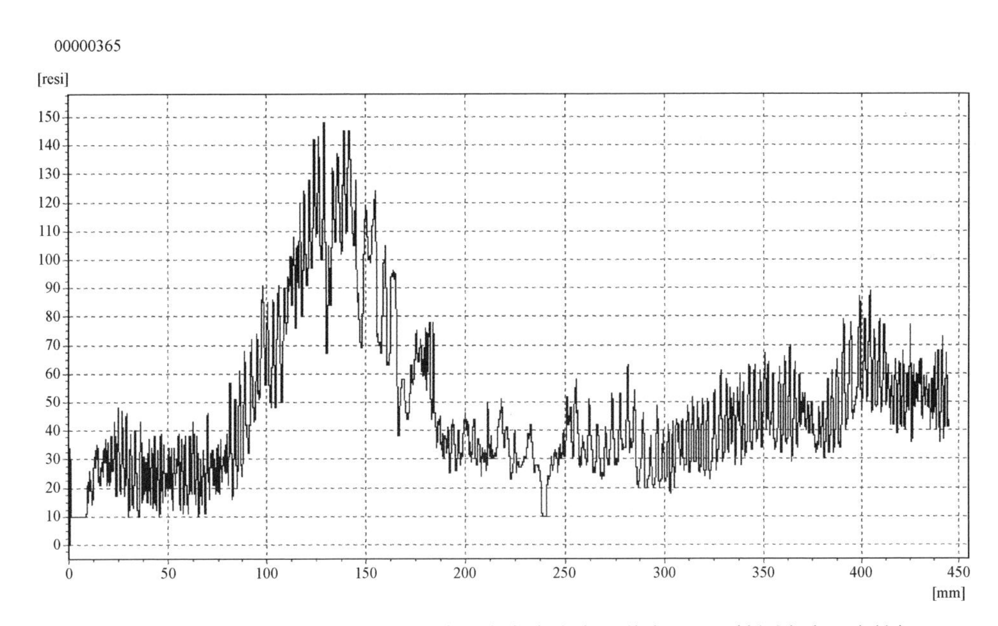

图 45　A-6 柱阻力仪检测曲线，方向由南向北偏左 5cm，检测高度距离柱根 20cm

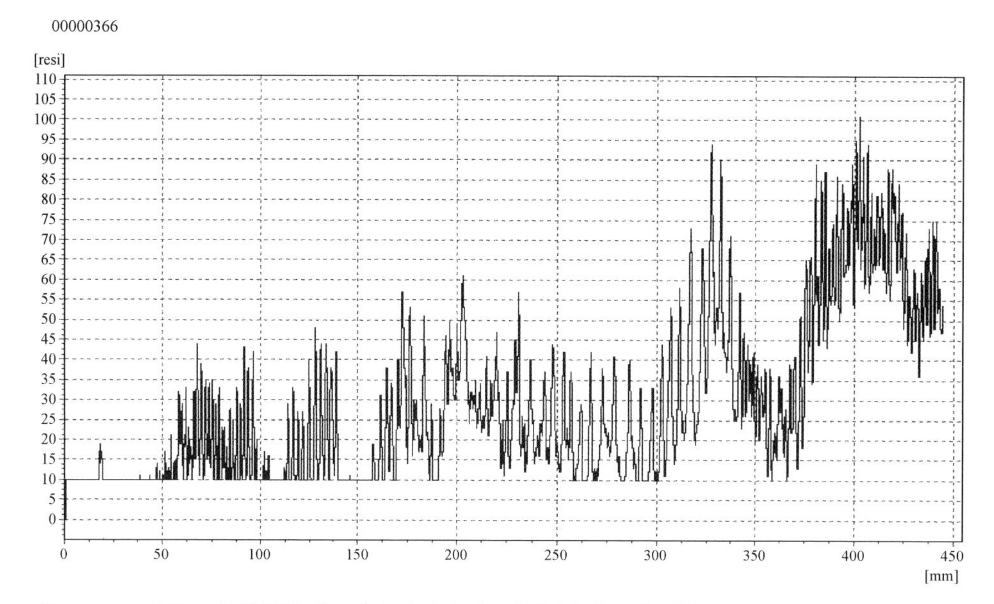

图 46　A-7 柱阻力仪检测曲线，方向由南向北，检测高度距离柱根 20cm

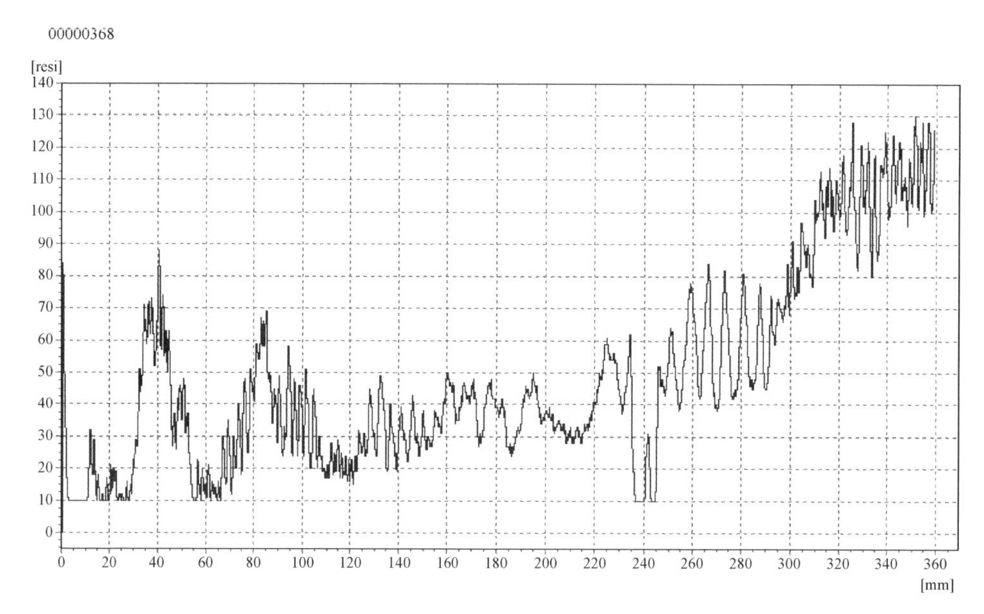

图 47　A-7 柱阻力仪检测曲线，方向由南向北偏左 10cm，检测高度距离柱根 20cm

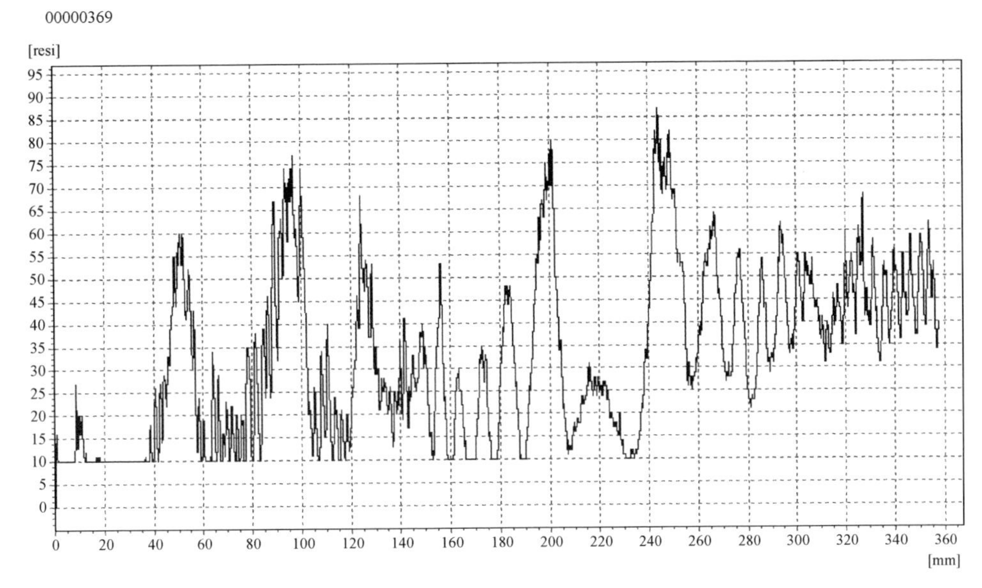

图 48　A-7 柱阻力仪检测曲线，方向由南向北偏右 10cm，检测高度距离柱根 20cm

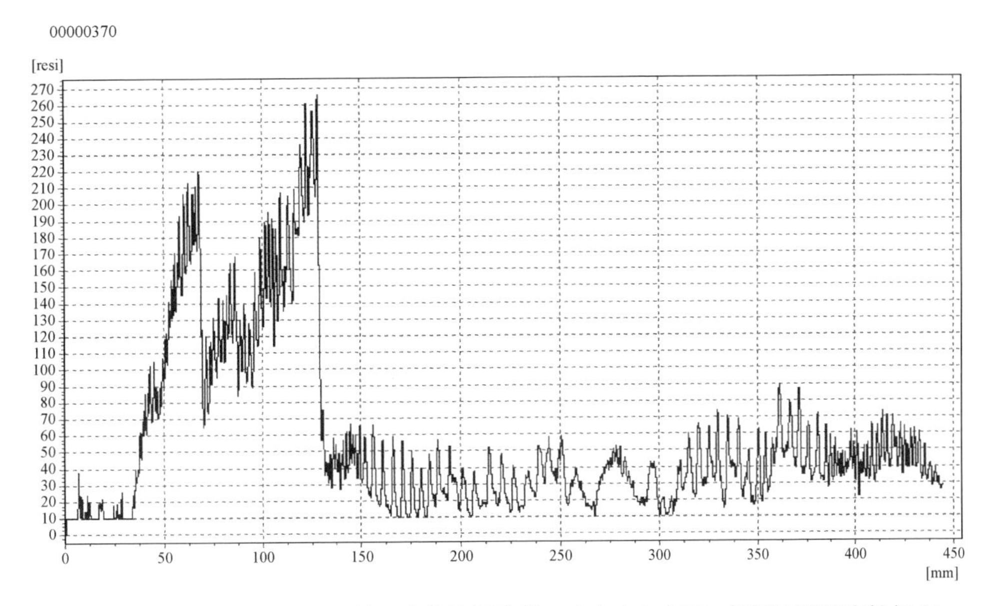

图 49　A-7 柱阻力仪检测曲线，方向由东向西，检测高度距离柱根 20cm

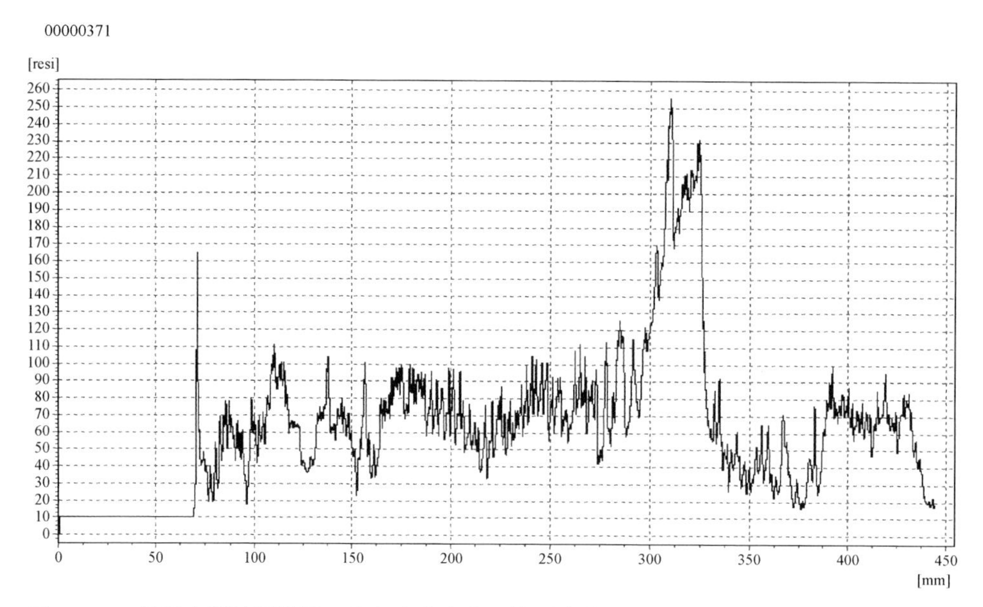

图 50　A-8 柱阻力仪检测曲线，方向由南向北，检测高度距离柱根 20cm

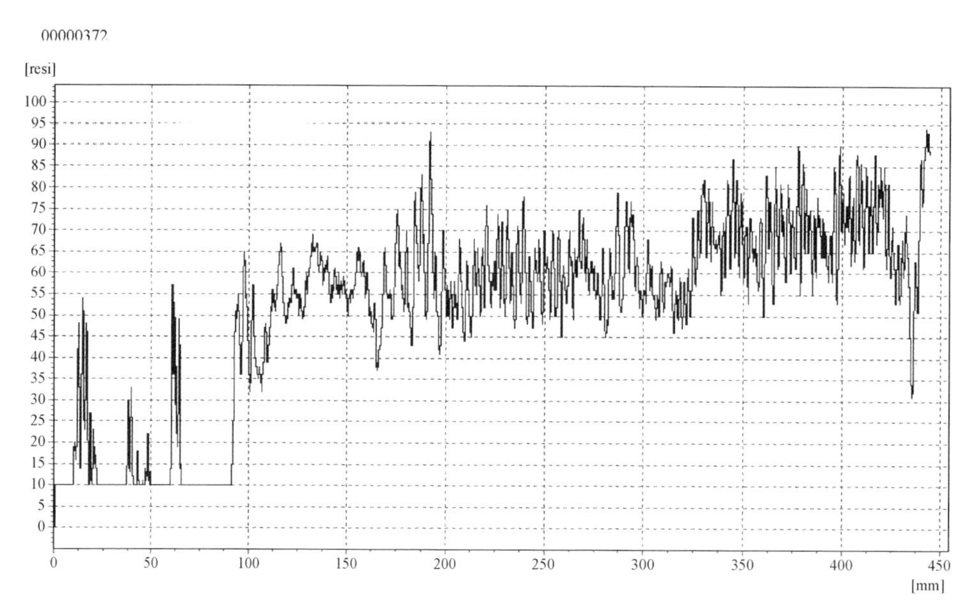

图 51　A-8 柱阻力仪检测曲线，方向由南向北，检测高度距离柱根 50cm

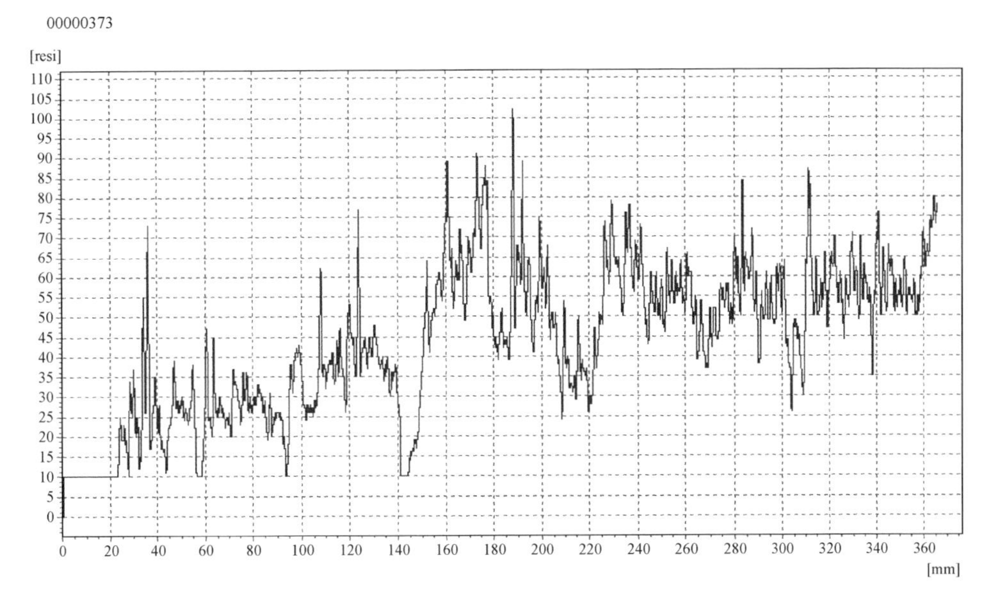

图 52　A-8 柱阻力仪检测曲线，方向由南向北偏左 10cm，检测高度距离柱根 20cm

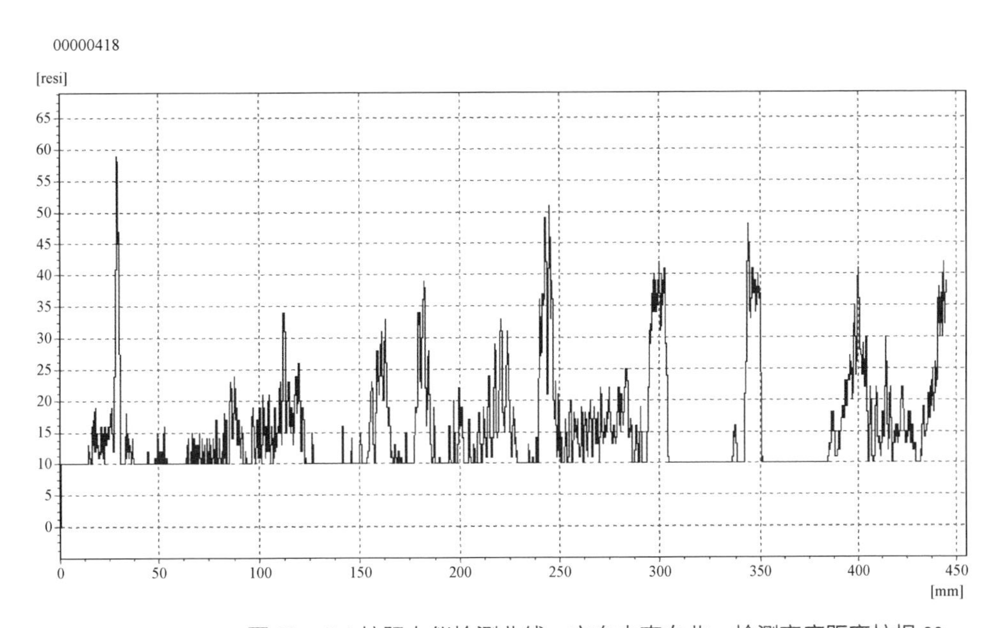

图 53　E-4 柱阻力仪检测曲线，方向由南向北，检测高度距离柱根 20cm

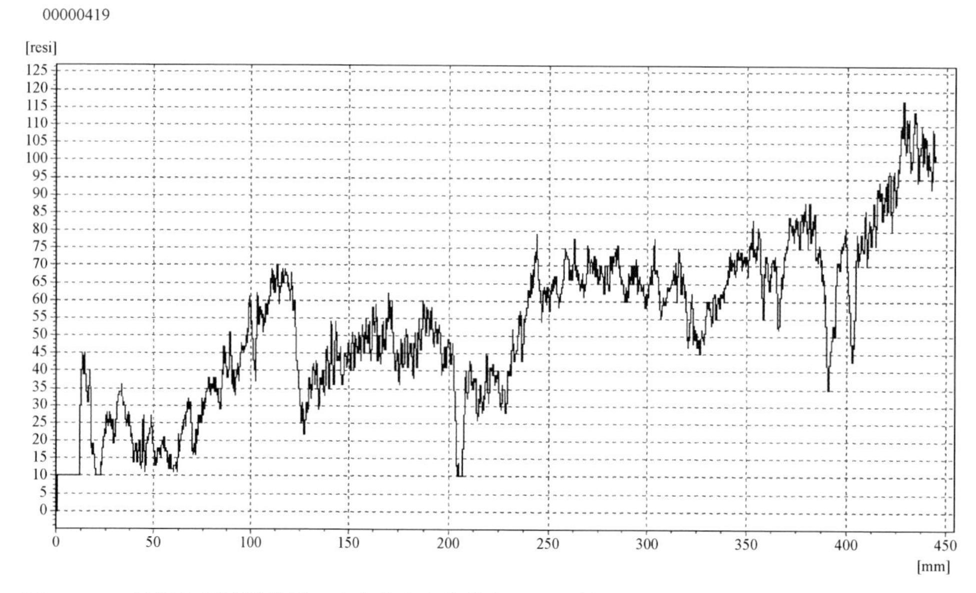

图 54　E-4 柱阻力仪检测曲线，方向由南向北偏左 10cm，检测高度距离柱根 20cm

综合阻力仪检测结果可知，雍和宫大殿木柱 A-1、A-7、A-8、E-4、G-5 存在一定的缺陷，各柱的重度腐朽所占面积与整截面面积之比均未超过 1/5，不评定为残损点。

（三）树种鉴定结果

所涉及的相关树种鉴定结果，均是在不破坏和不影响各建筑外观、结构和功能的前提条件下，采用多种方法对各构件进行取样，经专业人员切片、制片，再由有关专家通过光学显微镜观察，并查阅大量的相关资料得出的，树种鉴定结果见表 4。

表 4　雍和宫大殿树种鉴定结果

序号	构件名称	构件位置	树种中文名	树种拉丁名
NO.1	柱	C-2	硬木松	*Pinus* sp.
NO.2	三架梁	C-E-5	硬木松	*Pinus* sp.
NO.3	七架梁（上）	B-E-4	硬木松	*Pinus* sp.
NO.4	七架梁（下）	B-E-4	硬木松	*Pinus* sp.
NO.5	九架梁（上）	B-E-4	硬木松	*Pinus* sp.
NO.6	九架梁（下）	B-E-4	硬木松	*Pinus* sp.
NO.7	九架随梁	B-E-3	硬木松	*Pinus* sp.

续表

序号	构件名称	构件位置	树种中文名	树种拉丁名
NO.8	挑尖梁	A-B-2	硬木松	*Pinus* sp.
NO.9	天花梁	C-E-3	硬木松	*Pinus* sp.
NO.10	单步梁	B-C-1	硬木松	*Pinus* sp.
NO.11	双步梁（上）	B-C-1	硬木松	*Pinus* sp.
NO.12	双步梁（下）	B-C-1	硬木松	*Pinus* sp.
NO.13	脊檩	C-5-6	硬木松	*Pinus* sp.
NO.14	后上金檩	E-4-5	硬木松	*Pinus* sp.
NO.15	前下金檩	B-1-2	硬木松	*Pinus* sp.
NO.16	前金檩	B-1-2	硬木松	*Pinus* sp.
NO.17	正心檩	C-E-1	硬木松	*Pinus* sp.
NO.18	脊檩枋	C-5-6	硬木松	*Pinus* sp.
NO.19	后上金枋	E-4-5	硬木松	*Pinus* sp.
NO.20	后中金枋	E-1-2	硬木松	*Pinus* sp.
NO.21	前下金枋	B-1-2	硬木松	*Pinus* sp.
NO.22	前金枋	B-1-2	硬木松	*Pinus* sp.
NO.23	踩步金	C-E-1	硬木松	*Pinus* sp.
NO.24	踩步金随梁	C-E-1	硬木松	*Pinus* sp.

八、结构分析

（一）地基基础

经现场检查，建筑上部承重结构和围护结构没有发现因地基产生不均匀沉降而导致的明显损伤，墙、木柱均无明显歪闪，墙无明显不均匀沉降裂缝，表明建筑的地基基础承载状况基本良好。

（二）木梁枋

多榀梁架出现了不同程度的拔榫现象，见表 2。分析原因主要为：拔榫部位多出现在南北两侧的单、双梁与金柱连接的部位，此部位的榫卯类型均为半榫，由于半榫连接作用较差，在外力作用下容易出现拔榫现象而导致结构松散。

由于多榀梁架均出现拔榫，且呈现一定的规律性，可能还存在继续扩大的趋势，整个屋架的整体性受到了一定程度的破坏，应采取相关加固措施。

九、结论

根据检查结果，承重结构中存在若干残损点，已经影响了结构安全和正常使用，但尚不致立即发生危险，依据《古建筑木结构维护与加固技术标准》（GB/T 50165—2020），可评为C级建筑，有必要采取加固或修理措施。建议如下：

（1）清除屋面杂草；

（2）将拔榫的木梁架归安，对拔榫节点使用铁件拉结；

（3）对开裂程度相对较大的梁枋檩等构件进行嵌补，再用铁箍箍紧。

雍和宫大殿的安全性检测鉴定方法是在常规检测的基础上，采用了多种无（微）损测试技术，例如探地雷达、微钻阻力仪、脉动测试法以及树种鉴定，利用多种无（微）损检测技术对古建筑木结构进行综合检测，提高了检测的精度，并可以互相验证、取长补短，保证了检测结果的准确性，对于古建筑木结构的检测评价和修缮加固有重要的意义。

中国明清时期雀替在古建筑中的发展与演变

安　菲*

摘　要：本文对中国古建筑中的雀替木构件进行了专题研究，立足于中国明清时期雀替的现存实物，以北京故宫古建筑上的雀替为主要参考实例，对各式雀替进行了归纳与梳理，从雀替外形直至尺寸逐一详述，比较完整地总结了雀替在历史上的变化与发展趋势，并着重对雀替起源、发展阶段以及现有分类提出了不同意见。

关键词：古建筑；雀替；明清时期；北京故宫

一、绪论

中国古建筑，毋庸置疑，是我国重要的历史遗产与文化遗产。承古载今，古建筑作为历史的重要载体，见证了我国不同的历史发展阶段，经历了翻天覆地的动荡、变革、进步，为现今的我们展现了中华文明的浩瀚与辉煌，发展、联系与传承。

* 故宫博物院高级工程师。

近年来，随着我国社会的不断发展以及技术力量的不断进步，越来越多的古迹遗址见世。如何更好地、更完整地、更科学地、更可持续地保护与利用历史给我们留下的古迹遗址，已经成为了社会热点与大众焦点。

往事钩沉，在对历经沧桑的建筑文物的保护道路上，遗留给我们的往往是由于种种原因而遭到破坏的古建筑。因此，保护与研究我国现存的古建筑已经刻不容缓。保护与研究古建筑的意义在于它们反映了一个国家、一个民族、一种文化的历史内涵与科学成就。

在古建筑领域中，伴随着对古建筑的整体研究，对于雀替的专业研究已经开展了一段时间。雀替是古建筑中的一个木构件，因外形似雀鸟翅膀而得名，它在古建筑的各个角落扮演了形态各异的角色，不可或缺。雀替最早见于历史记载的时期是北魏的云冈石窟，至汉代的画像石上面，也有类似于雀替样式的实物记载，雀替发展至明清时期，达到了前所未有的高峰，可谓是种类多变、样式纷呈、色彩缤纷。应该说，明代与清代是雀替发展的鼎盛时期，也是最后一个高潮时期。

清式雀替的雕刻较为复杂，装饰的作用日趋明显，纹饰也日臻华丽。雀替的发展就如同古建筑中其他的木构件一样，譬如斗拱、隔扇，都因时代的变迁而日臻完美、变化多端。雀替真正的发展与广泛使用始于明代，至清代发展日趋成熟，艺术性与技术性并存。雀替成为了中国古建筑中风格独特、造形各异的一种木构件，极大地丰富了中国古建筑的形式。在中国的古建筑中有“七水八木”之称，瓦作的“七水”与木作的“八木”之中，替木位列其中，而雀替是替木之一，或者说，雀替是替木发展得比较高级的形态。由此可见，雀替在中国古建筑中的重要地位，它作为一件艺术品值得我们来探讨与研究。

在国内，以目前查到的文献资料看，对雀替的专门而具体的研究较少，对雀替的专项研究多集中在其装饰性的题材与内容表达上，侧重其艺术表现力。多数文献只将雀替作为古建筑构成的某一部分，作为附属构件仅是一带而过的描述，并未将雀替作为一个课题进行研究，并未深入探索雀替的方方面面。在前人研究的基础上，本文拟将雀替作为一个专题进行综合研究，对其工艺做法与发展特征进行归纳与总结。

本文不以恢宏大气的整座宫殿为研究对象，而是从细微之处着手。通过研究雀替的存在与发展，进而使我们了解其组成的古建筑所呈现出的历史性、科学性与艺术性。将雀替作为一类单独构件进行专题研究，对其各个细部进行归纳、概述，形成结论，更是将其作为中国古建筑断代的辅助依据。作为一名古建筑修缮与保护工作者，笔者更有理由去深入地研究古建筑的每一个部分、每一个构件，并探寻其内在的意义。

二、中国古建筑明清时期雀替的发展

（一）雀替的起源

目前，在已知参考文献中都对雀替有较为详尽的解释：①雀替是清式木装修构件名称，宋式称“角替”。常用于大式建筑外檐额枋与柱相交处，从柱内伸出承托额枋，有增大额枋榫子受剪断面及拉结额枋的作用。[1] ②雀替（宋称“绰幕枋”）是置于梁枋之下与柱相交处的短木，可以缩短梁枋的净跨距离。[2] ③雀替外形因如雀鸟翅膀而得名，其在柱子之上像一对欲飞的翅膀向两边伸出……在柱头与梁额交角地方的‘替木’似乎成为不可缺少之物，雀替是基于力学原理演变而来的构件，不过其后的发展变化更多是由于美学原因。[3] ④角替，额枋与柱相交处，自柱内伸出，承托额枋下之分件，俗称“雀替”。[4] 绰幕枋，宋式大木构件名称，位于柱上端与檐额之间，是缩短檐额净跨距离，分减檐额荷载的短木构件……清代则称之为“雀替”。[1]

雀替的别称或是雀替的前身名称较多，在各个朝代对于雀替的记述不尽相同。有关于雀替的起源，在宋代《营造法式》中称其为“绰幕”“角替”，而到清代就更名为“雀替”了，又称为“插角”或“托木”。据有关考古文献资料记载，它最早发现于北魏的云冈石窟中（图 1）。[5]

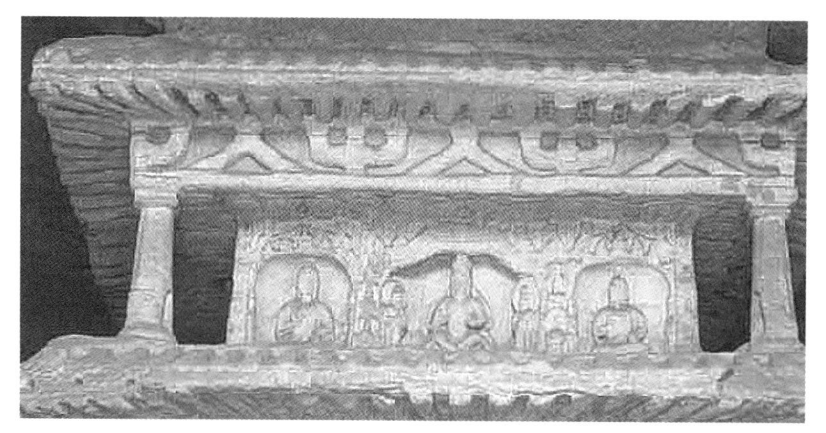

图 1　云冈石窟第二窟石刻雀替的前身 [6]

自雀替在南北朝的建筑上出现起，在以后千余年里变化出 7 种样式。元代以前，雀替构件大多用于内檐，而元代后，特别是清代的雀替普遍用于外檐额枋下。最早期的雀替横向跨度较大，南北朝时其长度占明间面阔的 1/3，其后其长度就逐渐缩短，清代时则只占明间面阔的 1/4 了。[5]

宋代李诫《营造法式》卷五“阑额”条中提到：“檐额下绰幕枋，方减檐额三分之一，出柱，长至补间，相间作（楷）头或三瓣头”，这可能是文字对它的最早记载。[5]

在中国古代建筑中，替木本来并不是非常重要的构件，而它却在古代建筑的各个角落扮演着千奇百怪、不可或缺的角色。“替”的本意为代人受过也。古代建筑的柱与梁之间有短横木相托，其作用可加强梁枋的径向剪力，也可延伸木柱间梁枋纵跨度的应力，从而加强梁枋的抗弯能力。替木的出身并不高贵，当初人们称之为“枅（ji）”。唐代史学家李延寿著《南史》卷四十五《王敬则传》描述：王敬则侨居于晋陵南沙县（今江苏省常熟县西北），少时贫贱，“屠狗商贩，遍于三吴”。到南齐初年他当了大官以后，“仍入乌程，从市过，见屠肉枅，叹曰：‘吴兴，昔无此枅，是我少时在此作也’”。在古代街市两旁卖肉的案板前，有悬挂着秤杆的横木，也称为枅。古代柱子上支承大梁的枋木称为，枅栌，西汉皇族淮南王刘安主持撰写的《淮南子・主术训》一书中称："短者以为朱儒枅栌"。其实，枅栌是凑在一起的两个部件，"枅"即状如天平的"拱"，最长的镏金拱昂索性就直呼为"秤杆"。而"栌"即"欂栌"或称"栌斗"，因其外形如计算粮食的量具"斗"，后来就直呼"欂栌"为枓或坐斗。为区别量斗而写为"枓"，简化为斗后两斗相混。枅和斗两种形影不离的部件最后就统称为斗拱了。如果按建筑分类学来归类，替木最早称"枅"理应归斗拱之类，但斗拱多在额枋或梁间之上，而替木却在梁枋之下。地位虽有尊卑，作用却没有大小之分。建筑中凡地位低下者，其重要性越发明显，试看大厦之地基若何！尽管替木的地位并不算高，但其艺术性却经过历代的锤炼而日臻完美，如同斗拱一样在不断地发展中，成为了一个独立的艺术门类。替木也和斗拱一样在不断地向装饰性发展，我们完全可以从艺术的角度，把替木作为独特的艺术品，任由人们对它的特殊美感进行细致地赏析。"替木"虽为正名，而它的别称雅号却是千奇百怪。大家最熟悉的就是"雀替"，因其外形状如展翅的雀鸟，故而得名。在漫长的中华建筑史中，雀替是一种成熟较晚的构件和制式。虽然它的雏形记载可上溯至北魏时期，但是到了宋代，还未正式成为一种重要的构件，在《清明上河图》中的城门楼上也看不到雀替的身影。宋代的其他建筑也只是柱上承托额枋的一根拱形横木，当时其装饰作用很小，并不被人注意。明代之后雀替才广泛使用，并且在造型上得到不断的丰富。到了清代之后才十分成熟地发展成为一种风格独特的构件，大大地丰富了中国古典建筑的形式，并被列入官称。[3]

以上是韩昌凯先生所著的《雀替・拱眼壁》一书中对于雀替起源的详述，通过韩先生所著可知，雀替与替木是属于同一类木构件，虽有不同名称，作用却是相同的。

在马炳坚先生的《中国古建筑木作营造技术》一书中，则是将雀替与替木区分开来，雀替又名角替，常用于大式建筑外檐额枋与柱相交处，雀替原为从柱内伸出，承托额枋，有增大额枋榫子受剪断面及拉结额枋的作用……用于进深方向，单双步梁或其他梁下的雀替，作用同替木，与上述雀替有所不同……替木是起拉结作用的辅助构件，常用于小式建筑的中柱、山柱，用以拉结单、双步梁……大式建筑中，替木也常做成雀替形状。[7]

综合以上两位先生所著看来，雀替与替木在建筑中的地位与作用是相同的，雀替最早是由替木发展而来的。在替木发展之初，将承托梁枋插入柱头的构件取名为替木，经过历朝历代的发展，替木的样式不断变化。

更多文献记载则出现在宋代，宋代对于雀替的称谓有两种：替木及绰幕枋。

雀替在宋代极可能由实拍拱演变而来，河北新城开善寺辽代大殿中，已有由两层实拍拱组成的绰幕枋，而正定隆兴寺宋代转轮藏殿则为柁头式，端部与底部且作成折线；金、元及以后，发展为蝉肚及出锋，有的下面还附以插拱（图 2）。[2]

四川成都郫县东汉墓出土的宴饮乐舞百戏画像石上的实拍拱[8]

陕西韩城三圣庙内的绰幕枋[9]　　河北省石家庄市隆兴寺内的替木

图 2　建筑实物上的实拍拱、替木、绰幕枋

实拍拱即古建筑大木作斗拱形式，原始拱件做法，即拱端不设斗件的拱。实拍拱的拱背直接承载上部构件，下部由大斗承托，与替木作用相同，最早使用于汉代，宋《营造法式》将其列为襻间做法之一，称“实拍襻间”。在外观形式上与替木近似，据《营造法式》分析，其主要区别是实拍拱属单材拱，而替木的高仅为十二分。现存建筑中实拍拱的实例较少见。[10] 实拍襻间为宋式建筑大木作构件和襻间做法，即采用实拍拱，取消斗件的结构形制。实拍襻间用于梁架中，实际上是减少斗拱的作用，利用替木与枋木作为替代的构造形式。柁头，宋式建筑大木作构件做法的称谓，常见于斗拱铺作和梁架之中，为枋木出头的一种形式。[10]

由以上文献资料可以看出，在汉代就使用的实拍拱与宋代建筑构件替木的作用相同。因此笔者认为，由汉代的实拍拱发展至宋代逐渐演变为两种类型，即替木和绰幕枋。替木与绰幕枋在建筑位置上有所不同，替木是用于桁下或檩下与枋上之间的襻间位置；而绰幕枋则是用于柱子与枋下之间的位置，两者位置虽有不同，但随着朝代的更迭，至清代逐渐发展为雀替。替木为古建筑大木作梁架构件，为宋式建筑称谓，又称“柎”“复栋”等。《鲁灵光殿赋》说“狡兔跧伏于柎侧”，柎为斗上横木，汉时的替木刻成兔子的形状，虽为文学作品之描述，但反映了替木产生的年代。东汉时期的建筑明器所反映了斗拱上的横木条，与后代建筑替木形制基本一致。现存元以前建筑，所用替木多见于檐檩、脊檩、金檩之下；明清官式建筑中，替木已不再使用；汉代画像石中的“斗上横木”具有后世枋木的作用，应是宋代替木的前身……据《营造法式》记载，替木在补间铺作相近的情况下，可做成一个构件连接使用，表明此件向枋子演变的发展规律。明清时期的大式建筑，其替木完全由枋子替代，一些小式建筑尚存替木做法。[10] 又：雀替由替木发展而来，长条替木架在柱子上托住两边的梁枋，减少梁的跨度。后来又从柱子上伸出横拱从底下托住替木，使雀替形式又发展了一步。[11] 由此可以推断，宋代木构件替木与绰幕枋发展至后代，或许替木在建筑上的位置向下移动，来到了柱与梁枋之间，遂与绰幕枋逐渐发展统一为同一种木构件，即雀替；又或许替木与绰幕枋由于在建筑上的位置相异，遂分别向不同的方向发展，替木延伸为现在的枋子，而绰幕枋则演变为雀替。

无论雀替如何演变，至明清两代，雀替的发展进入了高潮阶段，开始多量化与多样化，由一门单一的木构件逐渐演变为多样种类的雀替。此时的雀替也不再是统一的称谓，而是各种式样雀替的总称。在其之下还分门别类：例如花牙子、牛腿、梁垫等。直至现代，雀替已经是人们普遍公认的位于建筑梁枋与柱之间的木构件称谓。雀替应是替木或绰幕枋历经朝代更迭发展到比较高级阶段的产物名称，而到如今，雀替已经代替了替木或绰幕枋的称呼而更为大众所熟悉。

中国古建筑研究领域还有另外一种说法，即认为雀替与替木是同一木构件不同名称的体现，如同古建筑中常见的桁与檩之分，桁属于大式建筑中的称谓，檩属于小式建筑中的称谓，桁与檩是属于同一构件的不同名称，如前所述，雀替是大式建筑的称谓，替木是小式建筑的称谓。笔者仅见于马炳坚先生所著的《中国古建筑木作营造技术》中提及：雀替又名角替，常用于大式建筑外檐额枋与柱相交处，替木常用于小式建筑的中柱、山柱……大式建筑中，替木也常做成雀替形状。[7] 按照以上所述，是将雀替按照外形分为大小式，并非雀替在大小式建筑中不同的称谓。此种区别方法也许是匠人们口传身授所得，也许是雀替本身在建筑上未得到重视缘故，因此在文献资料中没有明确的记载。

（二）雀替的功能

雀替从来不是什么重要的木构件，其最初的产生与后续的发展都是将雀替作为支撑构件开始的，经由明清两代，雀替的广泛使用促使其不断发展，逐渐由结构作用转化为装饰作用。应该说，明代之后才是雀替发展的高潮时期，在这一时期，雀替的造型得到了极大的丰富与变化，其原有的结构作用逐渐淡化，而它的装饰作用却日臻成熟。清代应是雀替最富于造型变化的鼎盛时期，此时代的雀替已经成熟地发展为一种单独的木构件，风格多样、造型多变、装饰意味浓重，极大地丰富了中国古建筑的木构形式。清代的雀替已经基本丧失了它原有的结构作用，虽然它仍然代替梁枋承担着部分荷载，但更多的是作为一个精妙的装饰品嵌于建筑之上。

总结看来，雀替的功能主要有 3 个方面：结构作用、装饰作用以及扩大空间的作用。

第一，结构作用。雀替扮演着支撑梁枋构件的角色，它的出现就是由此而来：古代建筑的柱与梁之间有短横木相托，其作用可加强梁枋的径向剪力，也可延伸木柱间梁枋纵跨度的应力，从而加强梁枋的抗弯能力。[3] 雀替的发展直至清代，依然保持着它“替人受过”的本色，它仍然代替梁枋承担着部分荷载。雀替虽然之于体量与建筑地位来说似乎没那么重要，但雀替也在发挥着它应有的作用：缩短梁额净跨的长度；减小梁额与柱相接处的剪力，防阻横竖构件间角度之倾斜。[12] 它在结构上对建筑物的安全与稳定是有一定帮助的，不可或缺。

第二，装饰作用。雀替在清代成就它的发展高潮，其由于力学原因产生，后又由于美学原因发展壮大，独立成类。从雀替的纹饰与雕刻日益复杂精美来看，雀替的装饰作用越来越成熟。

第三，扩大空间的作用。就雀替所处的建筑部位而言，雀替有一定扩大空间的作用。雀替一般位于建筑廊部外檐梁枋之下，而在建筑廊部内檐一般没有雀替嵌于其中，在没有廊部的建筑上也一般没有雀替的立足之地。雀替还多见于有抱厦的建筑之上，建筑立面出抱厦结构也是增大其使用面积的一种方式。雀替处于这样的位置安排不仅起到结构作用与装饰作用，还将原有殿座的建筑面积扩大至廊部，开间及进深方向均有所增加，起到了整体空间扩大的效果。

（三）雀替的轮廓变化

雀替的轮廓变化可以从 3 个方面来阐述，即时间、空间、尺寸。

1. 雀替轮廓在时间上的变化

雀替轮廓在时间上的变化总体来说有3个时期：宋元时期、明朝时期、清朝时期，主要体现在雀替的整体形态、腹部以及端部上（图3）。

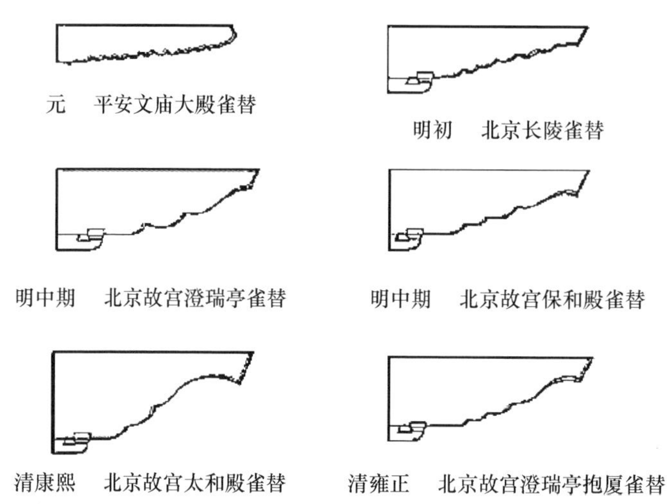

图3　雀替轮廓在时间上的变化示意图[6]

在雀替发展的宋元时期，如图3中平安文庙大殿雀替所示，其建筑上的雀替轮廓具有典型的宋元时期特征。无论是雀替的前身替木还是绰幕枋，其整体形态比较狭长，近似于长方形，雀替的腹部多为直线或是蝉肚样式，不做过多的变化，变化较多的部位在于雀替的端部。雀替的端部在此时期呈现出3种形式：柁头形式、卷头形式、蝉肚形式。

在雀替发展的明朝时期，如图3中北京故宫澄瑞亭雀替所示，其建筑上的雀替轮廓具有典型的明朝特征。雀替的整体形态已经由狭长逐渐发展为短小，近似于三角形。造成此种变化的原因在于雀替功能的发展变化，随着雀替功能由结构作用向装饰作用的转移，雀替已经较少担任结构上的支撑作用了，而对于仅负责装饰作用的雀替来说，整体形态不必过长，仅在腹部及端部对其轮廓形式做一番变化即可。此时期雀替的腹部已经由原来的直线形或蝉肚形发展仅为蝉肚形式，只不过蝉肚的每肚卷瓣前紧后松，如波浪般向着雀替的端部行进，排列较为均匀，每肚卷瓣依次向上递进，直至与雀替的端部进行交汇。不同于宋元时期3种雀替端部形式，此时期雀替的端部逐渐演变为两种形式，即一种为楮头形式，另一种为卷头形式，而在宋朝形成的蝉肚形式至明朝已经消失殆尽。由宋元时期发展至明朝，雀替的底部下端设置丁头拱，与雀替的其他部分结合为一体，形成了新的雀替轮廓形式。

在雀替发展的清朝时期，如图3中北京故宫太和殿雀替所示，其建筑上的雀替轮廓具有典型的清朝特征。此时期雀替的整体形态基本定型，与明朝相比几乎没有明显变化，雀替的整体形态由明朝的三角形逐渐发展为清朝的1/4圆形，雀替的腹部越来越大，造成其整体形态越来越接近圆弧形状。此时期雀替腹部的变化与端部有关。清朝时期雀替的端部最显著的特点为鹰嘴突形状，并随着清朝统治的延长，其鹰嘴突形式越来越突出。从早期的鹰嘴腹部弧线几近平直，显示不出鹰嘴“突”出于蝉肚之外，似乎还是柁头的式样，柁头的尺寸不明显，与蝉肚的瓣数连为整体；发展至后期，鹰嘴腹部弧线弧度越来越大，使之形成的鹰嘴“突出”的部分越来越清晰可见。鹰嘴突的尺寸也越来越长，而蝉肚的尺寸却越来越短。明代的雀替更似一个整体构件，不分头尾，端部与蝉肚联系紧密；而发展至清代，雀替的端部变大、下垂，呈鹰嘴突状，蝉肚后退，给人一种头大身小的整体观感。此时期雀替的腹部每肚卷瓣与卷瓣间的尺寸也比较均匀，但由于雀替端部有着此时期特有的鹰嘴突式样，因此靠近雀替端部的那瓣蝉肚与其他蝉肚相比尺寸更大，许是在最后一瓣蝉肚刻意加大尺寸，卷杀更加强劲，这样才能与雀替端部的鹰嘴突相连接为整体，这样就造成了鹰嘴“突出”的样子，形成了一个较为夸张的装饰形象。与明代相同，雀替底部下端设置的丁头拱延续至清代，整体形象不做较大的改动，仅在装饰功能上精进。雀替至清代在腹部与端部直至整体形态上的改变相较于明代，其造型更富于装饰意味，其轮廓变化更加明显、突出，这可能也与它的功能由结构逐渐倚向装饰有关。

2. 雀替轮廓在空间上的变化

雀替轮廓在空间上的变化以明朝为分界线，明朝以前的时期雀替在空间上几乎仅朝一个方向发展，雀替的位置垂直于柱子方向，此种单一的发展方向可能与当时雀替主要担任的结构作用有关。雀替垂直于柱子，安插在柱子与梁枋之间，起到了加强梁枋跨度、减轻主要构件荷载的作用。因此，雀替只向着有利于结构发展的方向发展。

明朝以后的时期，雀替由于其装饰功能越来越占据主要地位，因此在外形轮廓上的发展愈发变化多端。表现在空间中，即雀替不只朝向单一方向发展，而是多方向发展，垂直于柱子、平行于柱子，此种发展为雀替种类的繁盛奠定了基础。甚至于雀替在空间中朝向三方面发展，型式多样复杂的龙门雀替即是如此。

3. 雀替轮廓在尺寸上的变化

经过查阅文献资料可知，最早期的雀替横向跨度较大，南北朝时其长度占开间净面阔的 1/3（图 4）。如图 4 中①所示，北魏隶属于南北朝时期，始建于北魏的云冈石窟中的雀替长度占该开间净面阔的 1/3。其后，雀替的长度逐渐缩短，如图 4 中⑤和⑥所示，至明清两代，雀替长度则只占该开间净面阔的 1/4 了。[5]

宋代李诫《营造法式》卷五“阑额”条中提到：“檐额下绰幕枋，方减檐额三分之一，出柱，长至补间，相间作楷头或三瓣头”。[5]

清代，按《工程做法》卷四：凡雀替以面阔定长短，如面阔一丈三尺，除檐柱径一分，净面阔一丈二尺九分，分为四分，雀替两边各得一分，长三尺二分，一头加入榫分位，俺柱径半分，共得长三尺四寸七分。以檐枋之高定高，如檐枋高九寸一分，即高九寸一分。以柱径十分之三定厚，如柱径九寸一分，得厚两寸七分。[12]

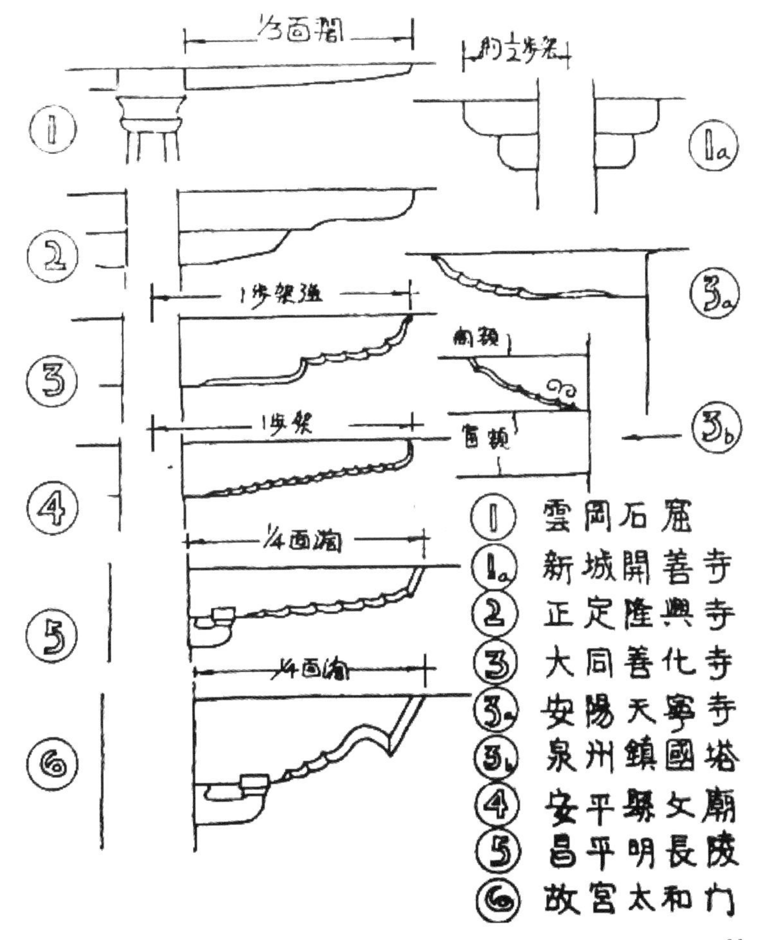

图 4 雀替轮廓上的变化示意图 [6]

由最早文献记载的南北朝时期，雀替长度占明间净面阔的 1/3，至明朝时期，雀替长度占明间净面阔的 1/4。随着时代的发展，雀替的长度逐渐减小，雀替的高度、厚度及其他细部尺寸未见明显的文献记载。仅就雀替的长度变化而言，应是与雀替功能的转变有关。随着雀替在结构上的作用逐渐减弱，其尺寸也相应减少，不做无谓的坚持。雀替的功能愈发轻结构倾装饰，它的尺寸也随着其功能的变化而变化。

（四）本节小结

本节用较大篇幅对中国明清古建筑雀替的方方面面做了一份较为详尽的归纳与总结。本节意图从全国各地现存的明清雀替实物入手，从雀替的起源开篇详述了雀替的使用功能，由小析雀替的轮廓变化结尾，将有关于雀替的主要问题作了分析与解读，并配有相应的照片加以注释。

笔者在前人研究的基础上，参考大量的文献资料，对于雀替的起源做了一番新的推论。目前在中国古建筑研究领域普遍认同雀替是起源于北魏时期，在北魏的云冈石窟中存在雀替的实物。笔者通过研究相关文献资料，将雀替的起源时期提前至东汉时期（公元25—220年），并以该时期的画像石上的建筑实物资料为判断依据。同时，笔者将雀替的起源及发展过程进行归纳与总结，其过程主要分为4个时期：东汉时期—宋朝时期—明朝时期—清朝时期，并对各个时期雀替的变化发展进行了相关论述。

三、中国古建筑明清时期雀替的形制特征

（一）雀替的分类

目前比较普遍认同的雀替种类主要分为7类，分别是大雀替、雀替、小雀替、通雀替、骑马雀替、龙门雀替、花牙子。在此次雀替的总结归纳中，笔者发现以上7类雀替不足以囊括雀替门类，故此将所知雀替重新分类。

综合各种文献的分类方法，笔者将雀替重新划分为16类，依次为：撩幕雀替、博古雀替、龙门雀替、枫拱雀替、大雀替、小雀替、官式雀替、骑马雀替、通雀替、插角、撑弓、牛腿、托木、竖狮、花牙子、梁垫。

以上16类雀替俱是按照外形样式及其在建筑中所处位置分类，与雀替的材质、雕刻、纹饰均无关。

在处理这些样式各异、位置不同的雀替时，笔者先按其在建筑中所处位置分类，共分为4大类，第一大类的雀替样式是位于枋与柱头之间，分别是撩幕雀替、博古雀替、龙门雀替、枫拱雀替、大雀替、小雀替、官式雀替、骑马雀替、通雀替、

插角，在此大类下共计 10 小类。第二大类的雀替样式是位于梁与柱头之间，此种为撑弓、牛腿、梁垫、竖狮，在此大类下共计 4 小类。第三大类的雀替样式是位于倒挂楣子与柱子之间，此种为花牙子。第四大类的雀替样式是位于柱与垂柱之间，此种为托木。将所有雀替按照建筑位置分类完毕后，再将每一大类中的所有雀替按照外形样式分类，力求每个类目中的雀替样式不重复，不自相矛盾，只因不同雀替自身的样式特色各成一类，最后雀替类型共计 16 类（图 5）。

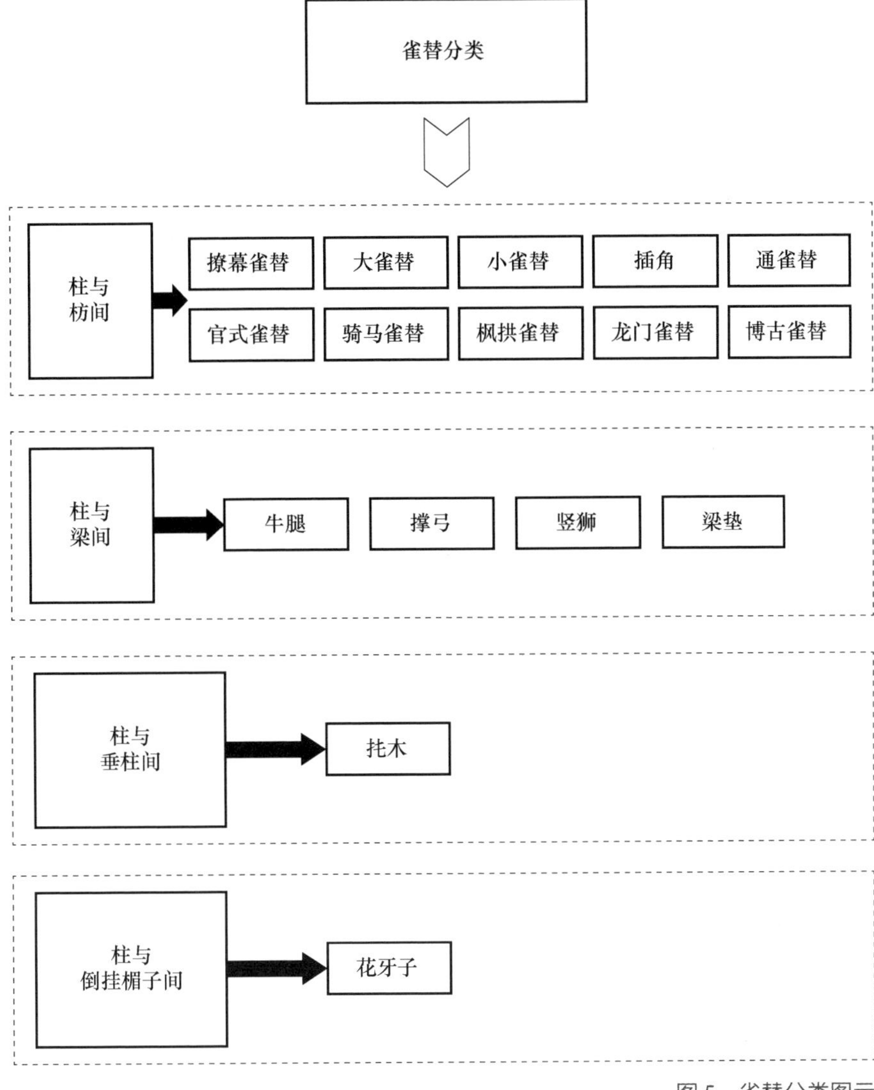

图 5　雀替分类图示

1. 撩幕雀替

撩幕雀替，在宋代也有称之为楷头绰幕的雀替，乃宋《营造法式》之称谓。这种雀替的作用与替木相同，加工较简单，无卷杀。绰，吹拂、搅乱也。“楷头绰幕”又被称为“撩幕雀替”。“撩幕”顾名思义即撩开的幕帘。[3] 卷杀指中国古人在做建筑时，将构件或部位的端部做成缓和的曲线或折线形式，使构件或部位的外观显得丰满柔和。“卷”有圆弧之意，“杀”有砍削之意（图 6）。[1]

图 6　青海海东瞿昙寺内的撩幕雀替

撩幕的形式有一种波浪般前进的韵律美，缓缓而至，优雅矜持，其雀替上每个卷瓣较为均匀。撩幕多见于北魏时期的石窟造像，由于北魏时期佛教的盛行，由此在各地建造了诸多大型石窟。由于石窟门券的特殊性，大部分采用拱券式的门洞，所以替木没有了用武之地。[3] 因此，撩幕雀替顺势转移到了木构建筑当中，线条流畅，富有美感。

2. 博古雀替

博古原指通晓古代事物，现亦用为雕刻绘画图案名称，一是雕作彩画行业对古玩的通称，包括青铜器、玉器、竹器、石器、木器、金银器等生活用品、装饰品及文化用品。这种题材的雕刻制品常用于园林、住宅和铺面建筑上。书香门第的主人多爱选用这种题材来装饰住宅，按做法又分为写实博古和写意博古两种。二是以古器物图形装饰的绘画作品及工艺品，如博古画、博古屏等。[1] 此类雀替被称为博古雀替的关键是应有文玩摆件之类的雕刻图案饰于雀替之上。

博古雀替多选用木材，多为厚度较薄的板材，多采用透雕。博古雀替常常由不同的纹饰内容组成，在博古瑞象雀替中，组成该雀替纹饰的不仅是白色瑞象，还必须有文房的摆件，譬如花瓶，花瓶内插有各色花卉，间或有各色建筑置于瑞象附近。鉴于博古雀替取材的尺寸，其所起的结构作用应该所剩无几，可以说，博古雀替已经成为纯粹的装饰性雀替了（图 7）。

图 7　位于山西省汾阳市蔚家大院内的博古雀替 [15]

3. 龙门雀替

龙门雀替多指出现在牌楼雀替位置上的综合样式雀替。在牌楼建筑中充斥着各种各样的传统建筑符号，例如斗拱、大花板、小花板、折柱、坠山花等，当然更少不了雀替这个富有特色的构件。

龙门雀替专用在牌楼上。立牌楼的地方，多是出入必经、交通扼要之处，所以所用的雀替，因观瞻所系，亦格外华丽。龙门雀替比普通雀替特异之点就是加用云墩、梓框、麻叶头或三福云等。云墩是承托拱子雀替之物，满刻云纹。梓框是抱框之在牌楼上者；其上即置云墩。在石牌楼上，梓框是必要的部分，但在木牌楼上，亦时常不用……在实物上所作的形式并不拘于成法。[12]

为什么牌楼的雀替要特意加有云墩呢？这也是古人从力学结构上考虑的。在传统建筑中尽管明间和次间的檩木长短不同，但高度却是大体一致的。所以在柱子的顶端加有两侧贯通的替木而称为对称的雀替。而牌楼的明间和次间不但面阔不同，甚至高矮也不同。为突出匾额这个主题，牌楼的明间最高，其两侧的次间依次降低一额枋的高度，这样一来，柱子的顶端就不可能做成两侧贯通的替木了。官式牌楼的制式上规定，明间的雀替要用两层较大的斗拱，而次间雀替多用只有一层比明间较小的斗拱。这样在明间牌楼柱上就产生了明间雀替高，次间雀替矮，两者并不对称的雀替。既然在柱子的两侧不是贯通的替木，必然在安装时其雀替就是从单面插进去的“假替木”。这种替木就很难承担起加强梁枋的径向剪力、延伸木梁枋纵间跨度、加强梁枋的抗弯能力等重任，而因为“假替木”是插件，日久还会脱榫而垂落，故而在“假替木”下添加了云墩，以起到重要的支撑作用，同时也加强了构件的装饰作用（图 8）。[3]

图 8　北京大高玄殿牌楼上的龙门雀替
（实物已于 1950 年拆除）[13]

在云墩雀替中还包括一种比较著名的雀替变形形式，就是金刚力士雀替。所谓的金刚力士雀替实际上也是云墩雀替，只是在原有云墩构件的位置上被金刚力士的雕刻所替代罢了（图 9）。

图 9　北京戒台寺牌楼上的金刚力士雀替 [6]

4. 枫拱雀替

枫拱雀替也有称之为“棹木雀替”。棹（zhào），划船之桨也。《说文》曰：“枫，枫木也。厚叶弱枝，善摇。”枫叶互生，缘如齿状。江南牌楼的雀替多以枫叶状的“泼水”作装饰。所谓泼水即棹木划桨。北方多风沙，为了减少牌楼的风荷载，木牌楼顶部除了大小花板做成镂空外，斗拱也都没有拱眼壁。而南方风小水大，故斗拱多做成网状，雀替也多安上划船的“泼水”。枫拱雀替多在江南流行，北方虽然也有用枫拱的，但是并不如江南的透雕枫拱精细，外椽多为垂桃形。[3]

枫拱雀替就是在一般雀替之中安置如棹的木构件，呈此种形式的即称为枫拱雀替（图 10）。此棹木构件与原有雀替交叉设置，连接成为一个整体。棹木构件与原有雀替呈现出的十字形状，就如同斗拱上的拱形构件与昂形构件的关系，这也是枫拱雀替的独特之处。

图 10　陕西西安清真大寺内的枫拱雀替

5. 大雀替

大雀替为整木制成，下置柱头之上，上承檐枋或额枋。柱头做成大斗衔托雀替之状，但不直接承梁头或额檐枋。其结构方式虽接近替木式样，但亦可谓仿自石材建造的方法，故雀替本身最能持力。其长度每面约等于面阔的 1/3 ～ 1/4。无论在明间、次间，长度均相同（图 11）。[12]

图 11　青海西宁塔尔寺内的大雀替

6. 小雀替

在江南尤其是在徽式建筑中非常流行小雀替，这是因为巨大的廊川轩梁或称月梁等构件都采用了扁作的方式。江南穿斗式或轩式建筑的柱子较细，所以柱子上的大梁不能做得很粗，为了解决大梁的抗弯能力，只能加大其截面高度，做成夸张的扁梁后，这样的结构再用大替木也起不了什么作用了，所以它被退化为不起眼的装饰件——小雀替。[3] 小雀替很短小，多用在屋内；雀替上亦无拱子，制作甚简（图 12）。[12]

小雀替与江南小巧秀气的建筑相得益彰。小雀替与它所承托的梁枋相比，体量较小，外形也已脱离了雀鸟翅膀的形状。这里小雀替的“小”更多的指向是它的尺寸比较纤细。

图 12　湖南湘西黄丝桥古城内的小雀替

7. 官式雀替

所谓“官式”或说是“官式建筑”，它是古建筑学界对古建筑做法的一种划分。其主要指以官方颁布的建筑规范为蓝本，营造的宫殿、寺庙等建筑形式，施工中按照规范要求进行，体现古代工官制度（图 13）。官式建筑的产生是由统治者的需要而产生，由宫廷官吏根据官方制度而建造。官式建筑中的佼佼者当数北京故宫。北京故宫内的建筑群是保存最完整、建筑形式最多样的官式建筑群，其中的官式雀替也是千姿百态，值得一探究竟。

笔者看来，官式雀替应是雀替中样式最为多姿多彩的类目了。因为在官家制约下，敕建的撩幕雀替、骑马雀替、小雀替等无论怎样千变万化，在命名时都应在名字前方加缀“官式”二字。

图 13　北京故宫慈宁宫内的官式雀替

8. 骑马雀替

在传统建筑中，因四角回廊柱的间距太小，致使两雀替相连而呈倒悬马鞍状，这种雀替被称为“骑马雀替”，有些间量较小的雀替也会采用此种构件。随着雀替外形的改变，其内的图形也会产生变化，大部分牌坊跨楼用骑马雀替。[3] 骑马雀替占据了柱子与柱子之间两个雀替的位置，合二为一，成为一个整体的雀替样式，一般用于开间较小的廊部，在垂花门上也多见骑马雀替。在大量的民居建筑中，有时为了美观也会将较大开间的雀替连为一体，其上做繁复的雕刻，也称之为骑马雀替（图 14）。

图 14　北京故宫咸若馆内的骑马雀替

9. 通雀替

通雀替是穿透柱子两端的雀替样式，它通过柱子顶端的榫眼穿插在柱子中间，从柱子两侧伸出雀替，形成两个雀替。这一对雀替的尺寸也许对称，也许长短不一。通雀替主要由其结构形式来区别，在明代与清代已不多见。

通雀替亦常用在屋内，在宋代建筑上最常用，元代用得也很多，明清使用则较少（图 15）。[12]

图 15　山西大同善化寺三圣殿内的通雀替[14]

10. 插角

在官式砖雕影壁的额枋端头，有个如同“霸王拳”的部件叫作“插角”。而江南的砖雕牌楼门的额枋端头也有类似“霸王拳”的部件，江南却称之为“穿插”或称“挂芽”。额枋下的构件实为“小雀替”，而当地却也称之为“插角”，或直呼其为“角牙”。因为它占据着雀替的位置却不起替木的作用，实为插在那里的角状装饰，故也只能称其为插角（图 16）。它与牙角有个共同特点就是都很对称，插角很容易与花牙子混同，两者都是以装饰性为主的构件。花牙子多在倒挂楣子上使用，插角多在檩枋下使用。[3] 霸王拳是：①梁枋出头装饰的一种，位于角柱上方，由正身大额枋、平板枋和山面大额枋、平板枋十字相交，用整根木料做成，其伸出角柱多为半个柱径，正面刻有 3 道凸混线；②清式仿木结构琉璃构件名称，又叫方耳子，与大木作霸王拳位置相同，装于柱头紧贴柱子外皮，造型亦与大木作霸王拳相同，其背后做出半银锭榫与柱头连接牢固，露明部分均着釉。[1]

图 16　四川乐山犍为文庙内的插角 [15]

据笔者看来，插角占据了小雀替的位置，也应是雀替的一个门类，插角与小雀替的不同主要是在于形状上，插角呈现出的是角状形状，倒插入柱间，从水平于柱和垂直于柱的方向径自发展，与小雀替的样式区别开来。插角的取材也是较薄的板材，多做透雕，其结构作用已经完全丧失，造型纹饰色彩缤纷，应该只是起到角状的纯装饰作用了。

11. 撑弓

“撑弓”安置在梁与柱交点的角落，具有稳定和装饰的功能，在结构上也属于替木之列。撑弓多在南方“穿斗（dǒu）式”木结构建筑中应用，因其连接在梁枋和立柱之间，故有些又被列入斗拱之列，所以也被称为“撑拱”，有些撑弓却与吊筒成为统一的结构（图 17）。[3]

图 17　江苏苏州拙政园游廊内的撑弓

文献显示，撑弓之所以称为撑弓，或许是因为形状的具化性。撑体现了雀替的作用，承担荷载；弓则展示了撑弓的形态，撑弓与柱、梁形成三足鼎立之势，又好似一张拉满的弓弦。撑弓一端与柱相连，另一端与梁相连，它的形态好似一截弧形的木拱，并没有将它与梁柱间的空隙填满，只是一根柔和优美布满雕饰的撑木支撑于梁柱间，故而这是它与其他雀替的区别所在。

12. 牛腿

古代建筑中的牛腿极易与撑弓相混淆，因为两者所处的位置及功能几乎相同，都肩负着替木的责任。有些牛腿还容易与撑檐柱或垂狮相混淆。牛腿与撑弓的最大区别是材料，撑弓基本是薄片木材，而牛腿基本是圆木或枋木构成，极个别地区也有称之为“马腿”的。[3]

牛腿与撑弓十分近似，同属雀替类目。它们的外形类似，在建筑上的位置也类似，都是与柱梁的连接件。只是牛腿与撑弓取材的形状略有区别，撑弓是薄板材，而牛腿更趋向于厚柱材，就像是牛的小腿粗壮有力，因此，牛腿这个称谓可谓名副其实。有的牛腿为了在其上承载更多的雕饰，会将梁柱与牛腿间的空白处填满，使牛腿满铺于梁柱间，这种形式也称之为牛腿（图18）。

牛腿中有一种是直接安在出檐的枋子之下或伸出的梁头下，另一种是在牛腿上加了一组斗拱，支托住檐枋，这一组斗拱多数都满布雕饰，有的还做了变异处理。[11]

图18　浙江金华平古村落民居内的牛腿[16]

13. 竖狮

竖狮，顾名思义，就是矗立的狮子。竖狮的外形是雕刻为各种形态的狮子。江南传统建筑中的竖狮是因其外型如同哈巴狗一样的狮子而得名。本来撑弓或牛腿也有雕成狮子状的装饰，但基本都不称其为“竖狮”。在江南建筑中只有步川之下比撑弓或牛腿都短小的替木，且以狮子的形象为主体才称其为“竖狮”或“垂狮”。[3] 步川是在山墙部位的排架中，不设随梁，而是将三架梁、五架梁等，由中柱一分为二，将三架梁、五架梁等分割成两根单梁直接与中柱进行连接，形成“排山梁架”。这些被分割的梁架，都按步架数进行命名，例如三架梁被分割后，成为两根只有一个步架的单梁，称其为“单步梁”；在《营造法原》中称为“单步川”，在《营造法式》中又称为“劄牵”。五架梁被分割成两根具有两个步架的单梁，称此两根单梁为“双步梁”，《营造法原》称为“双步川”，《营造法式》称为“乳袱”（图 19）。[1]

图 19　江苏南京明孝陵享殿的竖狮

竖狮即是承托梁枋、雕刻成狮子形状的雀替，只不过它所处于的位置比较特殊，竖狮承托的多为单步梁或多步梁，它位于单步梁或双步梁与柱之间。

14. 扥木

“扥木”称谓多出现在东南沿海一带。“扥（dèn，四声）”在古代也写为“扽”，是猛拉的意思。这种替木不但起承托檩枋的功能，还要担负拉拽“吊桶”的任务。南方的垂花柱较短，似木桶吊在檐柱前，故有“吊桶”的称谓，如同北方的垂罩。北方的垂花头多做成含苞的桃状莲花骨朵儿，而吊桶下端的垂头多做成开花的莲瓣或花篮状，连接吊桶的横木被称为“托木”，有些没有吊桶的替木前却都装有“竖柴”样的装饰，北方的穿插枋及替木在南方被称为“托木”。[3]

据此来看，托木也是雀替的一个类目。首先，托木是东南沿海一带的地方称呼，它出现的位置仍然是梁枋之下，它所处之位恰恰是雀替的位置。其次，托木一般应用在垂柱与檐柱之间。垂柱位于檐柱的外围，垂柱与檐柱通过托木相连成廊部。垂柱在地方称之为吊桶，垂柱头多做花篮样式，有更加烦琐的，在垂柱前增加竖柴。在垂柱与檐柱平行于梁枋的两侧伸出雀替，此类雀替不是托木。而垂直于两柱之间，在垂柱与檐柱之间也使用了一种特别的雀替使之相连，不仅美观，而且起到承托梁枋、拉结柱间的作用。托木的位置类似于北方的穿插枋，不同在于穿插枋是连接檐柱与老檐柱的短枋子，而托木是连接檐柱与垂花柱之间的短横木（图 20）。

图 20　台湾地区彰化县龙山寺内的托木[17]

15. 花牙子

本文所指花牙子是专指位于建筑倒挂楣子与柱之间的木构件，无关其他形式的花牙子或其他位置的花牙子。江南又称这种倒挂楣子为“挂落儿”，而这种挂落儿实际上是楣子与花牙子连为一体的。最初的花牙子只是实木的三角形板材，在框架的两侧起到替木的作用。到后来逐渐走向装饰化，失去了其结构的功能。[3] 在清式建筑中，凡是带有游观性质的建筑物上，常常在出廊的檐枋下加安横的花楣子，楣子之下即花牙子。[12]

就花牙子所处的位置来说，它属于雀替此类。处于倒挂楣子下的花牙子所取木材为偏薄的板材，多做透雕，因此从材质上说，花牙子已经失去它应有的结构作用，成为一种纯粹装饰性的构件，在装饰作用上越发精进了（图 21）。

图 21　陕西西安清真大寺内的花牙子

16. 梁垫

梁垫与连机的外形相似，区别在于，连机用在檩下，梁垫用在梁下，同属替木之列。《营造法原》把梁下的替木称为梁垫，顾名思义，梁垫就是垫在大梁下的替木。尽管这些和檩下的雀替或连机一样属于替木，但是梁垫没有了雀替的外形。[3]

梁垫又称梁托（图 22），由图示可知，梁垫的外形大部分已经脱离了雀替的样貌，只是支撑于大梁下的较薄、较小的板材。有些梁垫的“锋头”几乎做成镂空木雕的艺术品。[3]

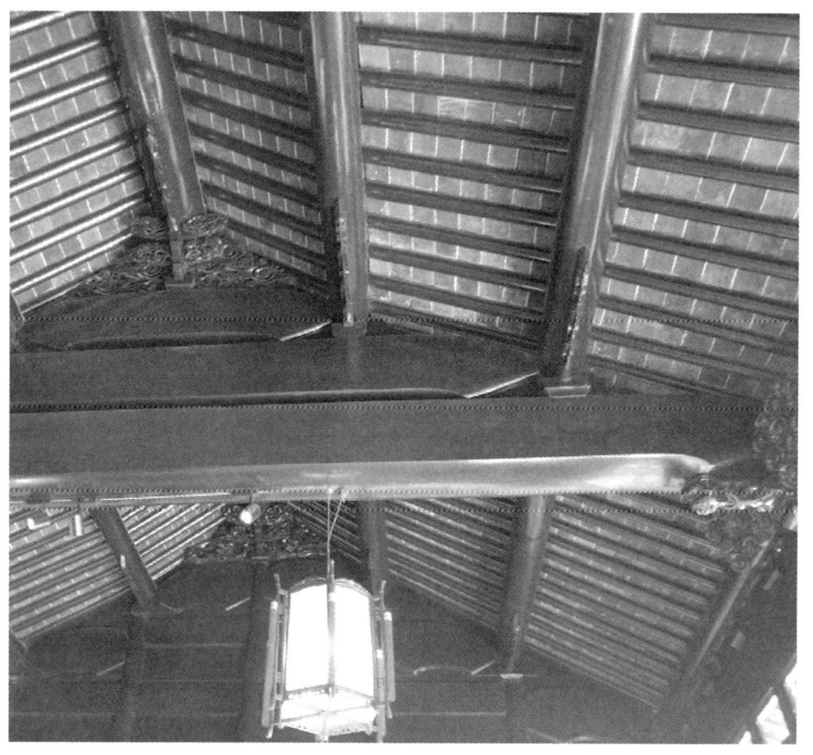

图 22　江苏苏州拙政园玉兰堂内的梁垫

梁垫可以看作是单只的雀替，它的形态多与雀替相仿，有斗拱上托替木者，有呈 1/4 圆形者，它们的外轮廓多与月梁底部的曲线相顺连，从而与月梁形成一个自然的整体。[11]《营造法原》中称梁垫的端头为“蜂头”，在古代建筑技术都是匠人以口传身授的方式世代相传。有些建筑名称当被文人记录下来时，只能以声辨字，譬如瓦作的“雄头”也被录为“熊头”，虽然词不达意，但误传甚广。梁垫的“锋头”被录为“蜂头”也如是。[3]

（二）雀替的材质

结合实物与文献资料可知，雀替的材质主要分为以下 4 类：石质、琉璃质、木质、砖质。雀替的材质主要由它所处建筑的主要材质而定，如图 23 ～图 26 所示。

图 23　河北隆兴寺牌楼的石质雀替

图 24　北京东岳庙牌楼的琉璃雀替 [18]

图 25　陕西清真大寺内的木质雀替

图 26　江西晓起村内的砖质雀替

（三）雀替的雕刻方法

结合实物与文献可知，雀替的雕刻方法主要有 3 种，圆雕、浮雕、透雕。

圆雕，是以雕刻刀把木料雕成立体的形状，4 个方向都可以欣赏，称为圆雕。[19]

浮雕，是以雕刻刀在平整的木板或龙眼木上雕刻，所雕成的静物凸于木材表面，没有镂通，这种形式称为浮雕。浮雕根据其浮凸的高度又有高浮、中浮和浅浮之分。一般界定它们的标准大概是：1cm 以下为浅浮，2cm 左右为中浮，3cm 以上为高浮。[19]

透雕，是以雕刻刀在一块平整的木板或其他形状木料上雕刻景物，木板（木料）其他部分镂通，称为透雕。透雕也有两种形式：一种是钢线锯透雕，是在一块平整的木板上先画好图形纹样，然后用钢线锯根据画好的纹样轮廓线锯出所需的图像，再用雕刻刀对图像和镂空的部分进行修饰而成。钢线锯透雕只能做单层的景物表现，表现力有限，只适合做简单的题材。主要是一些窗格、门或建筑物的一些装饰配件。另一种是多层镂空透雕，是在平整的木板或其他形状的木料上以雕刻刀作多重的表现，有些部位镂通，呈现出玲珑剔透的效果。这种透雕方式适合表现人物众多、场景复杂、景物丰富的作品（图 27）。[19]

圆雕

透雕

浮雕

图 27　青海西宁塔尔寺内雀替的 3 种雕刻形式

（四）雀替的纹饰、色彩与彩画等级

1. 雀替的纹饰

结合实物和文献可知，雀替的纹饰多种多样，笔者将雀替纹饰主要分为 3 类。

第一类是现实生活中存在的事物，或是在当时能找到原形的实物，例如各色人物、植物（牡丹、莲花、梅、兰、竹、菊等）、动物（鱼、鹤、鹿、象、鸟、虎、蝙蝠、喜鹊等）、文房四宝、殿台楼阁等。

第二类是存在于神话世界中的人物以及动物形象，这类纹饰是人们臆想出来，其中寄予了吉祥幸福的意味，例如在雀替纹饰中经常出现的龙、凤、麒麟、各路神仙形象等。

第三类应当属于比较抽象的纹饰形象，有几何纹饰、自然纹饰，例如卷草纹、灵芝纹、旱纹、穿枝纹等。以上各类纹饰如图 28 ～图 30 所示。

图 28　陕西西安清真大寺内的牡丹纹雀替

图 29　青海西宁塔尔寺内的神仙人物与龙纹雀替

图 30　湖南湘西黄丝桥古城内的卷草纹雀替

2. 雀替的色彩

如现存实物所见，雀替的色彩是多种多样的，尤以木质雀替与琉璃质雀替最为突出。笔者将雀替色彩主要分为 3 类。这 3 种分类方法是根据建筑主体的整体色调而定，也和建筑所在的地区以及该地区的气候条件有关。

（1）彩色雀替。顾名思义，是多种颜色的油饰汇聚于同一个雀替的纹饰上，彩色的雀替强调的是色彩的堆积与变化，着重于色彩使人观之绚丽。在我国北方地区，皇权集中，官式建筑盛行，在皇家官式制度的桎梏下，建筑上雀替的色彩虽然是彩色居多，但其纹饰限于青、绿、香（黄）、紫 4 种基底色的搭配。雀替作为一个建筑上的一个小构件，其设色规律是随建筑主体上的彩画颜色变化而变化的。在广大的南方地区，民间建筑种类繁多，应运而生的雀替不仅种类多样，色彩更是繁花似锦，挣脱了官式建筑的外壳，民间建筑不再拘泥于彩画的设色规律，广泛而大量地组合各种颜色应用于雀替的各个细部上，日益趋于艳丽与华美（图 31）。

（2）断白雀替。在我国南方的部分地区，还有一些不添加任何纹饰的素雀替，称之为断白雀替（图 32）。断白是传统建筑术语，多指在建筑物新木槎上刷一道油漆，使之与周围油活

图 31　青海西宁塔尔寺内的彩色雀替

颜色协调。彩画部位有时为了保存有历史价值的彩画，而在找补新木槎上随色亦称为断白。凡做断白处理的一般都不再进行其他工序，是一种保护性措施。[1] 断白雀替是在雀替原有木槎表面施以单色油活，与彩色雀替相同。彩色雀替也是在雀替原有的木槎表面做地仗，而后施以彩色油活。这两者所做油活都是为了保护油活之下的木材，木材暴露在空气中，受不同地区的气候影响较大，热胀冷缩易产生变形、潮湿、虫蛀等问题。在木材上施以油活后，由油漆包裹住木材表面形成一层防护膜，不仅隔绝了外界的水汽，也使木材内部的水汽出不去，这样可以防止开裂，更兼有防虫、防腐、防潮的功效。彩色雀替上的油活还多一层装饰美观的作用。相比较而言，断白雀替因为只施一道油活，所以它的透气性要优于彩色雀替。

（3）素雀替。素雀替是在雀替原有的木槎表面完全不施加任何油饰的雀替，只展现雀替本身的材质与面貌。在南方部分高温、潮湿的地区，气候多雨、多雾，相对湿度很大，木材若再施以油饰只会在表面封住所有的水汽，湿热的环境下会加速木材的腐烂。因此，处于此种气候下的雀替不宜在木材的表面做油饰，应暴露在自然环境下，使木材的使用寿命得到很好的保护（图 33）。

图 32　湖南长沙岳麓书院内的断白雀替

图 33　浙江金华俞源村内的素雀替 [20]

3. 雀替的彩画等级

对于雀替彩画的分级而言，多是指施以彩色油饰的雀替。根据大木建筑上的彩画等级确定雀替的彩画等级。雀替装饰彩画的做法大体可划分为 4 个不同档次，最高等级为浑金做法，其次依次为高级、中级、低等级的彩画做法。[21]

第一档次为浑金做法。古建油饰彩画工艺中，雕刻、花活及沥粉图案不分花纹与空地均满贴金箔的做法称为浑金（图 34）[1]。

图 34　北京故宫建福宫上的浑金雀替彩画

第二档次为高等级彩画做法，雀替大边平贴金。花纹部分基底色一般设清、绿、香、紫色，花纹的外轮廓边框线沥粉贴金，花纹做攒退。花纹以外的地子做成朱红色油饰（图 35）。[21] 攒退为彩画花纹做法术语，即花纹的每笔线道均由相顺或平行的深、浅、白最少 3 个层次的彩色细线道组成，其外轮廓为白色，中间线道为深颜料本色，例如群青、银朱、土红。白深两色之间为晕色（浅色），且须保证晕色为深线道之颜料与白色颜料调合之浅色。[21]

图 35　北京故宫寿康宫西配殿上的高等级雀替彩画

第三档次为中等级彩画做法，其做法基本与上述高等级做法相同，只是其细部花纹（如卷草、山石等）的外轮廓线改沥粉贴金为白色轮廓线，其花纹工艺玉做（即玉做攒退）。本等级的雀替彩画一般相配于旋子彩画、苏式彩画等彩画种类中的中高等级范围的彩画（图 36）[21]。玉做指图案的外轮廓线或一侧用白色圈描为做法特点的图案，属于细部图案的攒退活范畴。[22]

图 36　北京故宫月华门上的中等级雀替彩画

第四档次为低等级彩画做法，老金边做墨色（清晚期以来还出现了运用黄色作为老金边的做法），凡卷草等纹按纹饰的构成，一般设青、绿两色（少量做法也有用青、绿等三色乃至四色设色者），花纹以外做朱红油饰（图 37）。[21]

图 37　北京故宫咸若馆上的低等级雀替彩画

本文中对于雀替的彩画等级划分，多针对官式建筑上的各类雀替。官式建筑上的雀替，有“官式”的框架对雀替的彩画等级做规定，而非官式的雀替相对就没有那么严格的彩画等级制度了。

对于没有外框的花牙子，其彩画做法大体可划分为 3 个不同档次：第一档次为高等级彩画做法，花牙子大边平贴金；第二档次为中等级彩画做法，花牙子玉做（图 38）；第三档次为低等级彩画做法，花牙子素做（图 39）。

图 38　北京故宫建福宫东游廊内的中等级花牙子彩画

图 39　陕西省西安市清真大寺内的低等级花牙子彩画

此节中多为笔者平日工作所见，诸类恐有疏漏，不能以偏概全。

（五）雀替的地域性

雀替作为一种独自成类的木构件，其地域性较强。全国各地都有着不同类目的雀替，形态各异、样式缤纷。有的雀替类目全国通用，譬如官式雀替、骑马雀替、花牙子。官式雀替受到当时的宫廷管辖与限制，须按章办事，不能由性发挥。骑马雀替则更多的是因为它的出现解决了建筑面阔或进深不够搁下一组雀替的尴尬。全国各地的建筑或多或少地会遇到诸如此类的问题，因此骑马雀替在全国的使用也是自然而然的了。而在骑马雀替不用受到官式制辖的地方，骑马雀替的纹饰样貌也是多姿多彩的。花牙子的使用就更加灵活自由，全国各地的亭台楼阁、庭院游廊，无一不体现着花牙子使用的广泛性。

另一部分雀替类目则主要为地方所有，反映着地方文化特色，抑或是反映了当地少数民族的风俗习性。这些地方性色彩浓厚的雀替并没有广泛地传播开来，它的使用也只在当地小范围内传播开来。譬如托木，这种独具特色的雀替在东南沿海一带甚为流行，它的纹饰、结构，其与花篮、吊桶以及竖柴的结合，都是在昭示着粤式建筑自有的特色。“托木”这个称谓的传播也只在当地，并没有在其他地区流传，其样式也是当地的一种特殊形式，应当说是东南沿海地带标志性的雀替样式。除东南沿海地带之外，虽也有托木的存在，但若论托木与花篮、吊桶以及竖柴的组合形式，恐怕只有去东南沿海一带的古民居探访，才能一窥真容。

（六）本节小结

笔者在前人研究的基础上，参考大量文献资料，对原有雀替的种类进行了增添与修改。中国古建筑研究普遍认同的雀替类型共有 7 类，现有的雀替类型已经不足以囊括众多样式的雀替，笔者通过实地调研，走访了河北、山西、福建、青海、甘肃、湖南、西安、江西等广大地区，尽可能多地掌握了翔实、准确的第一手资料。笔者最后在原有7类雀替形制的基础上，保留其中的6类雀替型式，扩充了10类雀替型式，总计16类雀替，并对每类雀替型式进行详尽的图文解说。在全国各地仍有部分雀替别类只在地区内小规模地流行开来，鉴于调研时间及见识所限，未能一一收录。

四、北京故宫古建筑雀替的形制与做法研究

（一）研究对象说明

因测绘条件有限，所以笔者选择了北京故宫内的宫寝生活区作为此次研究的对象。宫寝生活区主要包括紫禁城的后寝（或称内廷）部分，即皇帝和他的后妃们日常居住的地方，还有一些内廷便殿，如养心殿区、斋宫区。[23] 北京故宫是明清两代皇宫，具有明代官式建筑以及清代官式建筑的双重特色。宫寝生活区是内廷区域的中心建筑群，殿座众多，既有明代建筑遍布的西六宫，又有明代与清代建筑共存的后三宫，宫寝生活区保留了更多的两朝建筑，其雀替反映的是明代和清代各自所特有的时代痕迹与建筑特色。

此次研究对象是以西六宫区的储秀宫和后三宫区的坤宁宫为主。

（二）雀替归纳说明

通过翻阅相关文献，笔者查到有关雀替的尺寸要求有：①雀替长按净面宽的1/4（面宽减去柱径一份为净面宽），高同额枋（或同小额枋或同檐枋），厚为檐柱径的3/10。[2] ②清式雀替的做法按《工程做法》卷四：凡雀替以面阔定长短，如面阔一丈三尺，除檐柱径一分，净面阔一丈二尺九分，分为四分，雀替两边各得一分，长三尺二分，一头加入榫分位，俺柱径半分，共得长三尺四寸七分。以檐枋之高定高，如檐枋高九寸一

分，即高九寸一分。以柱径十分之三定厚，如柱径九寸一分，得厚两寸七分。[12] ③早期建筑上的雀替是一条替木……其长度几占梁枋跨度的 1/3……到明清时期，建筑上的雀替形式由扁而长变成高而短了……其长度只占梁枋跨度的 1/4。[11]

整理文献得知，关于明代雀替尺寸要求的记载较少，除雀替长度外，对其高度与厚度也未有明确的尺寸要求。上述①为《中国古建筑木作营造技术》中对雀替的尺寸要求，也未明确该规定指向为明清哪代，然而概观全书是以研究和介绍清式建筑木作技术为主要内容，着重解决清式（及明式）建筑的设计和施工的技术问题。[7] 至于对清代雀替的尺寸要求，则在许多文献中规定比较详细。对于雀替的发展历史而言，宋代是雀替的雏形期，清代是雀替的完备期和高峰期，而明代处于宋代与清代之间，应是一个介于两者间的过渡时期。此时期的雀替逐渐发展成型，明承宋制，同时又初现清代雀替发展的趋势，所以说，明代是一个变化过渡的阶段。

明承宋制，对于明清两朝雀替的尺寸要求，笔者试做推论，将明代雀替尺寸要求与清代雀替尺寸要求合二为一，做统一规定，应用《中国古建筑木作营造技术》中对雀替的尺寸要求，从雀替的长度、高度及厚度对其尺寸进行归纳整理。

将宫寝生活区所有可测雀替的尺寸按分区归纳成表（表 1），并与各自时代的尺寸要求进行对比得出相似度。将雀替长与净面宽的 1/4 相除，所得数字再乘以百分比得出雀替长的相似度；对于雀替高度的比较，将雀替高与额枋高相除，所得数字再乘以百分比得出雀替高的相似度；对于雀替厚度的比较，将雀替厚与檐柱径的 3/10 相除，所得数字再乘以百分比得出雀替厚的相似度。

在本文中规定，将所得相似度 ±10% 后再与相似度相比，若 85% ≤相似度≤ 115%，则该雀替某项尺寸要求符合原规格；若相似度≤ 85%，则该雀替某项尺寸要求不符合原规格；若相似度≥ 115%，则该雀替某项尺寸要求不符合原规格。

表 1 储秀宫与坤宁宫雀替统计

名称	储秀宫	坤宁宫
区域位置	西六宫区东北侧	后三宫区中轴线北侧
建筑照片	 南立面  雀替细部	 南立面  雀替细部
建筑年代	明永乐，清改建为前出廊	明万历
建筑型式	宫	宫
建筑功用	妃嫔居所	皇后寝宫，祭神场所
雀替位置	南立面	北立面，南立面
雀替种类	官式雀替	官式雀替
雀替纹饰	卷草纹	卷草纹
彩画等级	油饰脱落较严重，未判断	高等级，雀替大边平贴金 花纹外轮廓线沥粉贴金
雀替材质	木质	木质
雕刻手法	浮雕	浮雕
轮廓特征	雀替端部鹰嘴突形状 雀替底部三肚蝉肚形状* 雀替底部安三幅云拱子	雀替端部枪头形状 雀替底部三肚蝉肚形状* 雀替底部安丁头拱
雀替个数（个）	10	30
面阔（间）	5	9

续表

名称	储秀宫		坤宁宫	
净面阔（mm）	明间 5198		明间 6603	
	东次间 4874	西次间 4887	东次间 5602	西次间 5623
	东梢间 3393	西梢间 3395	东梢间 3670	西梢间 3696
			东尽间 3700	西尽间 3659
			东末间 3720	西末间 3712
a. 雀替长（mm）	明间 1180		明间 1140	
	东次间 1170	西次间 1170	东次间 1140	西次间 1140
	东梢间 890	西梢间 890	东梢间 1140	西梢间 1140
			东尽间 1140	西尽间 1140
			东末间 1140	西末间 1140
b. 净面阔的 1/4（mm）	明间 1300		明间 1651	
	东次间 1219	西次间 1222	东次间 1401	西次间 1406
	东梢间 848	西梢间 849	东梢间 918	西梢间 924
			东尽间 925	西尽间 915
			东末间 930	西末间 928
a 与 b 相似度比较（%）	明间 91%		明间 69%	
	东次间 96%	西次间 96%	东次间 81%	西次间 81%
	东梢间 105%	西梢间 105%	东梢间 124%	西梢间 123%
			东尽间 123%	西尽间 125%
			东末间 123%	西末间 123%
a 与 b 的符合程度	明间：符合		明间：不符合	
	东次间：符合	西次间：符合	东次间：不符合	西次间：不符合
	东梢间：符合	西梢间：符合	东梢间：不符合	西梢间：不符合
			东尽间：不符合	西尽间：不符合
			东末间：不符合	西末间：不符合
c. 雀替高（mm）	明间 500		明间 590	
	东次间 500	西次间 500	东次间 590	西次间 590
	东梢间 470	西梢间 470	东梢间 590	西梢间 590
			东尽间 590	西尽间 590
			东末间 590	西末间 590

续表

<table>
<tr><th>名称</th><th colspan="2">储秀宫</th><th colspan="2">坤宁宫</th></tr>
<tr><td>d. 额枋高（mm）</td><td colspan="2">490</td><td colspan="2">小额枋 490，大额枋 590</td></tr>
<tr><td rowspan="5">c 与 d 相似度比较（%）</td><td colspan="2">明间 102%</td><td colspan="2">明间小额枋 120%，大额枋 100%</td></tr>
<tr><td>东次间 102%</td><td>西次间 102%</td><td>东次间小额枋 120%
东次间大额枋 100%</td><td>西次间小额枋 120%
西次间大额枋 100%</td></tr>
<tr><td>东梢间 96%</td><td>西梢间 96%</td><td>东梢间小额枋 120%
东梢间大额枋 100%</td><td>西梢间小额枋 120%
西梢间大额枋 100%</td></tr>
<tr><td></td><td></td><td>东尽间小额枋 120%
东尽间大额枋 100%</td><td>西尽间小额枋 120%
西尽间大额枋 100%</td></tr>
<tr><td></td><td></td><td>东末间小额枋 120%
东末间大额枋 100%</td><td>西末间小额枋 120%
西末间大额枋 100%</td></tr>
<tr><td rowspan="5">c 与 d 的符合程度</td><td colspan="2">明间：符合</td><td colspan="2">明间：与大额枋高符合</td></tr>
<tr><td>东次间：符合</td><td>西次间：符合</td><td>东次间：与大额枋高符合</td><td>西次间：与大额枋高符合</td></tr>
<tr><td>东梢间：符合</td><td>西梢间：符合</td><td>东梢间：与大额枋高符合</td><td>西梢间：与大额枋高符合</td></tr>
<tr><td></td><td></td><td>东尽间：与大额枋高符合</td><td>西尽间：与大额枋高符合</td></tr>
<tr><td></td><td></td><td>东末间：与大额枋高符合</td><td>西末间：与大额枋高符合</td></tr>
<tr><td>檐柱径（mm）</td><td colspan="2">380</td><td colspan="2">560</td></tr>
</table>

续表

名称	储秀宫		坤宁宫	
e. 雀替厚（mm）	明间 100		明间 130	
	东次间 100	西次间 100	东次间 130	西次间 130
	东梢间 100	西梢间 100	东梢间 130	西梢间 130
			东尽间 130	西尽间 130
			东末间 130	西末间 130
f. 檐柱径的 3/10（mm）	114		168	
e 与 f 相似度比较（%）	明间 88%		明间 77%	
	东次间 88%	西次间 88%	东次间 77%	西次间 77%
	东梢间 88%	西梢间 88%	东梢间 77%	西梢间 77%
			东尽间 77%	西尽间 77%
			东末间 77%	西末间 77%
e 与 f 的符合程度	明间：符合		明间：不符合	
	东次间：符合	西次间：符合	东次间：不符合	西次间：不符合
	东梢间：符合	西梢间：符合	东梢间：不符合	西梢间：不符合
			东尽间：不符合	西尽间：不符合
			东末间：不符合	西末间：不符合

* 蝉肚形状：即木构件雕刻出似蝉的腹部纹样，一般做多瓣纹样。

（三）本节小结

对宫寝生活区内所测雀替尺寸的统计结果进行总结：该区域的雀替基本遵从于明清时期的雀替规格。雀替的尺度变化在官式制度的权衡之下有着一定的灵活性与变通性，根据建筑体量的变化对雀替的尺寸进行了适当调整，使之与建筑更加相得益彰，令人觉得舒适与美观。另外，在同一个殿座上，各个开间的尺寸不一，而雀替的长度、高度、厚度几近相等，这就势必使雀替的尺寸不符合其规格要求。然而如此设置取得了良好的整体美观效果，也许这是为了保持殿座整体的观感，设置同样的雀替在同一个殿座上，体现雀替与殿座的一致性与连贯性。

从北京故宫宫寝生活区内实测的雀替来看，单体建筑共有49座，雀替数量达到了527个。然而，该区域内的雀替种类较少，仅有雀替、小雀替以及花牙子3类。在宫殿建筑中多用雀替；在游廊、抱厦这类园囿建筑上多饰花牙子，这样的装饰意味更浓郁。该区域内的雀替材质均为木质，雕刻手法有透雕及浮雕，雀替的纹饰均为卷草纹。关于雀替雕饰方面，则元代及元以前，其面上常作彩画，无雕刻，明清多刻卷草花样，然亦有刻龙、云、花草、汉文、凤、仙人等者。[12] 雀替种类的稀少、纹饰的单调及雕刻手法的单一造成了宫寝生活区内整齐、素雅、厚重的建筑风格。笔者认为，此种活泼不足、严肃有余的现象也许与北京故宫是官式建筑的代表作品有关。北京故宫中的雀替不能像寻常人家的庭院一般活泼有趣，而更多强调的是高贵、大气、持重，强调的是让普天之下的百姓遵守的规矩，这就使造型华丽的托木、插角、竖狮等不能在这座巍峨的宫殿建筑群上装饰，取而代之的是相对规整的卷草纹饰，少量饰花牙子，只是点缀这座肃穆的皇宫，更主要体现的是整齐划一的雀替，使得建筑整体体现的是皇家的威压与庄严。雀替纹饰的使用也许还跟建筑物的使用功能有关。在宁寿宫一区雀替上则雕刻龙纹，或许是因为这是太上皇的宫殿。

通过测量可知，位于宫寝生活区的雀替比较符合文献相关的规格要求。但仍有一部分雀替的尺寸不符合规格要求，部分殿座的不符合雀替的数量较多，究其原因有五个。其一，人工测量的错误与测量工具的精度不足；其二，是所测木构件的地仗厚度不均的缘故，尤其是雀替的厚度方面，地仗引起的变量足以影响最终的结果；其三，殿座的体量问题，在后三宫周围庑房（庑房，在夯土基础上，周边连续建屋，而围成一个内向的空间——封闭性广场，周边长屋即是古文中的庑）。[1] 测得雀替的长度大多达不到雀替原有的规格要求，在实地测量中笔者感觉庑房体量比较矮小，若是按照规格来安置雀替，将使整个庑房的廊部被雀替填满，空间逼仄，影响观感；还有一些体量不规整的抱厦与游廊，为了美观与整齐，所用雀替均是同一尺寸，这就造成了无论是大开间与小开间共用一种雀替的现象，自然就达不到规定的要求尺寸了。其四，是雀替本身的种类所限，例如花牙子安置在轻巧的游廊中，它只是作为一种纯粹的装饰构件，一块透雕的薄板材并不能严格按照规定的尺寸来制作。宫寝生活区的雀替体现的是一种规整的韵律美，整齐划一、大方端庄，不同于南方地区的飞扬与华丽，自有一种美。其五，是当时匠人们手工建造的局限性，匠人们手工雕刻雀替难免会有误差，也许又根据建筑的整体格局在官式制度下做了一些变动，使之与建筑更加契合，这些可使雀替达不到其规格限定。

雀替轮廓的演变过程大致可作如此分期：明早期至嘉靖年间，均为丁头拱和丁头重拱的形式，拱瓣砍杀强劲，上无任何雕刻；明万历至清康熙年间的雀替式样似乎正处于改革之年，丁头拱退居二线，普遍采用通体雕刻成云头、花草、鸱鱼一类样式的雀替；清中叶开始，雀替的形式基本趋于统一，即取其一圆的 1/4，每面单独雕刻山水人物、鱼虫花草等图案，顺雀替边缘又雕刻各种几何形图案或弧线以作边框，这种有边框的雀替正是清中叶以后雀替的一个重要特征。如果不是误用（如用晚期建筑物构件去修换早期建筑物的情况），它绝不可能出现在明代或清早期的建筑物中。[25] 北京故宫是明清两代的皇宫，宫内现存的明代建筑较少，大多于清代增改建，因此如今的宫内建筑既有明代建筑的风格，又有清代建筑的风格。清代晚期对东西六宫的改建较多，以西六宫变化最大（详见后文），破坏了明代六宫布局规制，形成了较灵活多变的清代风格。东六宫仅在延禧宫遗址上建水晶宫，破坏了该宫的布局（详见后文），总体而言，东六宫基本保持了明代的建筑风格。[26] 以西六宫中的储秀宫区为例，储秀宫建于明永乐，光绪十年正殿、东配殿养和殿、西配殿绥福殿均改为前出廊，转角加游廊与体和殿相连……储秀宫正殿桁条上有明代彩画，梁架的法式和楠木原制证明该宫为明代遗物。[26]不同朝代的雀替发展有着显著的区别，将坤宁宫明间雀替与储秀宫明间雀替做一个对比。

坤宁宫始建于明万历年间，在清代有过修缮记录，但未见重建记录，其上的雀替具有明代雀替的典型特征（图 40a）。储秀宫的大木构架虽属明代遗构，但前廊上的雀替乃是清代添建，具有清代雀替的典型特征（图 40b）。

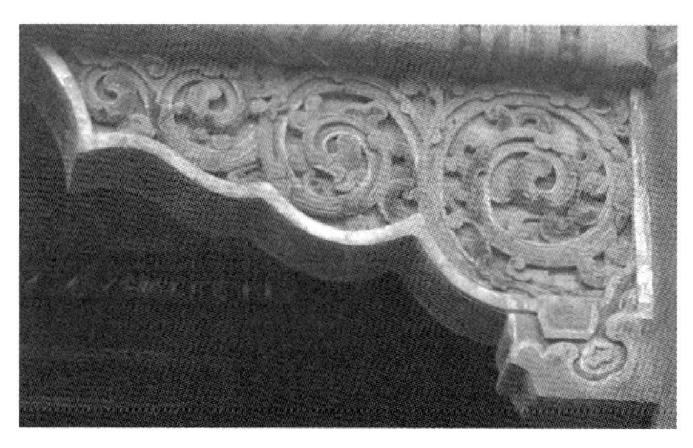
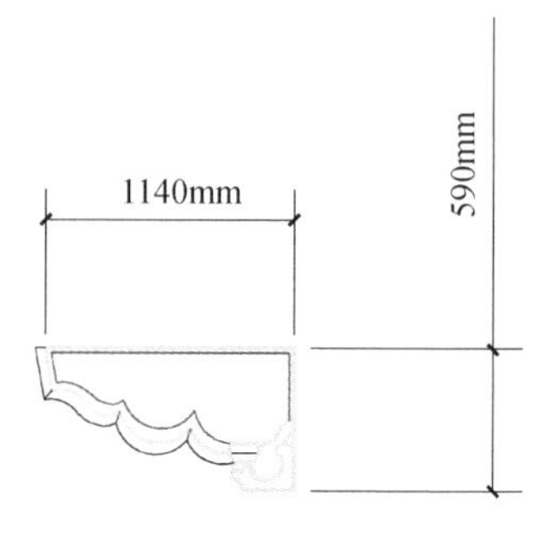

(a) 坤宁宫明间雀替

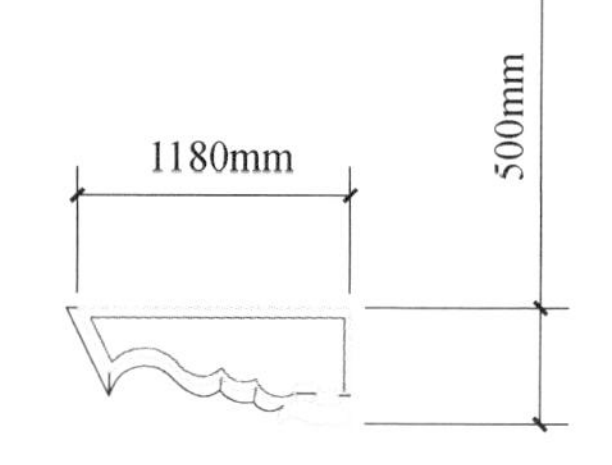

(b) 储秀宫明间雀替

图 40　北京故宫坤宁宫明间雀替与储秀宫明间雀替比较示意图

坤宁宫雀替与储秀宫雀替底部均有 3 幅云拱子支托，腹部均为三瓣蝉肚纹样，蝉肚纹样最早见于宋代的蝉肚绰幕枋上。宋代的雀替端部有楷头形和蝉肚形，随着时代的推移，还出现了卷头形。随后，楷头形和卷头形被保留下来传至明清两代，而蝉肚形则下移到雀替底部并在此定格。因此明清两代的雀替轮廓基本保持了端部楷头形或卷头形，而腹部为几瓣蝉肚形式，这是二者的相同之处。

坤宁宫雀替与储秀宫雀替的不同之处在于它们的端部与腹部。坤宁宫雀替端部为楷头形状，储秀宫雀替端部为鹰嘴突形状。鹰嘴突形状为清代雀替的典型特征，并随着清朝统治的延长其鹰嘴突形式越来越突出。从早期的鹰嘴腹部弧线几近平直，显示不出鹰嘴突出于蝉肚之外，似乎还是楷头的式样，楷头的尺寸不明显与蝉肚的瓣数连为整体，楷头与蝉肚融合在一起形成了明代雀替；到后期鹰嘴腹部弧线弧度越来越大，使之形成的鹰嘴“突出”的部分越来越清晰可见，鹰嘴突的尺寸也越来越长，而蝉肚的尺寸却越来越短。明代的雀替更似一个整体构件，不分头尾，端部与蝉肚联系紧密；而发展至清代，其端部变大下垂，成鹰嘴突状，蝉肚后退，给人一种头大身小的整体观感。雀替至清代相较于明代，这样的改变显示其更富于装饰意味，淡化结构功能。

坤宁宫雀替的腹部较之于储秀宫雀替的腹部，其每肚卷瓣与卷瓣间的尺寸更加均匀，像是层层递进般直至雀替的端部为止。而储秀宫的雀替端部由于有着清代特有的鹰嘴突式样，因此靠近雀替端部的那瓣蝉肚与其他蝉肚相比尺寸更大，许是在最后一瓣蝉肚刻意加大尺寸，卷杀更加强劲，这样才能与雀替端部的鹰嘴突相连接为整体，这样就造成了鹰嘴“突出”的样子，形成了一个较为夸张的装饰形象。

从雀替的轮廓特征可以看出，雀替轮廓的变化体现了我国建筑历史发展的脉络。雀替在不断变化着，时代也在逐步前行，雀替因时代的变化而变化，时代的进程赋予了雀替鲜明的时代特征与历史印记。雀替因朝代的更迭，其轮廓也相应地发生变化，进而突出当时的年代特点，雀替体现出的朝代特色反映在建筑物本体的朝代特色上，因此，雀替外廓之变化可以成为其所在建筑物的历史时期断代的辅助依据与重要佐证。

五、结论

雀替是中国古建筑上一个似乎不起太大作用的木构件，但雀替的优美形象使人对它产生探究的兴趣。正如梁思成先生所说：“雀替，并及驼峰和隔架科。这三者在大木作上并不十分重要。它们各个的本身虽然都具有结构上的机能，但也极富于装饰性，因而设计人往往偏重于后者。它们的形式，大小，乃至于施用与否，常常随着结构之变演及时代之趣味而转移；各个时代的特征也常在这种次要的结构部分上表现出来”。[12]

雀替是中国古建筑上不可或缺的木构件，造型多变、色彩缤纷，它所处的位置并非不重要，虽小巧却也是组成古建筑的必需构件。

本文将雀替作为单独木构件进行了专题研究，以现存中国明清时期雀替实物为资料依据，以北京故宫古建筑中的雀替为实例研究，佐以大量的文献资料，对雀替的形制进行了归纳与总结，并最终形成了以下结论。

在雀替的发展方面，在前人研究的基础上，参考大量的文献资料，笔者对于雀替的起源做了一番新的推论。雀替的起源目前普遍认同的说法为最早发现于北魏（公元420—589年）的云冈石窟中。笔者认为，雀替最早见于有实物记载的时代应为东汉时期（公元25—220年），出土于东汉时期的画像石和画像砖上，在描述贵族宴饮行乐的场景中，建筑作为场景环境被描述得十分详细：在建筑的柱头部位置有坐斗，斗上置拱，拱端不设斗，拱件直接承托上部建筑构件，即“斗上横木”，其称谓为实拍枋，这应该是最早见于实物记载的替木前身了。雀替起源于东汉时期的实拍枋，经由朝代更迭，发展至北魏时期，见于实物的是山西大同的云冈石窟。云冈石窟群中的第五窟和第六窟始建于北魏，明代损毁，清代重建，在两窟前依窟建有两座五开间四层楼阁，在柱子与枋子间置有雀替，此时期的雀替称谓未可考证。雀替发展至宋代有较多的文献记载，宋代称雀替为替木或绰幕枋，两者并存于同一时期，但在建筑上的位置各不相同，替木在上，绰幕枋在下。再经历几轮朝代的更迭之后，替木的发展方向又分出两种，一种是替木原地不动，发展至明清两代，替木改称为挑檐枋；另一种是替木在建筑上的位置向下移动，逐渐发展为现在的雀替。绰幕枋则在原有的位置不动，只是在外形轮廓上发生了较大的变化，逐渐演变为现在的雀替。明清时期，雀替的发展趋于稳定，它在建筑上的位置已经固定，变化的是雀替的外形、色彩与纹饰等细部特征。笔者将雀替的起源及发展过程做了归纳与总结，其过程主要分为 4 个时期：东汉时期—宋朝时期—明朝时期—清朝时期，并对各个时期雀替的变化发展进行了相关论述。

在雀替的形制特征方面，笔者在前人研究的基础上，参考大量的文献资料，对原有雀替的种类进行了增添与修改。对于雀替的分类问题，目前大多数文献将雀替的种类规定为 7 类，分别为大雀替、雀替、小雀替、骑马雀替、通雀替、龙门雀替、花牙子。然而笔者在多年的工作及阅读的书籍中所看到的雀替绝不仅限于此 7 类，尤其是在受官式制度束缚较少的南方地区，雀替的种类可谓是五花八门，显然用此 7 类雀替并不能囊括所有的雀替种类，随着时代的发展，原来的分类也有了一定的局限性。在论文研究期间，笔者通过对河北、山西、福建、青海、甘肃、湖南、西安、江西等地区的实地调研，尽可能多地掌握了翔实、准确的第一手资料。在梳理、归纳与分类，及前人归纳总结的基础上，笔者从常见的雀替样式、在建筑部位上的作用、雀替细部的特征这 3 个方面出发，在原有 7 类雀替型式的基础上，保留其中的 6 类雀替型式，增加归纳了 10 类雀替型式，总计为 16 类雀替，并对每类雀替型式进行详尽的图文解说。各类雀替虽然在形式上不尽相同，各自成类，然而类与类之间存在交叉。例如骑马雀替中也包含着官式雀替，可以既是骑马雀替，又是官式雀替，准确和完整的称谓应为官式骑马雀替；在官式雀替中也包含着小雀替，其完整称谓应为官式小雀替，雀替的类与类之间不应是割裂的关系，而是互相联系与交融的。

笔者经过实地测量与调查，选取北京故宫宫寝生活区的雀替作为研究实例，旨在探寻其工艺做法以及发展特征。该区建筑为明清两代建筑群落，文献记载其尺寸规定仅存清朝做法，未见明代做法的相关记载。明承宋制，根据文献记载，笔者将明朝对于雀替的尺寸规定与清朝对于雀替的尺寸规定合二为一。

在大量的测量工作之后，笔者将宫寝生活区雀替的尺寸汇集梳理成表，与文献中记载的尺寸规定进行比较，发现雀替的实际尺寸大部分符合原文献记载，仅有少部分雀替尺寸不符合原文献记载。笔者还选取了该区域内的一个明代雀替与一个清代雀替做发展特征上的对比，通过对比可以说明，雀替在朝代更迭中体现出的发展变化可以是判断其所在建筑历史年代的一种辅助依据。

纵观全文，从古至今，对于雀替发展的总结概述主要有3个方面，一是雀替型式的演变由大及小。明清以前的雀替还是一根承托梁枋的横木，更早于汉代，它还是一根实拍拱，还是承托建筑物重量的拱形长木。那时的雀替上托桁檩，横向连接了整个进深与面阔，横向与纵向结合发挥作用，在建筑上占有一席之地。然而，斗转星移、朝代更迭，雀替演变的型式越来越小，最后只在柱头偏安一隅，逐渐变得不再那么重要了。第二是雀替功能的演变由重支撑到轻支撑重装饰。过去的雀替也许还可以称之为结构构件，较长的长度使它可以增加梁枋的跨度，分担荷载。而到达其发展高潮的清代，雀替几乎可以说已经丧失了结构上的作用而只是装点建筑的饰物。高大的柱子、厚重的梁枋支撑着整座房屋，雀替的存在好似无足轻重。然而笔者认为，雀替可能在功能上发生了一些变化，但是它并没有完全沦为纯装饰构件，雀替与梁枋的组合增大其受力面积，增强其对于柱间的径向剪力，尤其对于过长的梁枋来说，在梁枋与柱间交接处恰到好处地安置雀替于其中，这样能更好地减少梁枋的跨度，减少梁枋的变形程度，使其承托建筑物的荷载能力加强。三是雀替装饰的演变由简入繁，造型纹饰的变化相对于其他古建筑木构件来说可谓多姿多彩、色彩纷繁。雀替的作用是以物寄情，往往寄托着人们对于美好生活的向往与祈望。繁复的纹饰、精细的雕刻、积极向上的图案表示着吉祥、幸福与欣欣向荣，有驱邪保平安之意，也有展现生活富足、安稳之意。也许在我国的北方，雀替受到官式建筑的桎梏没有那么欣欣向荣，没有施展出它应有的才华。

然而在我国的南方地区，尤其是数量众多的乡土建筑上，雀替的身影无处不在，它们不再是简单的木制构件，已经成为了建筑上重要的装饰品与吉祥物。雀替的装饰不仅指它的纹饰，还包括它的彩画、雕刻以及材质上的匠心独运。以上几者的结合使雀替的造型日趋精美与奇巧，成为了一件艺术品，令人赏心悦目。

雀替最引人注目的地方是它多种多样、色彩缤纷的纹饰。尤其在中国众多的非官式建筑中，所见雀替各类纹饰的实物不仅色彩艳丽、雕刻技艺高超，造型更是奇思妙想，有的雀替甚至是一幅幅生动的故事汇。由于知识所限，不能将某些地区造型特殊而精美的雀替纹饰尽收于文中。待以后有条件逐步完善。如何研究雀替的细部，如何更好地剖析雀替的纹饰寓意与变化，仍然是笔者今后将继续的学术课题。

雀替不仅是匠人们优秀的作品，还见证了中国建筑的历史，其反映了建筑历史的发展进程，而建筑的发展则见证了中国历史的发展轨迹。未来，笔者会继续对雀替的学习与探究，我国建筑雀替在种类、雕刻技艺以及纹饰上，或端庄持重，或纤细精巧，或玲珑繁复，无一不显示着中国匠人们的奇思妙想与手艺高超，实在值得好好地记录与研究。

参考文献

[1] 王效清 . 中国古建筑术语辞典［M］. 太原：山西人民出版社，1996.

[2] 潘谷西 . 中国建筑史［M］. 北京：中国建筑工业出版社，2004.

[3] 韩昌凯 . 雀替 • 拱眼壁［M］. 北京：中国建筑工业出版社，2011.

[4] 梁思成 . 清式营造则例［M］. 北京：清华大学出版社，2006.

[5] 贾海洋 . 乔家大院木雕骑马雀替装饰艺术［J］. 山西大学学报：哲学社会科学版，2009，32（1）：142-144.

[6] 安菲 . 北京明清故宫古建筑雀替的特征分析［J］. 中外建筑，2019（4）：26-27.

[7] 马炳坚 . 中国古建筑木作营造技术［M］.2 版 . 北京：科学出版社，2010.

[8] 顾雅男 . 汉代乐舞百戏画像石研究 .［EB/OL］.（2014-03-06）. https://www.docin.com/p-773775670.html.

[9] 佚名 . 中国国宝：韩城木结构之三圣庙 .［EB/OL］.（2010-12-17）. http://blog.sina.cn/dpool/blog/s/blog_4de138e50100nk0n.html?md=gd.

[10] 李剑平 . 中国古建筑名词图解辞典［M］. 太原：山西科学教育出版社，2011.

[11] 楼庆西 . 雕梁画栋［M］. 北京：生活 • 读书 • 新知三联书店，2004.

[12] 梁思成，刘致平 . 中国建筑艺术图集［M］. 北京：百花文艺出版社，2007.

[13] 玄易风水堂 . 中国历代著名道观简介 认识道教 16 鹿邑太清宫 终南山楼观台 北京大高玄殿 .［EB/OL］.（2014-07-07）.http://mp.weixin.qq.com/s?__biz=MzA4MTU5NzIyNw==&mid=200697291&idx=1&sn=cde924741abb755a1b4bd80e3dbf1b61.

[14] 中式营造 . 中华传统建筑丨记录中国现存金代木结构古建筑 .［EB/OL］.（2017-10-09）.https://history.sohu.com/a/197219278_755852?spm=smpc.content.content.4.1550678426918 X8P6fsy.

[15] 犍为文庙 .［EB/OL］.http://travel.qunar.com/p-oi704708-jianweiwenmiao-0-1?img=true.

[16] 高山远瞩 . 寺平古村采风纪实 .［EB/OL］.（2015-03-03）.http://bbs.0579.cn/read-htm-tid-1358740.html.

[17] 佚名 . 圆梦台湾：9 天 1400 公里，一个人的机车环岛之旅 .（图片 42/290）.［EB/OL］.（2013-05-08）.http://www.mafengwo.cn/photo/12684/scenery_1267290/13159356.html.

[18] 佚名 . 老北京的“东岳庙”牌楼（组图）.［EB/OL］.（2014-11-20）. http://blog.sina.com.cn/s/blog_538fed5d0102v77n.html.

[19] 林建斌 . 莆田传统木雕的雕刻工艺［J］. 艺术研究：哈尔滨师范大学艺术学院学报，2009（4）：52-53.

[20] 佚名 . 俞源村 .［EB/OL］.（2013-01-10）. http://blog.sina.com.cn/s/blog_4c14d7870101bpj5.html.

[21] 蒋广全 . 清代雀替彩画三种基本等级做法［J］. 古建园林技术，2001(2).

[22] 蒋广全 . 中国清代官式建筑彩画技术：精［M］. 北京：中国建筑工业

出版社，2005.

［23］ 故宫博物院．主题导览．宫寝生活区．［EB/OL］．https://www.dpm.org.cn/Visit.html．

［24］ 张屹．浙西明清民间古建筑局部演变初探［J］．东南文化，1993(6):128-132.

［25］ 孟凡人．明代宫廷建筑史［M］．北京：紫禁城出版社，2010.

南岳大庙圣帝殿雀替调查及浅析

孙　明[*]

摘　要：本文通过对南岳大庙圣帝殿现存雀替的调查，梳理其分布状况、组成形式、表达内容，归纳各式雀替的种类、形制、造型、纹饰，将相关数据汇集成表，并与雀替原有规制进行比较分析，初步探讨其装饰与结构功用，研究其蕴含的装饰意象，为圣帝殿雀替的后续研究提供比较详尽的基础资料。

关键词：南岳大庙；圣帝殿；雀替；装饰

一、南岳大庙及圣帝殿概况

中国古建筑研究中对雀替的研究相对较少，但雀替小而精的形象、富有文化内涵的装饰意象非常值得深入研究。笔者曾多次在湖南省衡阳市南岳大庙圣帝殿维修期间进行勘察（图 1）。圣帝殿的雀替为敕造，极具历史与地方特色（图 2）。因此，本文通过对圣帝殿雀替的实地考察，梳理其分布状况、组成形式、表达内容，探讨圣帝殿雀替在装饰方面的艺术价值及文化内涵。

* 湖南安全技术职业学院讲师。

图 1　南岳大庙圣帝殿正立面照片

图 2　湖南省衡阳市南岳大庙圣帝殿明间雀替正立面照片

南岳大庙始建年代不明，传说始建于周代，原在祝融峰顶，隋代迁建今址。历史上，南岳大庙曾多次毁于大火，又经多次重建和修缮扩建。可以说，南岳大庙的庙史既是一部祭祀史，也是一部与天灾人祸的搏斗史，承前启后，继往开来，闪耀着中华民族不屈不挠的精神。除了民间能工巧匠，历史上在对南岳大庙的建设、修复、管理有贡献的人士中，有官吏、乡绅、商贾、军人、信男善女，既有普通老百姓，也有像李鸿章、曾国藩、薛岳、陈毅、陶铸等知名人物，他们以信仰和智慧、财力与物力维护着这座古庙宇雄浑大度的气势和袅袅升腾的香火。

大庙坐北朝南，总占地面积约为 7.6 公顷（1 公顷 =10000 平方米），平面布局呈长方形（图 3），周围红墙环绕，四隅角楼高踞，共有九进四重院落。第一进为棂星门；第二进为奎星阁；第三进为正南门，可通东西两侧，东侧通往八座道观，八座

图 3　南岳大庙建筑群俯瞰

道观由南向北依次排列，西侧通八座佛寺，八座佛寺同样由南向北按序排列；第四进为御碑亭；第五进为嘉应门；第六进为御书楼；第七进为圣帝殿，即南岳大庙的正殿；第八进为寝宫；第九进为北后门，东侧有玄园，可通往八座道观，西侧有禅园，可通往八座佛寺。其整体布局错落有致，层次依官式制度有序排列，建筑风格多样，建筑型式具有官式与地方区域的双重特色，是研究中国传统建筑法式的宝贵实例。

圣帝殿是南岳大庙的核心建筑（图 4 ～图 6），面阔九间，进深七间，建筑面积 1869.99 平方米，建筑高度 31.11 米（不含台基）。前有月台、御道，围以白色浮雕各异的栏板 144 块。正殿重建于光绪六年（1880 年），体量最大，级别最高，重檐歇山黄琉璃瓦顶，有着清代建筑的特色与风格。外用石柱，副阶周匝（图 7）。民国重修内柱易石，仍保留了 72 柱之制，与南岳 72 峰遥相呼应。两层檐下均布置如意斗拱、门窗、格扇、雀替等装修雕饰，生动精美。

图 4　南岳大庙圣帝殿图示

整体坐落在花岗岩方整石台基上，四周有白玉栏板及花岗岩望柱栏杆围合成一整体。台基正中设有白玉云龙浮雕御道及 17 级踏跺。该殿座是所处南岳镇上高度最高的建筑物，凸显其地位崇高、王权威武。建筑体量的巨大及材料的华贵使整体殿座气势恢宏又富于精巧细致，优雅贵气。

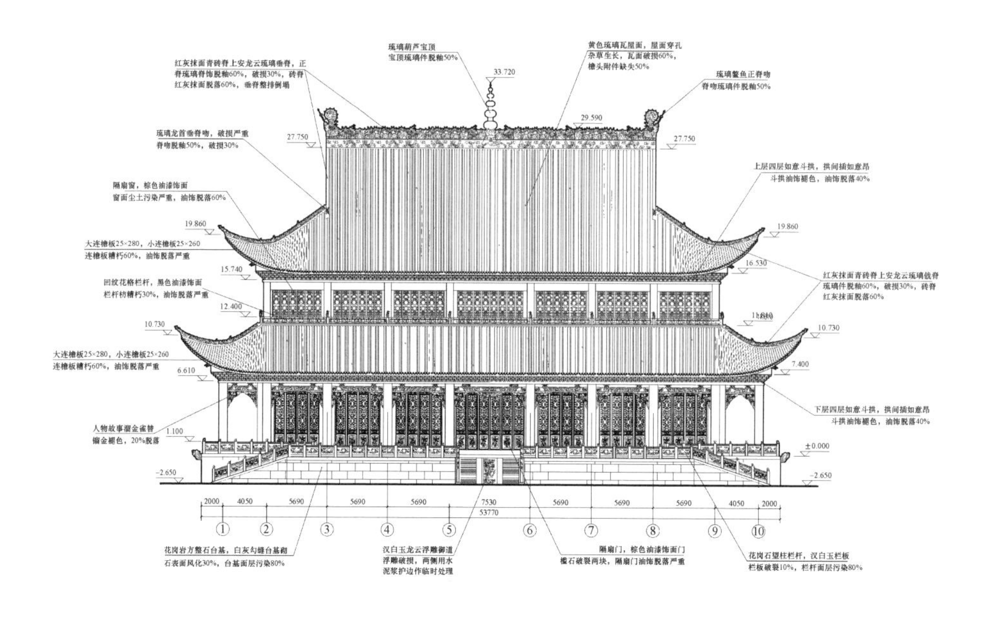

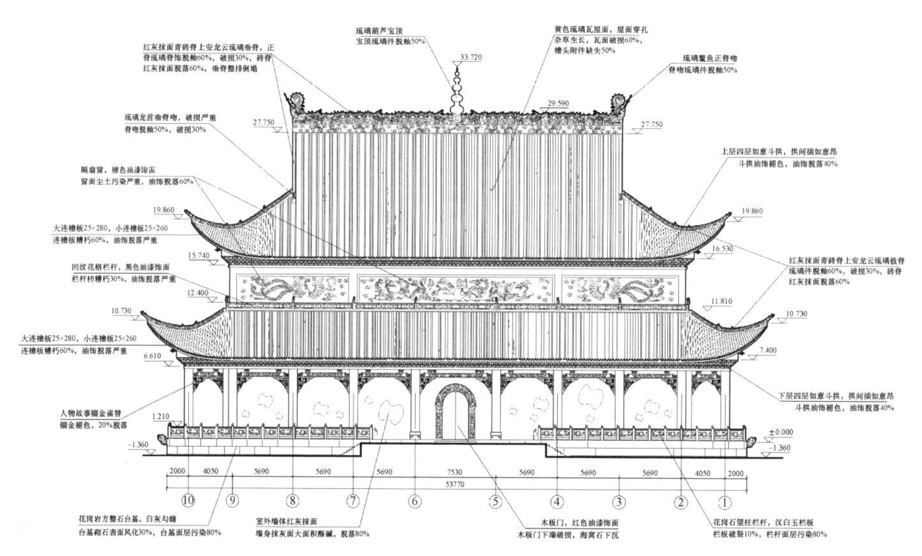

图5 南岳大庙圣帝殿南立面、北立面测绘图

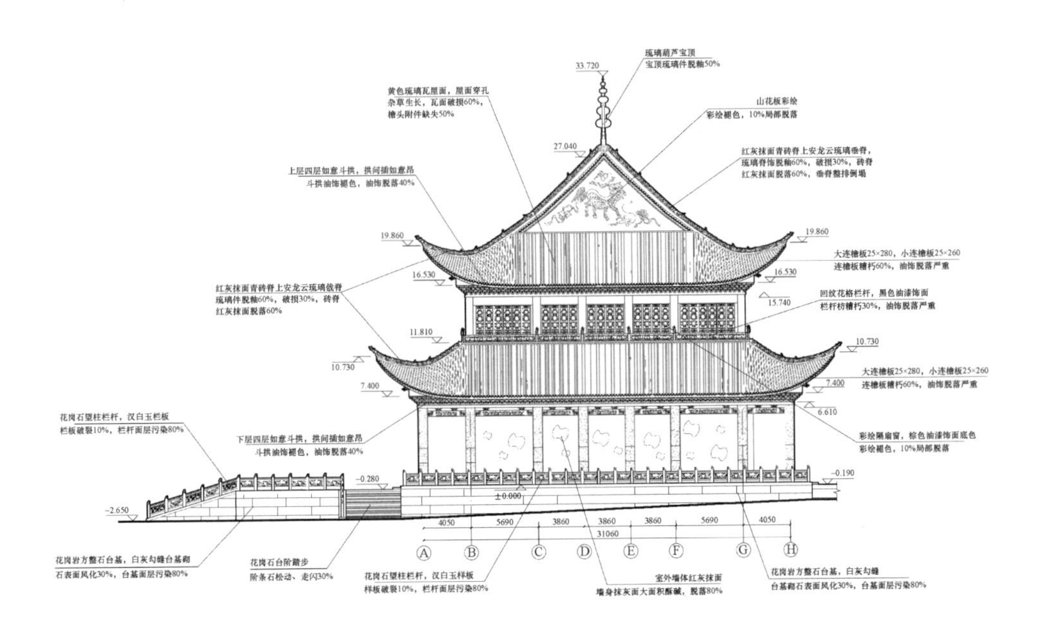

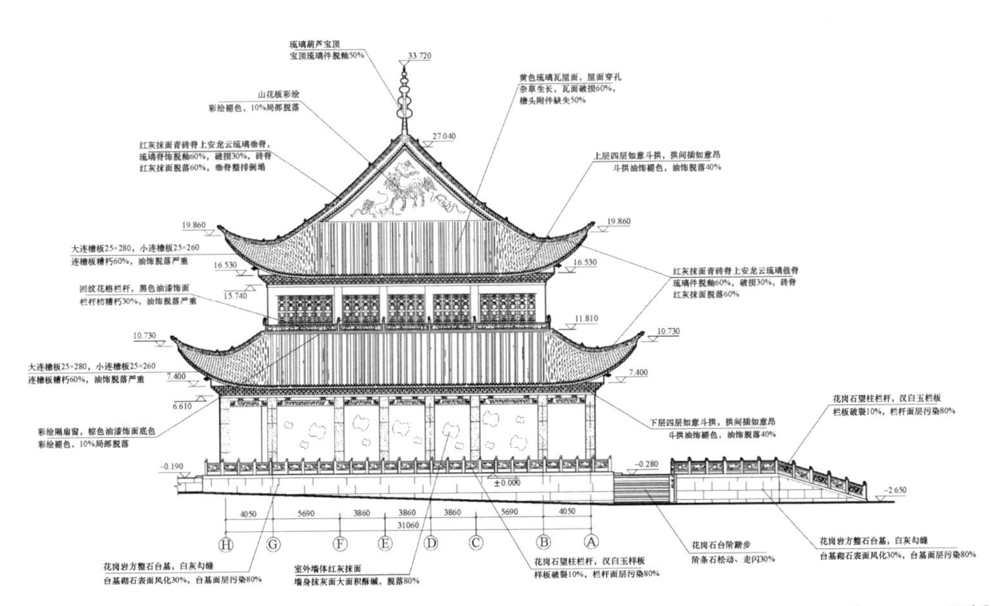

图6　南岳大庙圣帝殿东立面、西立面 CAD 图纸

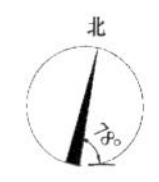

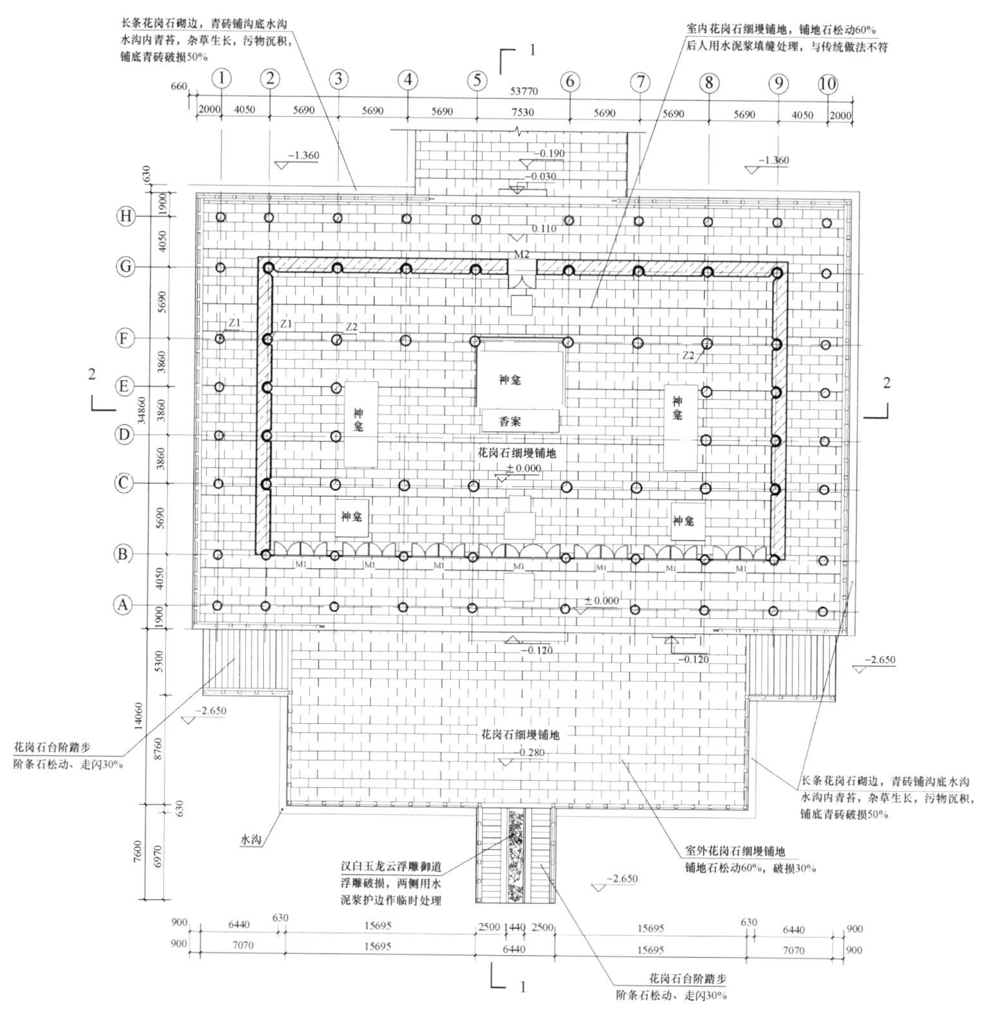

图 7　南岳大庙圣帝殿一层 CAD 平面图

二、价值评估

（一）历史价值

南岳大庙自始建至今千百年来，历经多次重修和修葺，仍然“崇制如初”“宅南标极”，没有对建筑本身和建筑布局作大的调整和修改。尤其是中轴线上的九进建筑，完好保存了清同治十二年（1873 年）最后一次维修以来的建筑形制。南岳大庙于 2006 年成为第六批全国重点文物保护单位。

（二）艺术价值

南岳大庙是我国南方唯一的敕造庙宇建筑群、江南最大的古建筑群之一，有“江南第一庙”“南国故宫”之称。[1] 东路为道观，西路为佛寺，中轴线上则布置儒家秩序的宫殿，儒道佛三教既有融合又有相异，共存一处，为全国罕见。

正殿圣帝殿面阔九间，进深七间，殿内主体结构适应南方特色，以穿斗式木构架为主，因明间跨度较大，故需要大跨度木材，明间和次间有着厅堂结构的穿插枋、柱、梁，或称上部结构有少量的抬梁和穿斗相结合的做法（图 8、图 9）。殿高 31.11 米（不含台基），[2] 超过太和殿 26.92 米的高度。

圣帝殿的屋顶瓦面既有官式建筑的礼制规范，又有南方建筑特有的嫩戗发戗。整体建筑规模较为庞大，却由于脊部饰有极具南方地区建筑特色的装饰部件，又兼具精巧别致与小巧玲珑的意味，文化内涵深厚，有较高的艺术价值。

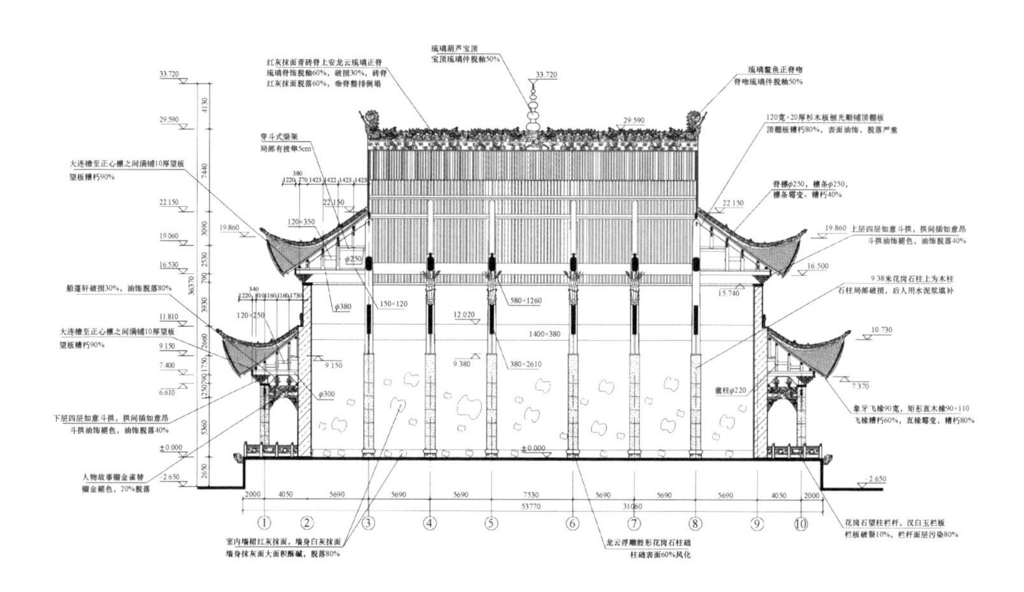

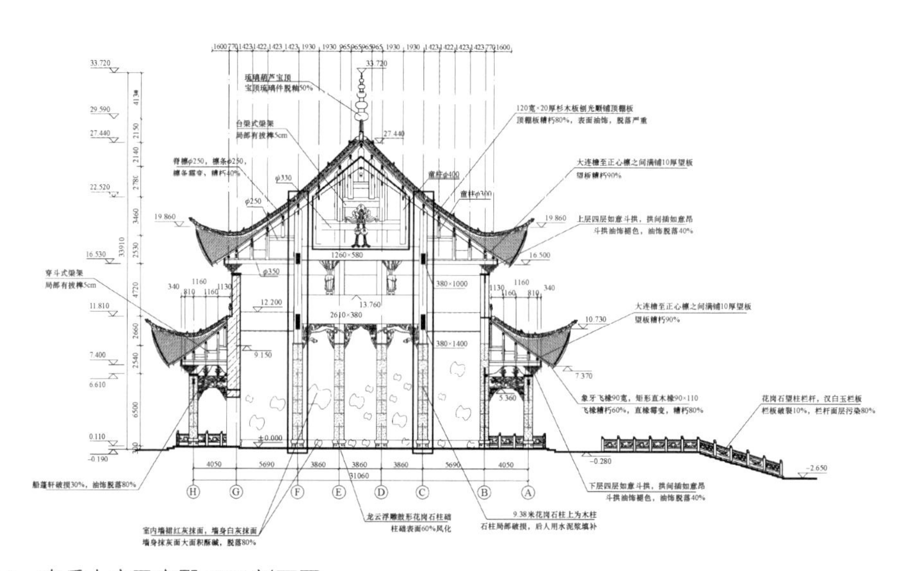

图8　南岳大庙圣帝殿 CAD 剖面图

图 9　南岳大庙圣帝殿屋架结构

（三）科学价值

南岳大庙的建筑风格、布局、造型、用料都有其独特之处，反映出湖南地区几个朝代的建造技术水平，是研究我国古建筑类型、技术发展史的重要实物资料。

三、南岳大庙圣帝殿的雀替

（一）圣帝殿雀替的分类

雀替的种类、造型、材料、雕刻方法、色彩表现、彩画等级、纹饰内容等，形式多样、内容丰富。尤其是我国南方地区的建筑主要以民居为主，且少数民族原住民较多，具有多民族混居的特性，地方特色、民族特色及三教九流的信仰力量使南方古建筑上的雀替更加多姿多彩。

虽为敕造建筑，圣帝殿雀替却具有南方特色，称为“插角”（图 10、图 11）。因为它们占据着雀替的位置却不起替木的作用，实为插在柱与枋之间的角状装饰，故称为插角。[3]

图 10　南岳大庙圣帝殿西尽间前檐插角

图 11　南岳大庙圣帝殿东末间前檐（围廊）插角

据笔者分析，插角是南方雀替发展出的一种类型。插角以柱与枋之间的交界处为起点，分别向柱子方向及枋子方向，类似于扇面状由大至小延伸。插角材质多取偏薄的木板材，而在这类薄板材上基本以透雕为主。圣帝殿上的雀替均为插角，设置在每个柱子两侧。围廊上柱间距较小，其柱与柱之间的插角不得不向中心靠拢，较为紧凑；而明间面阔较大，柱间距舒展，仅是安装插角便显得中心位置略为空旷，故在明间额枋正中下侧再进行装饰，设置的木构件也可认为是插角的一部分，其形式、纹饰与插角类似，结合为一个互有联系的整体。每个插角表现的装饰内容有所不同，这样使造型本就精致的插角更加繁杂多变。

（二）圣帝殿雀替功能

清代是雀替的发展最为变化多姿、样式纷杂的一个时期，功能也得以拓展，主要有 3 个方面：结构作用、装饰作用以及扩大空间的作用。

第一，结构作用。雀替发展直至清代，依然保持着它原本“替人受过”的作用，代替梁枋承担部分荷载。雀替的体量虽然不大，但能缩短梁额净跨的长度；减小梁额与柱相接处的剪力，防阻横竖构件间角度之倾斜。[4]

第二，装饰作用。雀替的发展在清代出现高潮，因美学需求而进一步成熟，独立成类。从雀替的纹饰与雕刻日益复杂精美来看，其装饰作用越来越重要。

第三，扩大空间的作用。雀替不仅起到结构与装饰作用，还将原有殿座的建筑面积扩大至廊部，开间及进深方向均有所增加，起到了整体空间扩大的效果。[5]

圣帝殿上的雀替即插角，以每间面阔的尺寸设定尺寸，即每个柱子上插角的尺寸因面阔的变化而调整，以达到最佳观感。因插角的材质过于单薄，承托荷载的能力下降，因此可推断其雀替结构功能已经退化，装饰功能取代了结构功能，且由于装饰内容的表达趋于丰富，插角的装饰功能越来越占据主导地位。

（三）圣帝殿雀替的纹饰表达

圣帝殿雀替的纹饰内容多种多样。笔者将雀替的纹饰主要分为 3 类。第一类是现实生活中存在的事物，或者是在当时的世界中能找到原型的实物。例如各色人物、植物（牡丹、莲花、梅、兰、竹、菊等）、动物（鱼、鹤、鹿、象、鸟、虎、蝙蝠、喜鹊等）、文房四宝、殿台楼阁等。第二类是存在于神话世界中的人物以及动物形象，属于人们臆想，寄予了吉祥幸福的意味，例如在雀替纹饰中经常出现的龙、凤、麒麟、各路神仙形象等。第三类属于比较抽象的纹饰形象，有几何纹饰、自然纹饰，例如卷草纹、灵芝纹、旱纹、穿枝纹等。[5]

笔者在雀替纹饰分类的基础上，将圣帝殿上所有雀替逐一统计与归纳，并对其纹饰内容进行了整理，圣帝殿上的雀替分布在前檐与后檐上，具体参见表 1、表 2。

表 1　南岳大庙圣帝殿上的雀替统计

前檐雀替		
明间雀替原状	  前檐明间	  后檐明间
明间雀替修缮后	  前檐明间	  后檐明间
次间雀替	 西次间	 东次间
梢间雀替	 西梢间	 东梢间

续表

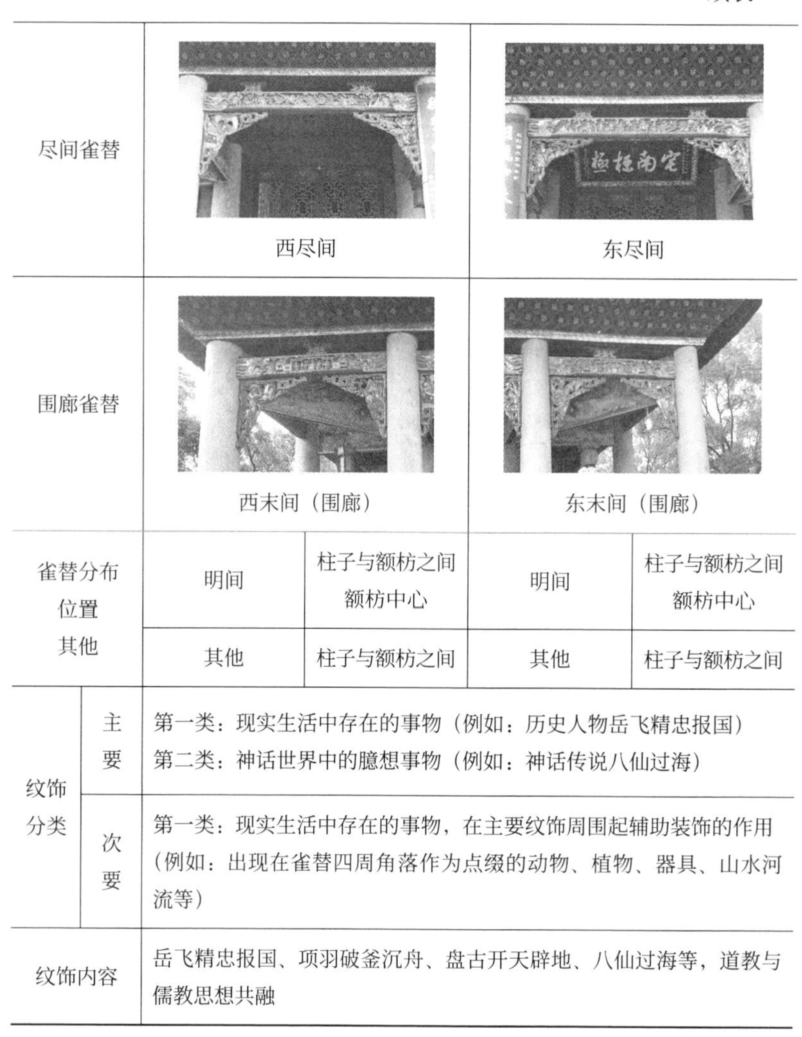

尽间雀替	西尽间		东尽间	
围廊雀替	西末间（围廊）		东末间（围廊）	
雀替分布位置其他	明间	柱子与额枋之间 额枋中心	明间	柱子与额枋之间 额枋中心
	其他	柱子与额枋之间	其他	柱子与额枋之间
纹饰分类 主要	第一类：现实生活中存在的事物（例如：历史人物岳飞精忠报国） 第二类：神话世界中的臆想事物（例如：神话传说八仙过海）			
纹饰分类 次要	第一类：现实生活中存在的事物，在主要纹饰周围起辅助装饰的作用（例如：出现在雀替四周角落作为点缀的动物、植物、器具、山水河流等）			
纹饰内容	岳飞精忠报国、项羽破釜沉舟、盘古开天辟地、八仙过海等，道教与儒教思想共融			

表 2　南岳大庙圣帝殿前檐雀替的纹饰内容统计

名称	雀替照片	位置	雀替纹饰内容	三教释义
东围廊		右	未解读	未解读
		左	木兰从军	儒教

续表

名称	雀替照片	位置	雀替纹饰内容	三教释义
东尽间		右	智收姜维	儒教
		左	苏武牧羊	儒教
东梢间		右	卧薪尝胆	儒教
		左	伯牙鼓琴	儒教
东次间		右	项羽破釜沉舟	儒教
		左	文王访贤	道教

续表

名称	雀替照片	位置	雀替纹饰内容	三教释义
明间		右	神农尝百草	道教
		中	福禄寿三星报喜	道教
		左	大禹治水	道教
西次间		右	子牙收妖	道教
		左	未解读	未解读
西梢间		右	三顾茅庐	儒教
		左	煮酒论英雄	儒教

续表

名称	雀替照片	位置	雀替纹饰内容	三教释义
西尽间		右	辕门射戟	儒教
		左	草船借箭	儒教
西围廊		右	岳飞精忠报国	儒教
		左	林冲水泊梁山	儒教

圣帝殿每间雀替[1]表达的内容及体现的教义各有不同。以后檐明间挂落[2]上的道教故事为例(图12)。明间中心为八仙过海，左侧为女娲补天，右侧为盘古开天辟地。女娲与伏羲都是道教中的神仙，结合八仙过海的故事均体现了道家思想。俗语说八仙过海各显神通，其思想核心就是道家的无为而治，八仙中的每一位神仙面对波涛汹涌的大海淡定自若，发挥各自的本领过海为王母娘娘祝寿，尽显智慧、通达、吉祥的意味。其他如福禄寿三星报喜的故事也是如此。

1 南方部分地区匠人或称曰“花牙子”，“花牙子”是木挂落的装饰配件，用半榫与挂落外框连接。笔者认为由于该建筑有其与南方敕造的特殊性，南方匠人在用花牙子的做法来模仿官式建筑的雀替，有关称呼的争议本文不再做过多的论述。

2 “挂落”又称“倒挂楣子”，是安装于木构架枋木之下、檐柱之间的装饰构件。一般的挂落做法左右连接檐柱，外框两端下方用半榫与花牙子相连，而此处仅有明间枋木下方正中局部有镂空装饰，也体现出南北做法相结合的特殊性。笔者认为此处明间中心的镂空装饰构件称为挂落的变形体更为妥当。

图 12　南岳大庙圣帝殿后檐明间挂落

儒家故事亦是其主要内容，以前檐西廊间上的雀替为例（图 13）。西廊间左侧为林冲水泊梁山，右侧为岳飞精忠报国。儒教起源于我国本土，也是传扬中国传统文化的三教之一。儒教的内核是对人德行的剖析，讲究的是人要注重修炼品行，成为德行贵重的君子，追求伦理及仁政，对人民、对社会、对国家关注且重任在肩，林冲水泊梁山及岳飞精忠报国的故事均体现了儒家思想。林冲及岳飞都是百姓口耳相传的英雄人物，就是儒家思想中的君子，他们的故事非常具有正能量，这正是儒家思想的核心内涵。儒家的人生观是入世的，讲究的是人与世界紧密相连，林冲与岳飞的故事体现的是儒家所倡导的人性，如仁、义、忠、孝等，君子要修身齐家治国平天下，继而才能获得美好的生活。其他如尉迟恭单骑救主的故事也是如此。

图 13　南岳大庙圣帝殿前檐西廊间雀替

至于佛教内容，笔者尚未在圣帝殿雀替中发现相关的部分，仅在作为背景装饰的角落中发现有佛教代表意义的实物题材，例如前檐明间中心雀替福禄寿三星下方饰有蝙蝠（图 14），以及前檐东廊间左侧雀替秦琼卖马的周边饰有菩提树的树叶与菩提子（图 15）。

图 14　南岳大庙圣帝殿前檐明间雀替

图 15　南岳大庙圣帝殿前檐东廊间雀替

圣帝殿只在建筑前檐及后檐安装雀替，主要为装饰作用，前檐是整个殿座中最重要的正立面，受世人观瞻，讲求美观，也是最能体现技巧、用材、色彩、造型的部分。前檐为主，后檐为辅，这是建筑上面积最大的两个立面，对于美的表现形式能尽最大化体现。为求对称，在建筑的后檐依照前檐对应设置雀替。圣帝殿的东立面、西立面为建筑的侧檐，辅助在侧，因此不太注重对于美的追求，故而没有安装雀替。在圣帝殿的正背立面有雀替，两个侧立面无雀替也从另一方面证明了该殿座的雀替作为插角形式存在，结构功能消失，主要专注于纹饰内容的装饰性功能。

圣帝殿雀替纹饰的色彩很简单，主要有两种，一种为红色，另一种为金色。金色的显现为金箔所致。使用金箔对建筑进行贴金装饰自古有之，金箔的用量多寡也可辅助判断该座建筑物的级别高低。在建筑上多使用贴金工艺进行较大面积的装饰，一是彰显当时社会的财力，二是彰显其建筑地位，三就是对于美的追求。圣帝殿纹饰使用红色作为辅助色，多在四周装点；纹饰中间表现某一题材，对其进行较大面积的贴金，凸显其主要地位，更好地表达了纹饰的主旨内容。纹饰用色主次分明，相得益彰，使雀替想要表达的纹饰意蕴得到了更为丰富的体现。

四、结语

南岳大庙是中国南方仅有的一座敕造庙宇，是古代南岳祭祀的重要见证、历史的记录者与承载者。它既是规范的官式制度的继承者，又是南方当地建筑特色的体现者，官方礼制与当地特有的建筑风格互相碰撞、互相汲取营养，融合发展，独具一格。

笔者从现存实物入手，对圣帝殿雀替进行了归纳与整理。圣帝殿上的雀替纹饰内容表达十分丰富，主旨思想多为儒教和道教，题材多取自流传已久的历史人物、民间传说、神话故事等寄托当时人民对于美好生活的向往与对未知世界的探索与祈愿之意。圣帝殿上的雀替纹饰，无论是道教故事还是儒家故事，都采用了比较正面积极且为世人所熟知的故事。雀替上的故事通俗易懂、短小精悍，通过雕刻的方式记录在建筑上，在不同的配色与造型凸显下栩栩如生，生动再现了道家的天人合一、道法自然，儒家的伦理规范。

无论是南岳大庙这座庙宇建筑群，还是圣帝殿上一个个小巧的雀替，其工艺、造型、材料、颜色都具有独到之处，其建筑风格融合了佛教、道教、儒教三教的精神内涵，南岳大庙即是三教思想的核心体现，独树一帜。

如何更加有效、合理地保护与利用这一精美的建筑文化遗产也值得深入思考。近年来，旅游业的蓬勃发展给文物建筑保护与利用工作提供了发展机会，可以说是机遇与挑战并存。南岳大庙的古建筑风貌如何保存，文物事业如何实现可持续性发展，作为古建筑相关从业者，我们更应把握好文物建筑的维修保护与其相关的发展利用这二者之间的关系，从而实现社会效益、经济效益双丰收。

参考文献

[1] 百度百科 . 南岳大庙 .［EB/OL］.https://baike.baidu.com/item/%E5%8D%97%E5%B2%B3%E5%A4%A7%E5%BA%99/8610279?fr=aladdin.

[2] 湖南文物局 . 第六批全国重点文物保护单位推荐资料（南岳庙）［Z］.

[3] 韩昌凯 . 雀替 • 拱眼壁［M］. 北京：中国建筑工业出版社，2011.

[4] 梁思成，刘致平 . 中国建筑艺术图集［M］. 北京：百花文艺出版社，2007.

[5] 安菲 . 北京明清故宫古建筑雀替的特征分析［J］. 中外建筑，2019（4）：26-27.

鹤湖围古民居文化景观解析及整体保护研究初探

喻晓蓉*

摘　要：本文将文化景观的研究方法引入对古建筑群的保护研究中，以人地关系为出发点对鹤湖围古建筑群所处的地理特征、建筑形制、社会分工、非物质文化遗产等方面进行解析，总结出鹤湖围作为客家围屋代表性建筑的共性与个性，以及随着历史变迁所呈现出的文化景观动态特征。在结合鹤湖围相关规划存在的问题和困境的基础上，对鹤湖围文化景观的保护利用提出了“四位一体”的规划体系，就古建筑保护、环境空间、社会文化、产业经济等方面提出建议和策略。

关键词：城堡式围楼；鹤湖围；文化景观

一、引言

1925年，美国地理学家卡尔·索尔（C.O.Sauer）发表了专著《景观形态学》，率先提出了“文化是动因，自然条件是中介，文化景观是结果”的辩证关系。1927年，他又在《文化地

* 广东省文物考古研究所古建筑保护研究中心。

理学的近今发展》一文中提出文化景观的定义是“附加在自然景观上的各种人类活动形态”。[1] 其研究主体是人与自然的互动关系。这一观点阐释了文化景观包括山水田园林草湖及建筑、厂矿、管渠等一切自然和人造的文化载体在内，是人类在历史上顺应自然或改造自然与之共生的痕迹。

1992 年，文化景观成为世界遗产的新增类型，在国际文化遗产保护领域内受到越来越广泛的关注。文化景观属于文化财产，代表着“自然与人联合的工程”。[2] 在中国广袤的乡村大地上，以土地为基底的文化景观是农耕文明背景下人与自然相互作用的结果。文化景观遗产的提出也标志着我国文化遗产保护从以“物”为研究主体的保护文物本体、文物所依存的历史环境，开始向研究以“人”为改造主体的，特定历史时期人与环境发生作用的演变和存属关系转变。

目前我国对于文化景观保护的法律体系并不完善，《文物法》对于文物的定义字面上主要停留在有价值的人工制造的“实物”。[3] 散落于乡村和郊野地区的古建筑群，不仅要研究文物建筑本身，更要全面认识其所植根于的乡土大地。只有充分理解了古建筑的文化景观背景，才能够更科学准确地确定其保护利用措施，并提供更多的可持续发展途径。因此，文化景观视角的引入，不仅丰富了文化遗产保护的视野，也构建了新的方法论，具有重要的意义和作用：①它有利于全面科学地认识文物保护单位，从文化地理的角度更全面地评估论证文物的原真性和价值问题。②有利于考古学、景观学、生态学等多学科的统筹融合，在区域国土空间框架下，为维护文化遗产与自然生态环境的和谐共生关系提供有力支撑。③人与自然的作用是不断变化的，认识到文化景观的时间属性，有利于对文物保护单位及环境景观由静态保护向动态的、可持续发展的观念转变。

客家民系在形成和迁徙的过程中，形成了较为丰富的民居文化，在建筑选址、建造形式到装饰细节等方面都有较为鲜明的特色，也具有其特定的文化背景渊源。鹤湖围位于广东惠州

（图 1），是一处典型的客家城堡式围楼，规模虽小，却像是一座“微型的城”，其整体形态主要是客家围龙屋和当地四角楼的结合，是客家民居营造智慧的结晶，也是一处独具特色的文化景观。以下谨从文化景观的角度对鹤湖围建筑进行解析，以期为其进行科学整体保护的策略路径提供参考。

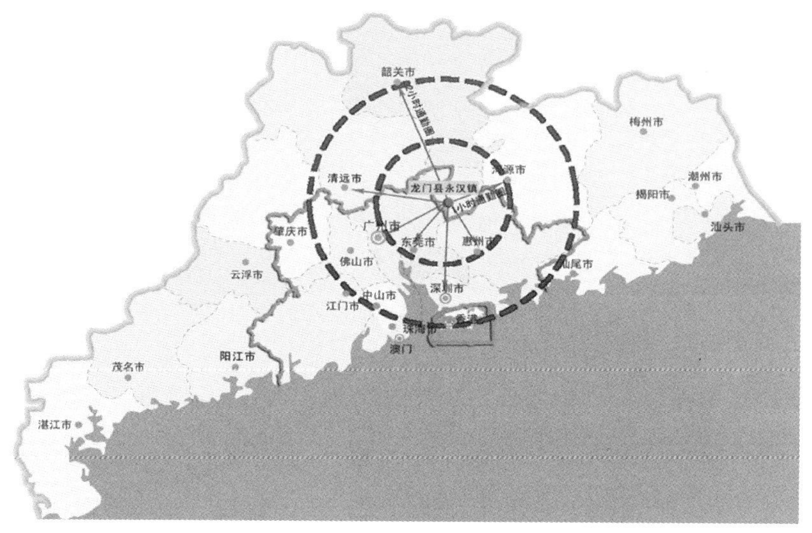

图 1　鹤湖围区位图（资料来源：惠州市龙门县永汉镇总体规划）

二、鹤湖围发展源流

鹤湖围古民居位于广东省惠州市龙门县永汉镇鹤湖村，建筑竣工于清同治二年（1863 年），为当地王氏十五世祖王洪仁所建，是一处典型的客家城堡式围屋（图 2 ～图 4）。建筑物坐西北向东南，三面环水，仅东南侧一处石板桥作为出入口，总面阔 79 米，总进深 77 米，占地面积约 6166 平方米，共有 108 间通廊房。建筑用地前方原为一片沼泽地，生活着不少白鹤，故称“鹤湖”。2010 年，鹤湖围由广东省人民政府公布为省级文物保护单位。2019 年，龙门鹤湖围由国务院公布为全国重点文物保护单位，文物类型属古建筑。其所在的鹤湖村也在 2012 年入选第三批广东省历史文化名村。

图 2　鹤湖围及周边卫星影像图

图 3　鹤湖围古民居全景图

图 4　鹤湖围远景图（资料来源：鹤湖围“四有”档案）

鹤湖围的祖先原为梅县松源满田村人，执医为业，在客家的第四次迁徙高潮期间（明末清初）[1][4]跋山涉水来到了永汉莲塘村建王屋，后来家族财力不断增强，人丁也越加兴旺，原有王屋已满足不了王氏家族的使用，便又在鹤湖村建鹤湖围屋。

鹤湖围地处珠江三角洲边缘，与粤东北地区交界，属于广府、客家、福佬等各民系多元文化交融的区域。鹤湖围的总体建筑形式不仅见证了王氏家族的发展历史，实际上也是外来文化与本地文化结合的结果，是从中原到南方的客家人第四次大迁徙的重要见证。

三、鹤湖围文化景观特征解析

（一）鹤湖围文化景观之客家共性

“在土地决策和实践中，脱离其所在的环境或发展时期而孤立地评价一个区域是不道德的。”毋庸置疑，鹤湖围作为客家民居建筑的典型代表，对它的解读不能脱离其所处的客家移民社会的历史背景。与众多的客家围楼一样，鹤湖围的建造之初经历了长途跋涉、土客械斗、勤耕发家等过程，并有强烈的家园怀旧情结，因此它承载了客家围屋的许多共同点：聚居性、秩序性和公私并存性等特征，[5]具体体现在其择地选址、建筑原型、礼制秩序和社会分工等多方面。

1. 择地选址

从选址方面来看，古人建屋多注重选址。鹤湖围的祖先跋山涉水，历经风险械斗，最终选择了在这一处山区。从宏观地理上看，鹤湖围所在的永汉镇群山环绕，并有永汉河自北向南

---

1 据《客家源流考》一书，客家迁徙路线为：“第四次：自明末清初，受北人南下及入主之影响，客家先民之一部分，由第二、第三时期旧居，分迁至粤之中部及滨海地区，与川桂湘及台湾，且有一小部分更迁至贵州南边及西康之会理，为迁移之第四时期（由西元1645年至1867年）。”

流入曾江，被称为“八山一水一分田”，其地理环境既可御敌，又可育民，有“聚宝盆”之称。根据永汉镇传统聚落分布情况可知，在永汉镇所处的盆地中，所分布的广府聚落更接近河流两岸，客家聚落则普遍远离河流位于山区（图5），[6] 可见广府人本土先来优势也是鹤湖围虽处“宝地”，但邻水不靠水的重要因素，在这样的背景下客家人选择聚族而居的模式以保障生存。

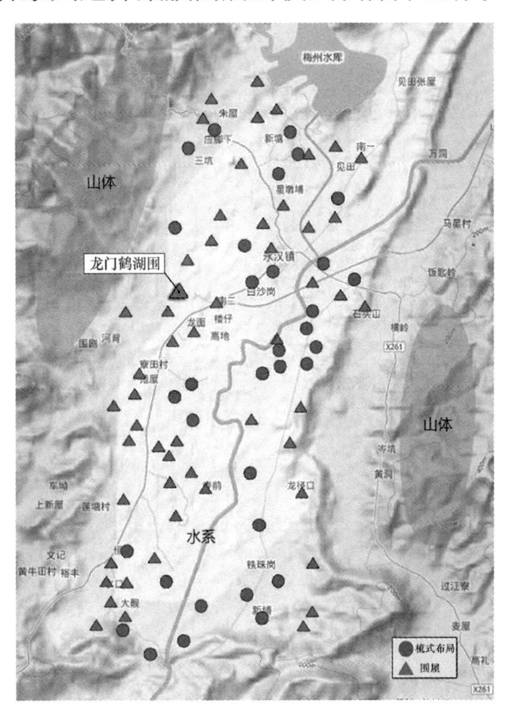

图5　鹤湖围在永汉镇传统村落的位置示意

（资料来源：笔者根据资料改绘）

据《宅经》记载：“宅以形势为身体，以泉水为血脉，以土坡为皮肉，以草木为毛发，以屋舍为衣服，以门户为冠带。”堪舆格局理论对民居建筑的影响深远。鹤湖围周边地势较平坦，出于堪舆上的考虑，鹤湖围同样遵循了客家人崇尚的背山面水，左右围护的选址形制。鹤湖围先民采取了挖湖堆山的方式，建筑物基底为方形，前后分别由半月形山水围合，突出了古人天圆地方的理念。据阴阳五行之说，认为圆形朝前，基地方正，算是大吉。[7] 客家人视水为财，水象征着财富。鹤湖围建筑外围周边水体均取自村后五爪龙山山涧泉水，经村内水系从鹤湖围东北炮楼处汇入壕沟，聚于半月形塘，再灌溉前方农田。建筑内部的排水则汇聚于天井，通过“钱眼形”下水口排入塘，以示“肥水不流外人田”的寓意，也顺应了客家人“开天门，闭地户”的理念。基地内部则采用客家人常用的鹅卵石铺地，以示百子千孙，也便于雨水渗入。

2. 建筑形制

从建筑形式方面，鹤湖围凸显客家聚落特色。鹤湖围后厅有一副对联：莲塘开梓里建鹤湖斯世德常昭，梅水衍松乡阅龙邑而家声丕振。从联中不难看出鹤湖围的先祖王洪仁从广东梅州迁来，系客家人。梅州是客家围龙屋的核心分布区，洪仁公的梅州背景是鹤湖围整体形制的决定性因素，鹤湖围所处的龙门县虽属广州府，但鹤湖围整体形式上继承了客家民居三堂屋的基本形制，[5]并且结合梅州地区传统围龙屋，采用堂横屋 + 围屋的聚居形式。而其四角设碉楼等防御特征则与当时社会环境恶劣，需防御外来侵犯有关。城堡式围屋这种形式在梅州地区相对较少，但位于第四次客家大迁徙沿途的河源、惠州地区则较为多见。

3. 礼制秩序

鹤湖围内部建筑规模虽不大，但五脏俱全，功能布局遵循封建礼制秩序。整座围屋采用中轴对称，中部为堂屋，堂屋两侧分隔出明间、次间、梢间和尽间。其中，堂屋为整座建筑的核心，分为下堂屋、中堂屋、上堂屋，中间以天井相连，依次承担待客、议事、祭祖等公共功能。两侧横屋主要用于长者或父母、长子居住，外围厢房作族人居住、储物等用途，体现了老幼尊卑、主次分明的封建传统礼制。除了居住功能以外，围内有水井、储粮室，堆放杂物、柴草、燃料和砻、碓、磨等粮食加工设备，生产生活设施配套齐全（图 6 ～图 8）。

4.“女功”特色

鹤湖围以房间为单位，多户同住、公私并存模式是客家聚落建筑的重要特征之一，与客家女性的勤劳开放息息相关，是客家聚落传承发展的重要基础。鹤湖围共有可居住的厢房108间，房间一般按户来分，小家庭可分三两间，户内自置厨房、寝室等设施，但房间外皆为公用空间，有别于广府和福佬民居布局。鹤湖围横屋之间的天井一侧均设置一间洗身间（即现代浴室）。这样的私密空间位于天井内并不符合封建传统居住模式，这也体现出岭南客家特色。一方面源于客家人对于“肥水不外流”的重视；另一方面也是由于客家女性独立开放的性格特质决定。客家人在男女分工上不太受封建礼数和传统束缚，女性没有缠足的陋习就是一个例子。[8] 据清代《石窟一征》记载：“乡中农忙时，皆通力合作，插莳时收割皆妇功为之，惟聚族而居，故无珍域之见，有友助之美。”文中在“聚族而居”的背景下，将收割的功劳归于妇女，这无疑偏离了封建社会男主内、女主外的传统，歌颂了客家女性的勤劳品质，以及在家族发展中的特殊贡献。

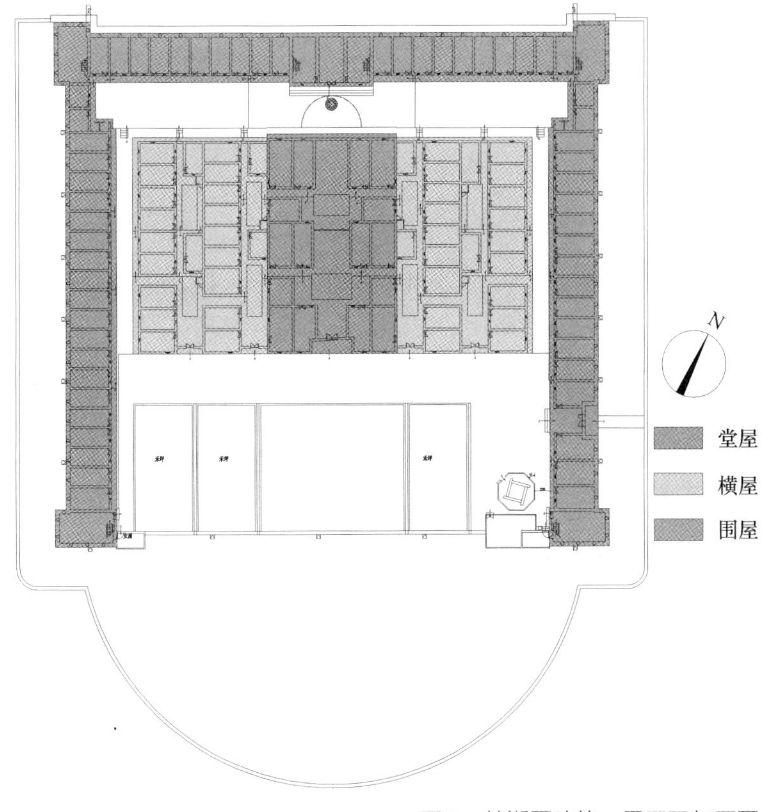

图6　鹤湖围建筑一层平面复原图

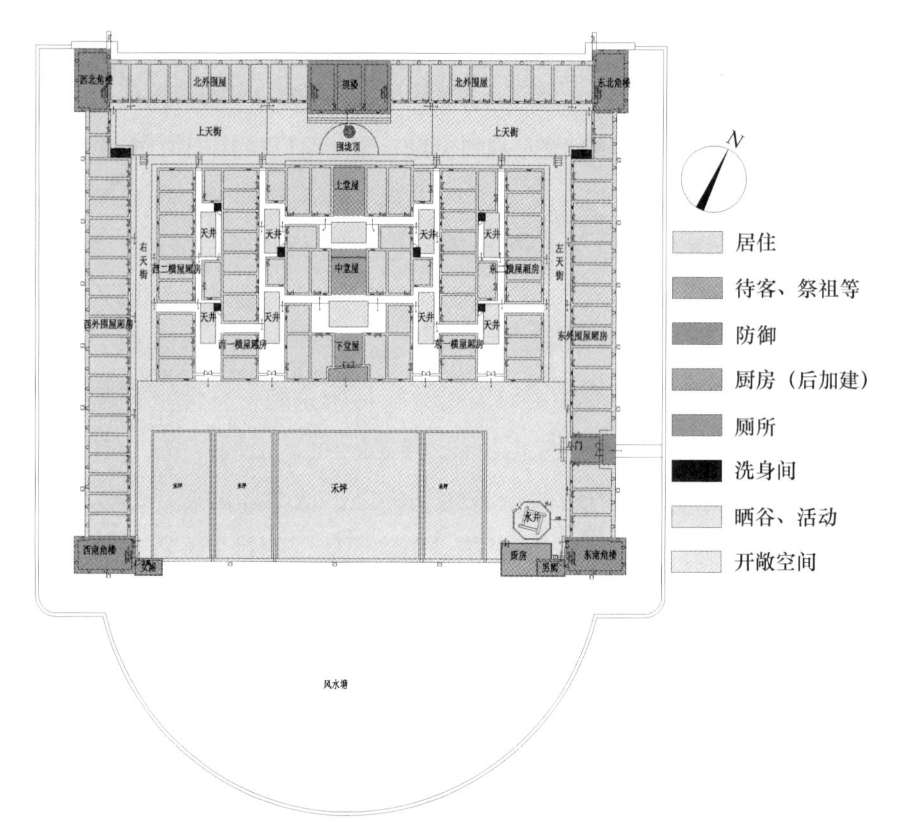

图 7　鹤湖围建筑功能分区图

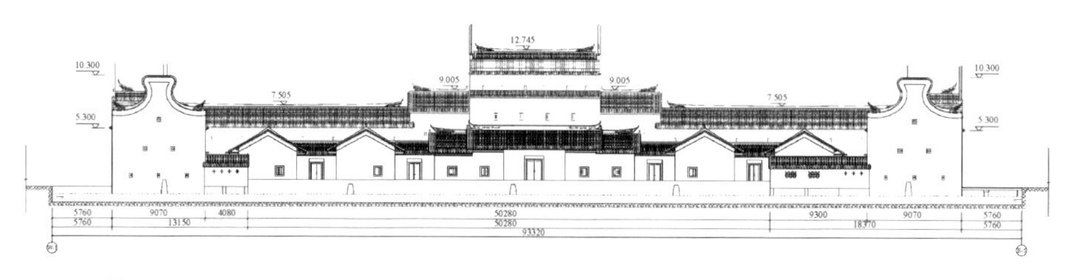

图 8　鹤湖围正立面复原图（资料来源：“四有”资料）

（二）鹤湖围文化景观之个性

1. 融山水田园为一体的诗意栖居

鹤湖围的建造源于祖先王洪仁，虽此人行医生涯鲜有史料可溯，但据《岭南医学史（上）》记载，早期岭南地区因山川阻隔，交通极为不便，古代中州人畏惧粤地山岚瘴气，疫疠麻风，因此有“少不入粤，老不入川”之称。随着经济贸易、中原移民交流等发展，明清时期成为岭南中医学大发展的年代，[9] 广东中医逐步崛起，医药行业发展迅速。同时根据《龙门县志》，清朝时期惠州主要补充完善了北部龙门县的古驿道，从龙门县前铺出发，经沙迳、油田到达增城县汀塘铺，[10] 填补了惠州北部地区古驿道的交通缺陷。这些综合因素从侧面为鹤湖围祖先从医的财富积累提供了良好的社会背景，也促成了规模浩大、庄重威武的鹤湖围的建成。

古代民居建筑讲究“阴阳五行”“万物负阴而抱阳”“天人合一”等堪舆理念，这与中医“人禀天地之气以生”“和于阴阳，调于四时”等中医理念如出一辙，具有相同的文化根源。因此，鹤湖围建造者中医师的特殊身份，也使鹤湖围尤其注重与自然的融合，讲究天人合一，在同时期围屋建造理念中较为先进超前。

从地理形态上看，鹤湖围建筑主体呈东南向，地势后高前低，既满足了排水的需要，又能形成山—宅—塘—田的自然景观序列。鹤湖围背靠后龙山，三面环水，整座建筑一气呵成。设计者在被迫缩小围屋总体规模的前提下依然保证了围内有占地约 1/3 的禾坪场地，用于晒谷和日常活动。围内除建筑外，禾坪—天街巷道—天井等开敞空间相互贯通，房间面向开敞空间均设置窗户。加之建筑墙体主要采用当地三合土夯土结构，屋顶上有木桁、木桷，覆瓦面层层叠落，因此整座建筑具有良好的通风散热功效。建筑群外高内低、后高前低，建筑空间虚实相间、收放有致，与四周环绕的山水环境形成了局部小气候，冬暖夏凉。

据史料记载，鹤湖围先民财力丰厚，早年的后龙山上种植许多古树名木，包括槐树等高大乔木，起着固水土挡风沙的作用。而鹤湖围周边则为数米宽的竹林作为屏障，一方面有利于形成较好的生态环境，适应南方炎热地区局部气候的微循环，同时修剪过的尖锐的竹竿又可以抵御外敌。竹是客家山区常用的器物，新鲜的竹笋可作食材，竹子也是南方农村编织物品的主要材料。围外周边有鱼塘，可用于日常养鱼和水鸭。大多数客家围龙屋后面有半圆形的围屋放置杂物，养殖少量家畜家禽等，但鹤湖围主体建筑为方形，取消了半圆形围屋，牲口棚主要集中在外围鱼塘周边，用于养殖家畜、家禽等。早期的鹤湖围居民采用柴火和竹炭做燃料，主要取材于周边的山体或干枯的农作物废料。燃烧后的草木灰、塘泥和牲口的粪便均可用来给农田施肥。鹤湖围周边地表生物体系不仅以建筑为核心呈圈层分布，形成了良好的生态环境景观。同时通过人的改造，使动植物之间的代谢形成良性循环，促成了自给自足的农耕文化（图9、图10）。鹤湖围在建筑布局上既体现了古人筑宅顺应自然、天人合一的思想，又体现了设计者因地制宜、改造自然的智慧，形成了融山水田园为一体的自然画卷。

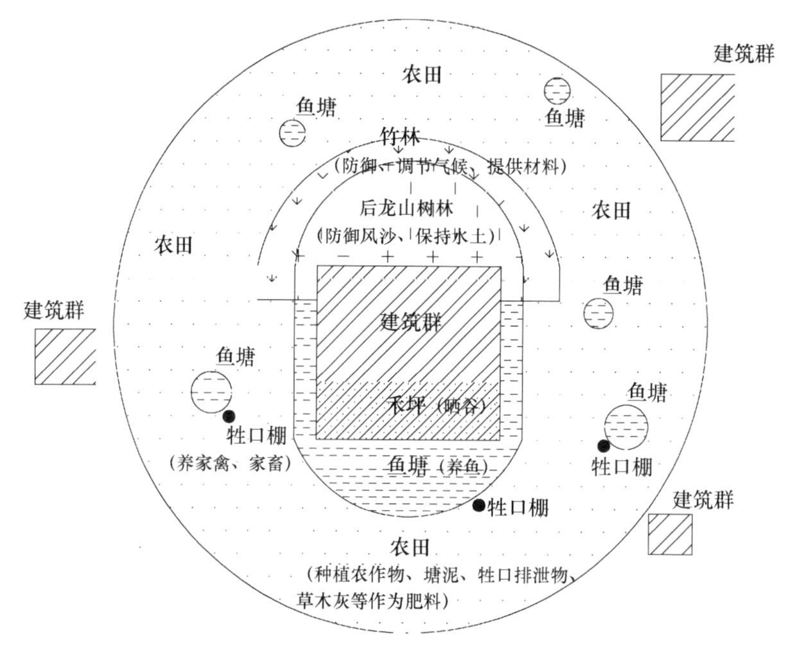

图9　鹤湖围生物圈层关系示意图

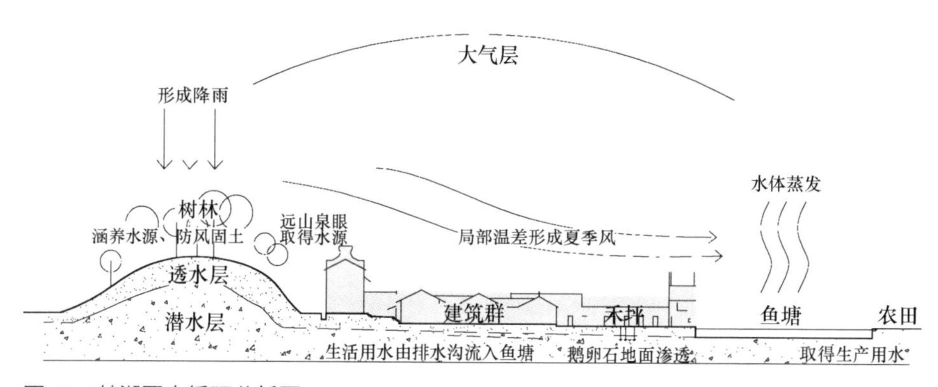

图10　鹤湖围水循环分析图

2. 中原建筑遗风的典型代表

客家人来自于中原，客家建筑的形式虽受到当地建筑风格影响，但建筑文化内核依然取自中原。鹤湖围是广东地区保存完好的突出中原文化特质的客家民居聚落遗存之一，其在标准的三堂四横原型基础上，将围龙屋、中原坞堡、护城河等特征融为一体则具有唯一性，存在极高的文物和社会价值。

据记载，鹤湖围建造之初洪仁公就遭遇绑架，为避免类似情况发生，洪仁公不仅缩小了围屋建筑的规模，也精心设计出极为突出的防御性特征。鹤湖围除了采用一般围屋前后有半月形山水围合的方式外，两侧均修筑护城河，全围仅有东侧一处石板桥出入，并未像一般堂横屋及围龙屋一样为对外扩建留有余地，整体呈现强烈的内向性。《礼记》中记载“城郭沟池以为固”，鹤湖围建筑中轴对称、以山为靠、修建壕沟的处理方式与我国先秦时期城市建设理念极为一致，与现存北京故宫也颇有几分相似，是中原筑城理念在岭南民间建筑的缩影。

为了加强防御功能，鹤湖围总体格局为客家围屋和当地四角楼的结合，但其雏形来自于中原坞堡建筑。鹤湖围两侧及后方均为两层围屋（也称通廊房），仅外墙设置内大外小的花岗石枪眼。原通廊房的上层都是贯穿的，方便防御队伍的相互支援，形成了坚固的外部防御屏障。除了四角设置三层碉楼外，后围中央设置五层望楼，用于观望敌情。围屋、碉楼、望楼的防御形式无不与坞堡建筑相契合，是研究岭南地区客家民居与中原坞堡建筑的传承问题难得的现实案例。鹤湖围建筑文化根基源于古代魏晋时期北方汉人聚族而居的庄园坞堡，保存着浓厚的中原遗风。虽为南方普通民居聚落，却更像“一座微型的城”，体现了古人筑宅的智慧。

3. 注重教育传承，动荡中营造书香门第的良好家风

鹤湖围祖先极为重视教育，建筑内不少细节也体现以家族为核心，耕读传家的理念，在以生存为前提的历史时期尤为珍贵。鹤湖围大门顶有一块花岗岩石匾阴刻“鹤湖”，落款为“清

同治二年”，门联：鹤鸣子和，湖带江襟。中厅脊檩上刻有“荣昌”“奕世”。中厅后正中有木质横匾“树槐堂”，两侧联：晋室绍鸿基惟祈弟恭兄友共叙天伦乐事，槐堂垂骏业祇望孙贤子肖同怀先世遗风。据《宋史·王旦传》载：“槐树象征渊博的学问和崇高的地位，王旦父亲王祐为勉励子孙立志求进，便在庭院中手植三株槐树，并期之曰：吾之后世必有为三公者，此其所以志也。”后来王旦的三个儿子都做了高官。“树槐堂”便是取其中的寓意。鹤湖围原设有两间私塾，家族后代男女均有书可读，可见鹤湖围先祖对于教育的重视。在祠堂天井的木雕彩绘中，主人精心设计了一幅龙凤盘旋于书本和花丛的内容，寓意“书香门第”和“望子成龙，望女成凤”等。围屋山墙则采用广府民居象征官帽的锅耳山墙，不仅显示了主人雄厚的财力，也体现了其对后代成才的期望。这些建筑细节表达的都是鹤湖围的祖先重视教育传承，希望世代荣昌的朴实愿望。

鹤湖围延续至今，保存最好的文化活动即“祭祖”和“元宵吊灯”活动。对于以血缘族群关系组成的聚落，祠堂就是整个村落的精神核心。鹤湖围堂屋即承担了鹤湖村的祠堂功能。上堂屋摆放祖宗牌位，逢年过节村民自发性地进行祭祖，体现强烈的祖先崇拜和血缘崇拜，鲜明的宗族意识和高度的先祖认同。堂屋集中体现了儒家文化，其中“忠”“孝”观是表现最强烈的。与此同时，每年正月十三，村里会按照上一年新生男丁数量在上堂屋举行“挂灯”仪式，也有“添丁”的寓意。花灯由当地手艺人制作，以煤油灯绳悬挂，一丁一灯。花灯上圆下方，寓意天圆地方。同时，村民在禾坪摆设百家宴，举行舞狮、祭祖等活动。

4. 优秀的红色革命基因

值得一提的是，鹤湖围突出的防御功能在战争时期还曾发挥过重要作用。抗日战争时期，日军发射炮弹将望楼炸塌（图 11 ～图 18）。解放战争时期，鹤湖围 30 多人参加革命游击战，有 4 人英勇牺牲。[10] 据《龙门县永汉镇人民革命斗争史》记载，民国二十八年（1939 年）秋，中国共产党在鹤湖围王捷云家成立了“特别党支部”，是龙门县最早的党组织，支部书记梁永思，党员包括王宏达、王达尊等6人。

图11　望楼现状图

图12　外墙葫芦形枪眼

图13　上堂屋花灯

图14　下堂屋梁架

图15　横屋天井

图16　天井钱眼形下水口

图17　古井

图18　禾坪

四、城镇化背景下的鹤湖围

今日的鹤湖围居民不再面临土客纷争，担忧生存危机，但是在城镇化背景下其传统文化景观也面临着现代化冲击，鹤湖村的历史特征与生产生活方式都存在新的挑战。随着王氏家族的壮大，鹤湖围早已不能满足日益增长的人口需求。现存鹤湖围外围保存着数片村民住宅。这些住宅中有部分清末和民国早期的建筑继承了客家聚落的传统，整体采用堂横屋的形式。建筑物连片发展，中间是祠堂，两侧为厢房，前方有禾坪、古井。很显然，这些传统建筑不再具备防御性特征，影射了早期社会的矛盾已缓解。村中大部分新建住宅则采用现代独栋多层自建房的形式。显然，鹤湖围已逐步脱离了聚族而居的生活模式。总体上看，目前形成了与以往有所不同的，以鹤湖围堂屋祖宗祠牌为精神核心，以家庭为单位的“大聚落、小家庭”的独栋生活模式（图 19～图 22）。换言之，鹤湖围建筑本身的精神和文化象征功能已经逐步取代了其原先的居住和生活功能。

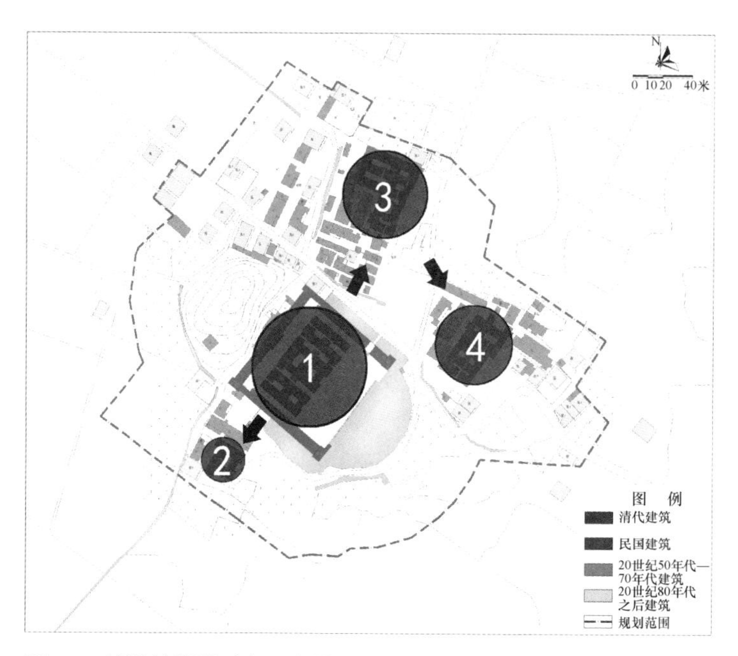

图 19　鹤湖村发展时序示意图

图 20　鹤湖围东北侧民居

图 21　鹤湖围东侧民居

图 22　鹤湖围西南侧民居

导致鹤湖村变化的首要因素是城乡产业模式的转变，年轻人口大量外流、空心村现象严重。城镇化带来的乡村生活生产方式的改变，直接造成了年轻一代文化认同感的缺失、宗亲观念的淡化、价值观的改变。[11] 这样的理念趋势加快了古建筑文化景观的破坏和消失。老一代人渐渐退出历史舞台，年轻一代缺乏融入乡村的契机。传统乡村聚落保护出现老旧建筑遭到遗弃、新建建筑物与传统风貌不协调、农耕景观逐渐蜕化消失、民间文化逐渐失传等诸多问题。因建筑年代已久，基础设施落后，鹤湖围内原住民已基本迁出，建筑物正在进行保护修缮工程。但随着村庄的发展，鹤湖围古建筑也受到一定的威胁，护城河等以及围屋内部环境都面临一定的侵占和破坏。围外传统民居则因居住环境差大部分空置，长期无人打理导致杂草丛生。

近年惠州市同步开展了《惠州市传统村落保护规划》项目和相关研究，其中将鹤湖围所在的鹤湖村定性为文化传承型传统村落，对传统村落的人居环境、生态保护、区域旅游开发等方面都提出了一系列有效措施。已批复的《龙门县永汉镇鹤湖围村历史文化名村保护规划》中也对村庄历史遗存提出了核心保护区、建设控制区、风貌协调区等保护方式，其中新增宅基地主要通过在鹤湖围北部集中建设新村来解决。

新一轮的规划取得了一定成效，同时也存在一定的问题和困境。第一，以村容整治为重点的传统村落保护规划，对散落在村庄内的古建筑文物价值和文化景观特征的挖掘不够，对古建筑的环境维护和保护措施制定不尽合理；第二，文化认同感的缺失，配套设施滞后，传统村落中一般老旧建筑面临发展困境，古建筑历史环境难以维持；第三，古建筑及传统村落单一层面难以解决农村“空心化”、区域农耕景观整体蜕化等宏观问题。在老旧建筑居多的传统村落中，不断增长的新建房宅基地需求与农村新增用地紧张的矛盾、劳动力持续外流与农耕景观亟待维护的矛盾必然会导致传统村落肌理的无序更新和破坏，新旧建筑并存的传统村落如何准确把握发展方向，探索古建筑文化景观可持续发展的途径极为重要。

五、鹤湖围遗产保护和利用的启示与思考

鹤湖围作为鹤湖村乡村人文景观的灵魂所在，具有重要的文物价值和社会影响力，是体现鹤湖村文化内涵不可或缺的重要组成和物质载体。从文化景观的角度也可发现，对于鹤湖围古建筑的保护和利用无法脱离其所依附的古村落以及地理环境作孤立的研究。古建筑的保护与古村落的振兴是唇齿相依、相辅相成的关系。古建筑是乡村振兴的重要旅游资源和文化名片；而乡村的振兴又能为古建筑的保护利用提供更为持续的物质、

经济、服务等保障，从宏观区域出发塑造更为完整的人文景观环境，形成良性的循环发展。

习近平总书记说，要看得见山，望得见水，记得住乡愁。强调的即是散落在乡村大地的文化遗存、生态环境、民间文化这一系列文化景观遗产的重要性。近年来随着美丽乡村政策的提出，乡村规划也更关注人与自然和谐相处的关系，这与文化景观遗产概念的提出和转变出发点是一致的。文物建筑与传统村落、人与自然共生共荣的关系已逐渐成为社会共识，以古建筑为重要载体的乡土文化的传承和重构成为当今的重要课题。笔者认为应充分发挥鹤湖围文化遗产的稀有性和独特性，从区域的角度将古建筑保护结合美丽乡村、文化线路等联动发展，构建古建筑—村庄（居民点）—村域—镇（乡村）域“四位一体”的文化景观安全格局（图 23)。本文仅就鹤湖围文化景观凸显的问题，对整体谋划其保护和利用作以下几点思考，也为以鹤湖围为代表的客家民居可持续发展提供参考方向。

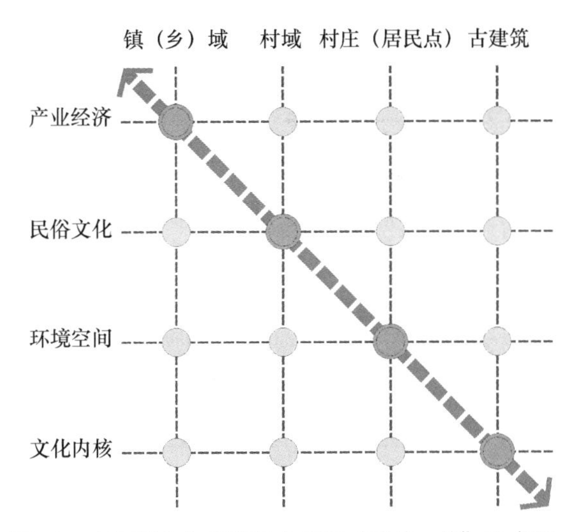

图 23　古建筑文化景观安全格局“四位一体”示意图
（资料来源：笔者根据资料自绘）

（一）古建筑层面：保护文物原真性，强化文化景观内核

维护文物及环境的原真性是文物建筑保护的底线。客家聚落的特色首先在于其格局的独特性。在鹤湖围新一轮保护中，

首先应该从城堡式围楼筑城堪舆理念出发，梳理传统山水、建筑、街巷、植被等与文物建筑密切相关的人文景观要素的依存关系，从村落整体环境的角度对其构成要素进行科学评估，从而制定合理的保护区划和保护措施。针对现有文物环境破坏情况，应将后龙山堪舆林整体纳入鹤湖围文物保护范围，同时复原两侧被局部填埋侵占的护城河水系，恢复山水格局。村内与鹤湖围相关的传统建筑群及人文景观要素，作为与鹤湖围发展共存的建筑衍生形式，理应纳入建设控制地带进行保护利用，以保持鹤湖围文化景观发展的延续性。

除建筑本体外，文物的原真性还体现在古建筑承载的生活生产方式上。在对鹤湖围文物建筑最小干预的前提下，应合理复原客家传统装饰和布局，结合砻、碓、磨等粮食加工设备展现客家移民生活生产场景，提供一定的可供游客体验的民宿、客家特色餐饮、爱国主义教育基地等功能，使其成为活态的民居博物馆。

（二）村庄层面：以古建筑为基础，改善村庄人居环境

鹤湖围与鹤湖村的发展相辅相成。应结合鹤湖围的文化景观脉络，在鹤湖村村庄层面对传统街巷、建筑、农田、基础设施、鱼塘等进行物质空间的整治，改善村民人居环境，通过完善市政基础设施、建设文化活动场地、改善交通条件等方式，为鹤湖围提供较好的景观空间基底和服务设施支撑，也增强村民对于农村发展和回乡置业的信心。

应结合村庄整体功能需要，对鹤湖围古建筑和传统建筑进行合理的功能置换和活化利用（图 24 ~ 图 26）。一方面通过创办村民文化中心、客家文化课堂、儿童书屋、老人活动中心等，加强对鹤湖围留守老人、儿童的关爱，增强村民的文化认同感和归属感。另一方面也应加强对农村新产业的探索，通过创建鹤湖围民居博物馆、游客服务中心、客家民宿、蔬果采摘基地等，在古建筑活化利用和村庄整体开发的基础上，搭建技术平台，为村民提供就业岗位，改善“空心村问题”。由此形成从传统的静态的文物建筑保护模式向动态的乡村联动的方式转变。

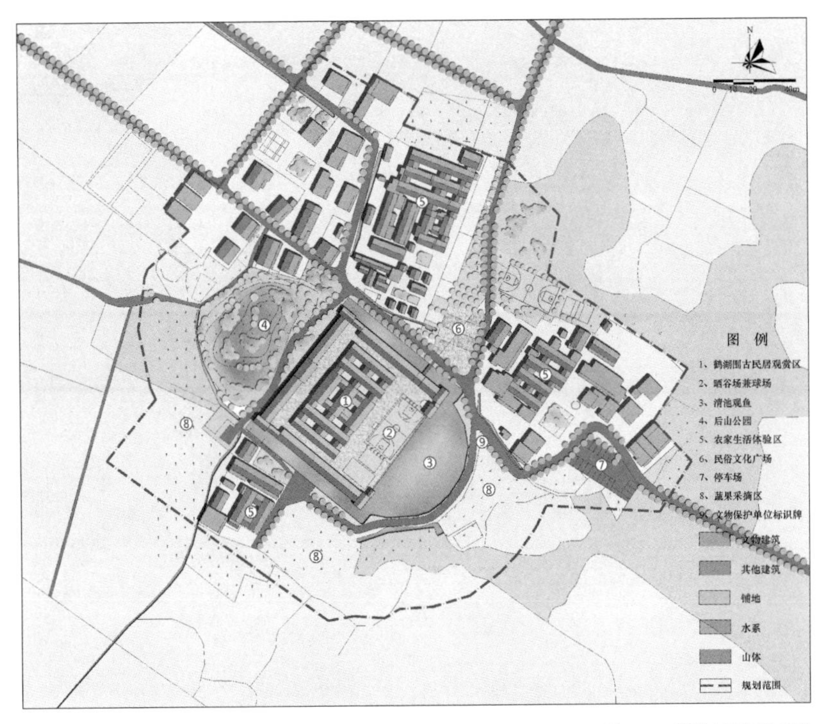

图 24 规划总平面图

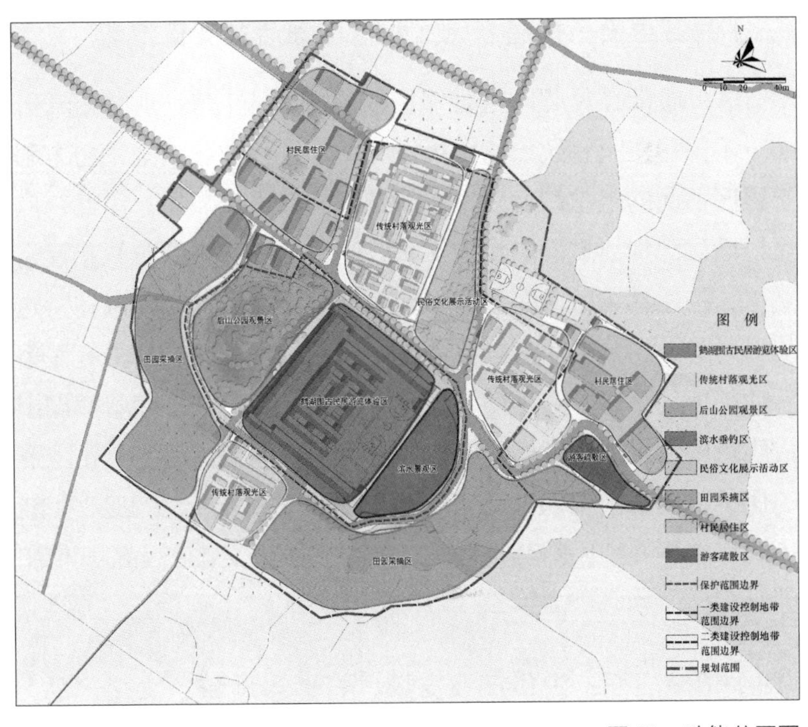

图 25 功能分区图

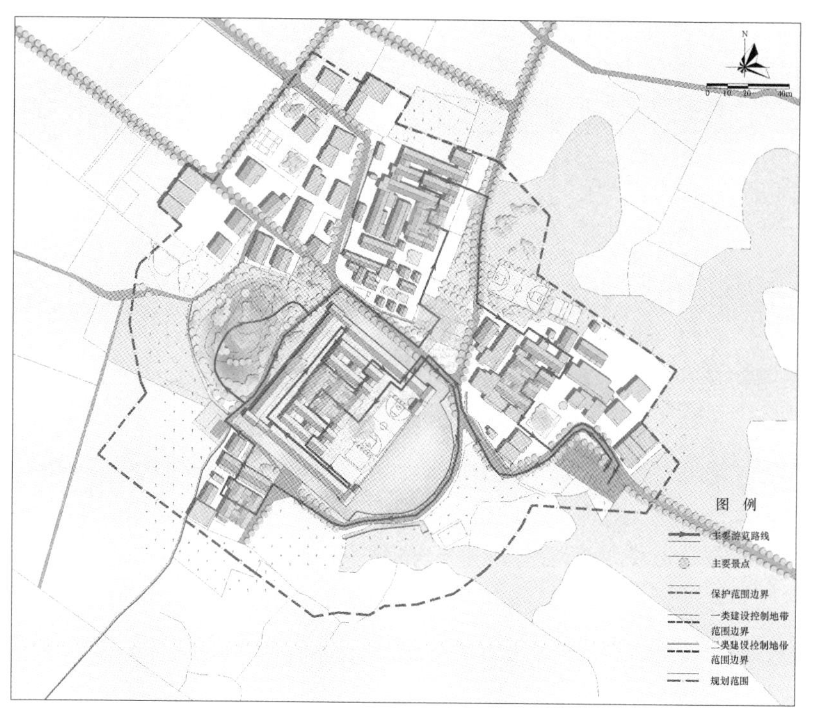

图 26 游览路线规划图

（三）村域层面：构建乡风文明，加强活态文化传承

村域通常是具有一定地缘、血缘关系群体的集中分布区，同时不同村庄具有统一的村级行政主体，行政和地缘优势有利于民间活动的组织和筹划，有着强烈的社区归属感。因此，应在村域层面构建良好的乡风文明，传承客家优良的传统和民俗文化，构建具有村域特色的大地乡土景观。目前鹤湖围在特定节日时举办的元宵吊灯、百人宴、舞狮队貔貅舞、祭祖等民俗活动都得到了较好的延续，受到游客的广泛关注。随着鹤湖围古建筑和古村落的发展，应加强对当地民间艺人活态文化遗产的保护，创新非物质文化遗产的传承方式。结合手工艺课堂、传统作坊等鼓励民间艺人进驻，加强鹤湖围文化产品的宣传和创新。

（四）镇域层面：提供产业支撑，打造当地特色文化产品

在镇域的层面提供具有客家文化特色的产业支撑，能够为

古建筑维护、村庄空间环境整治、社会文化建设奠定坚实的经济基础，同时从宏观的角度解决劳动力外流的问题。龙门县已成为省级电子商务进农村综合示范县，龙门大米、杨桃、龙眼、番石榴、山泉水腐竹等初步形成龙门特色，逐步搭建起电商平台。以永汉镇政府为主导的镇域层面，应积极探索具有永汉镇特色的农耕文化景观和文化产品，对具有文化传承型优势的古村落给予土地利用方面的支持。不仅能丰富游客对于鹤湖围古建筑的理解，也能在文旅融合的背景下助力古村落的经济复苏，建设基于文化景观的融文化、经济、生态为一体的文化传承型"美丽乡村"。

六、结语

现在鹤湖围村委已自发成立了鹤湖围保护利用筹备小组，积极引入外来投资，龙门县博物馆也对其整体修缮工程进行多次指导，有较好的公众基础。不同层面的参与对鹤湖围整体保护有着积极的作用。在未来的保护利用中，应鼓励通过当地政府主导、专家领衔、企业投资、村委承包、个人认领等多种方式加强社会公众参与，形成乡村振兴合力，让鹤湖围古建筑及其文化景观的保护能够更具有可操作性和实施性。

参考文献

[1] 陈慧琳，郑冬子 . 人文地理学［M］.3 版 . 北京：科学出版社，2013.

[2] 世界遗产中心 . 实施《世界遗产公约》操作指南［M］. 北京 : 中国古迹遗址保护协会，2017.

[3] 蔡晴 . 基于地域的文化景观保护研究［M］. 南京：东南大学出版社，2016.

[4] 罗香林 . 客家源流考［M］. 北京：中国华侨出版公司，1989.

[5] 潘安 . 客家民系与客家聚居建筑［M］. 北京：中国建筑工业出版社，1998.

[6] 吴少宇 . 多民系交集背景下惠州地区传统聚落和民居的形态研究 [D]. 广州：华南理工大学，2010.

[7] 陆元鼎，魏彦钧 . 广东民居［M］. 北京：中国建筑工业出版社，2018.

[8] 饭岛典子 . 近代客家社会的形成：在“他称”与“自称”之间［M］. 罗鑫，译 . 广州：暨南大学出版社，2015.

[9] 刘小斌，郑红，靳士英 . 岭南医学史：上 .［M］. 广州：广东科技出版社，1970.

[10] 龙门县志编辑委员会 . 龙门县志［M］. 北京：新华出版社，1995.

[11] 赖英，冯创杰，许玲 . 新城城镇化进程下传统村落保护和利用的探索：以广东省龙门县为例［N］. 惠州学院学报，2018（1）：1-6.

试论湖南石堰坪村土家族建筑艺术特色

张筱林*

摘　要：本文详析了湖南石堰坪村土家族吊脚楼的建筑特色、各种形式、基本结构和其中体现的传统建造技法，认为其为研究湘西土家族古建筑的重要实物资料，对其利用和保护提出了创新理念、活化业态、整体规划、多方引资等建议。

关键词：土家族；传统村落；保护；发展；利用

石堰坪村位于湖南省张家界市永定区王家坪镇东南部，距永定区 67 千米，距桃花源县 70 千米，距沅陵县 50 千米。核心区处东经 110° 52′ 58.7″，北纬 29° 02′ 43.0″，海拔高度在 252 ～ 521 米间。以雪峰山为屏障，四面环山，鸡鸣三地，有大熊山、鼓台山、紫鹊界山、石龙山、龙虎山、玄山、龙盘山、天龙山、圣人山、九龙山、天鹅池山、南龙山等山脉护体，形成“龙盘娇翔，飘忽隘显，九龙奉圣”之势，是一处地处 3 个名胜风景区的大旅游中心地带（图 1）[1]。

* 湖南省宁乡市文化旅游广电体育局四级调研员

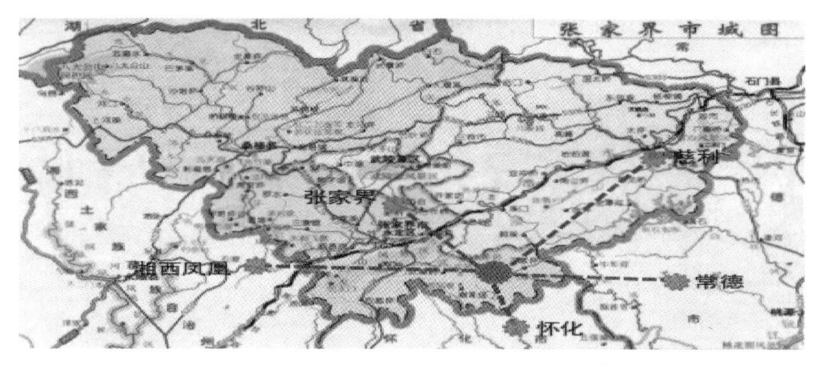

图 1　项目与张家界、凤凰、桃花源等地的地理位置关系 [1]

石堰坪全村面积 1700 公顷，森林覆盖率为 90% 以上，耕地面积不足 10%。现居住有土家族 200 多户、982 人，其中聚落中心区有 46 户、184 人。古建筑群包括核心区、上伏溪、贾家坪、商家河、三分堂等区域，集群完整保留了 108 栋“半干栏式”民族建筑吊脚楼，核心保护区为 81 栋，是目前中国相对较大的土家族传统文化建筑群落的集中所在地，是很少存在的少数民族特色村寨，也是全国重点文物保护单位和国家级历史传统文化保护村落（图 2）[1]。

图 2　石堰坪古建筑群核心区全景 [1]

石堰坪村人口不多，且绝大部分为“全”姓，是典型的单一姓氏群居聚落。源于西周，以官职为姓。据《鲒琦亭集·全氏世谱》记载：

全姓出自“泉”姓，在西周时有泉府之官，是殷商时代巴人的后裔。按《周礼》属于地方官，贵族名门，掌管货币交流和集市货币。古将钱币亦称为“泉”，“泉”府官的后人以职官为姓，遂为泉姓。因泉与全同音，故后改“泉”为“全”之源，始称全氏。全姓多出自先秦长安直辖之地，在今陕西省西安至渭南市华县一带的“京兆郡”，先祖全琮因救济穷人，联保安邦，做了朝廷的奋威校尉，后领东渡太守，加绥南将军，封钱塘侯，官终大司马左将军，全姓大都起源于这一支。后人全柔，三国时吴国钱塘人，东汉灵帝时举孝廉而入朝为官，因铸造五铢钱有功，全姓封为望族，祖庙分设京兆堂、绥南堂、钱塘堂。董卓之乱时，遭排挤弃官归乡。后孙权入吴，全柔改姓刘而起兵投奔孙权，被任为丹阳都尉，后为桂阳太守。由于持不同政见，而遭曹操追杀，由吴地逃至楚地，经由湖南宁乡方家坪进入桃源，至今石堰坪避居。元代后人始恢复全姓，全谦之孙为义田六老，明代全整为学者，参与《永乐大典》的编修，全良范登进士第，累进河南按察副使，清代全祖望为雍正举人，乾隆年间举鸿博（科举中：博学鸿词科，即杜镐尚书），著有《校水经注》《句余土音》《鲒琦亭集》等名著。今石堰坪京兆堂之全氏派脉，谱记当数全祖望的后裔。石堰坪村拥有悠久的历史文化，《后汉书》称其为武陵蛮，宋史称其为南北江渚蛮和五溪蛮，后因商族少部迁居于此，与当地土著人融合形成地域主要民族，随着往后的陈、龚、郑、贾等异姓族的加入繁衍，使得以石堰坪为轴心的聚落群发展到西北商家河上游地区的坳家湾和西南土地垭山界的贾家坪、三分堂，明、清时期达到鼎盛，民国晚期有所衰落。自明、清以后统一被称为土家，始为土家族，有土家语为“毕慈卡”。

一、石堰坪吊脚楼建筑的基本特色

石堰坪吊脚楼建筑的基本特色是土家人的特殊地理环境和人文生活习俗造就的，有传统风俗和民族特色的土家族人，是汉人迁徙演变与当地土著人融合形成群居聚落联盟的特色民族，至今依然保留着土家文言，特别是土家族的民族建筑更是我国传统民族建筑中的优秀历史文化遗产。

（一）石堰坪吊脚楼属古代干栏式建筑的范畴

石堰坪土家族吊脚楼，是由落地建筑的座子屋与架空的横屋组成的“半干栏”纯木结构，伴有穿梁、骑柱、悬山、歇山式建筑，是我国南方干栏式建筑的一种独特“活化石”形态。

吊脚楼为石堰坪人居住生活的场所，半为陆地或山地，半为水域或坡地。石堰坪的吊脚楼属于古代干栏式建筑范畴。这种建筑形式主要分布在南方，特别是三湘大地的漓湘流域地区以及山区，因这些地域多风雪和雨水，空气和地层湿度非常大，干栏式建筑以其低层架空，对防潮和通风极为有利。湘西地理环境复杂，贫富悬殊较大，居住条件也有繁有简，所以营造方式大多相似，但又有区别和多样性，例如 A 字棚屋、茅草屋、杉木皮屋、小青瓦屋，含分封火墙式、木质吊脚楼式、琉璃瓦剪边的寺观屋等。而石堰坪村寨群体多为木质吊脚楼式，其形式多样：一字形、L 字形、凹字形、山字形和回字形、四合水等别具一格的形制。由于该地交通闭塞，有原生态吊脚楼 90 余栋，没有受现代建筑影响，仅有小部分吊脚楼内部作了改建，但主要形制没有变化，都是湘西地区土家族古建筑特色和风格历史演变的重要实物资料，具有较高的科学和研究价值。

（二）石堰坪吊脚楼“借天不借地、天平地不平”

石堰坪古建筑群的选址均应和了天人合一、符合自然、借重环境的理念，注重结合地理条件，顺其自然，依山就势，靠山伴水而建。讲究“借天不借地、天平地不平”。屋顶平齐天际线，下础立柱必须做到四平八扎。同时力求空间发展，有意错层、掉层、附岩、跳水、挑廊，甚至垫柱的础石也不求大小一致和平整，以减少对地形地貌的破坏。住宅正屋一般为一明两暗三开间，以厢房作为横屋，形成干栏与井院相结合的建筑形式。从最简单的三开间吊一头的“一”字形屋（图 3）[2]、一正一横的钥匙头“L”字形屋（图 4）[2]，到较复杂的三合水的“凹”字形（图 5）[2]、“回”字形屋或“山”字形四合水屋，当地多以屋面合水沟为规制（图 6、图 7）[2]。其正房中间为堂屋，东部多建设有厢房或余屋，后部设祖堂，有的不设后部或余屋，则祖堂多为堂屋、神龛。堂屋两边分别为火塘，有煮烤食物、御寒取暖和防卫照明之功能。由于家庭成员的增加，土家人一般在正屋东边或两边各建一厢房，于是分别形成钥匙头或三合水住宅，而四合水庭院则由间或廊四面或“山”字形、“回”字形围合而成。村寨四合水大门一般偏置一侧，面对大门为厢房，进天井后转折到达敞厅或敞廊。而村部的四披水大门则恰好相反，是一座单独的槽门，本身有门当户对、鸿门梁并有旺洞（图 8）[2]、旺石、旺柱，且已有 300 多年的历史。

图 3　石堰坪村“一”字形屋

图 4　石堰坪村“L”字形屋

图 5　石堰坪村“凹”字形屋

图 6　石堰坪村“山”字形屋

图 7　石堰坪村“回”字形屋

图 8　石堰坪村部槽门

土家建筑历来闻名遐迩，尤以吊脚楼独领风骚。它翼角飞，走栏周匝，腾空而起，轻盈纤巧，亭亭玉立。通常背倚山坡，面临溪流或坪坝，以形成群落，往后层层高起，凸显出纵深。屋前屋后竹树参差，掩映建筑轮廓，显得十分优美。

（三）石堰坪吊脚楼多以外悬挑廊来扩大空间

“土家吊脚楼大多置于悬崖峭壁之上，因基地窄小，往往以向外悬挑来扩大空间，下面用木柱支撑，不住人，同时为了行走方便，在悬挑处设栏杆檐廊或丝檐。挑廊式吊脚楼因在二层向外挑出一廊而得名，是土家吊脚楼的最早形式和主要建造方式。一般楼设二三层，分别在三面设廊出挑（图 9）[2]，廊步宽在 1 米左右，挑廊吊柱由挑枋承托，出檐深度一般是两挑两步或三挑两步。”[4]

图 9　石堰坪村出挑廊吊脚楼

“这类吊脚楼空透轻灵、文静雅致，高高的翘角、精致的装饰、轻巧的造型是它的主要特点。若从地形上看，吊脚楼往往占据地形不利之处，如坡地、陡坎、溪沟等，而主体部分则位于相对平整的地基上。分别有一侧是吊脚楼（图 10）[2]，或左右不对称吊脚楼、左右对称吊脚楼等多种形式，还有一种不做挑廊的吊脚楼，其正屋主体部分与厢房吊脚楼直角相连，有通透的支柱、轻灵的翘角。”[4] 吊脚楼还有鲜明的民族特色，优雅的丝檐和宽绰的走廊使吊脚楼自成一格。

图 10　石堰坪村一侧式吊脚楼

二、石堰坪吊脚楼的基本组织形式

“吊脚楼源于古代的干栏式建筑，是湘、鄂、黔、渝土家族地区普遍使用的一种民居建筑形式，距今已有四千多年的历史。它作为一种特殊的物质文化现象，犹如一部凝固的古歌，多层次、多侧面、多角度地展现其建筑艺术、风格和特色。石堰坪土家族吊脚楼最基本的特点是：正屋建在实地上，厢房往一边靠，也在实地和正房相连，其余三边皆悬空，靠柱子支撑。吊脚楼有很多好处，高悬地面既通风干燥，又能防毒蛇、野兽，楼板下还可放杂物。依山的吊脚楼，在平地上用木柱撑起分上下两层，节约土地，造价较廉，上层通风、干燥、防潮，是居室，下层是猪牛栏圈或用来堆放杂物。”[4]

“有的吊脚楼为三层建筑，除了屋顶盖瓦以外，上上下下全部用杉木建造。屋柱用大杉木凿眼，柱与柱之间用大小不一的杉木斜穿直套连在一起，尽管不用一颗铁钉也十分坚固。房子四周还有吊楼，楼檐翘角上翻如展翼欲飞。房子四壁用杉木板开槽密镶，讲究的人家里里外外都涂上桐油，既干净又亮堂。底层不宜住人，是用来饲养家禽、放置农具和重物的。”[4]

（一）单吊式

单吊式[3]是最普通的一种吊脚楼形式，还称为一头吊或钥匙吊（图 11）[2]。它的特点是，只正屋一边的厢房伸出悬空，下面用木柱相撑。

图 11　石堰坪村“一头吊”吊脚楼

（二）双吊式

双吊式[3]又称为双头吊或撮箕口。院坪为下滑式坡，与吊脚楼合成撮箕口形（图 12）[2]，它是单吊式的发展，即在正房的两头皆有吊出的厢房。单吊式和双吊式并不因地域的不同而形成，主要看经济条件和家庭需要而定，单吊式和双吊式常常共处一地。二层吊式形式是在单吊和双吊的基础上发展起来的，即在一般吊脚楼上再加一层，单吊双吊均适用。

（三）四合水式

四合水式[3]的吊脚楼是在双吊式的基础上发展起来的，它的特点是，将正屋两头厢房吊脚楼部分的上部连成一体，形成一个四合院（图 13）[2]。两厢房的楼下即为大门，这种四合院进大门后还必须上几步石台阶，才能进到正屋。土家族人的住宅多为木房，其结构习俗以正屋、偏屋、木楼、朝门（槽门）四部分组成。一般人家只有正房，小康人家有正屋、偏屋和转角楼。富有人家加修有朝门。豪门大户修四合大院，砌以砖墙，四面封砖，土家人自称叫“封火桶子”，个别户还修有冲天楼和晒天台。

图 12　石堰坪村“撮箕口”吊脚楼

图 13　石堰坪村“四合水式”吊脚楼

（四）平地起吊式

平地起吊式[3]的吊脚楼也是在单吊的基础上发展起来的，单吊、双吊皆有。它的主要特征是，建在平地上，按地形本不需要吊脚，却偏偏将厢房抬起，用木柱支撑。支撑用木柱所落地面和正屋地面平齐（图 14）[2]，使厢房高于正屋。

图 14　石堰坪村“四合水式”吊脚楼

（五）转角楼式

建筑房屋必造转角楼[3]，石堰坪地方土家族山歌唱得好：“山歌好唱难起头，木匠难起转角楼，岩匠难打岩狮子，铁匠难滚铁绣球。”另有民俗道：“你屋雄，你屋雄，那么没起转角楼。”在这种传统观念的支配下，土家族人凡造房必定都造转角楼（图 15）[2]。

“正屋规模有三柱四骑、三柱五骑或五柱八骑以至七柱十二骑之分，多为四排三间，也有六排五间的，土家人造房的每排立柱和骑柱与挑枋连接起来的像扇子一样的木结构组件、也叫一榀屋架，俗称排扇架，忌修单扇、双间之屋。正屋中间为堂屋以祭祖先和迎宾客之用，两边作人间。堂屋后面有过道房，俗称抱兜房。偏房称磨角，又叫马屁股，或叫刷子屋，连接于正屋的左右边，作灶房或碓磨房之分。别有特色的土家族转角楼，也称走马转角楼。多子女的人家，女儿住转角楼，故又叫绣花楼或姑娘楼。转角楼建于正房的左前或右前，也有正屋左右都起转角楼的，转角楼一般为三排两间，上下两层，上为人间，下为厢房、仓库或碓磨房。转角楼挨正房一边，有悬空走廊，转至外沿当头，有凤颈挑、象鼻挑等装饰，当头两边上端，妙廊翘起，颇具雄伟壮观。”[4]

图 15　石堰坪村“转角楼式”吊脚楼

吊脚楼是在坡度较大的坡地上有效利用空间的一种建筑方法。这种建筑采用了上店下宅的处理手法，与道路的连接层是店面，下层为居住空间，再以下的空间则是堆放杂物的地方，石堰坪土家族吊脚楼大多是这种做法，以使吊脚楼空间取得最充分的利用。每处吊脚楼、转角楼都与房屋相连，楼面高于房屋 20 ～ 50 厘米，多为架空形式，与坡下地面均有 1 ～ 2 米的高差，多有栏杆和走马楼，方便外出内走。

三、石堰坪吊脚楼的基本建筑结构

“土家人是根据房屋的结构形式指称自己的居所的。总的说来，土家民居有单体居室和合体居室之分。合体居室由单体居室组合而成，土家民居按进深有三柱二骑、三柱四骑、三柱五骑、三柱六骑、三柱七骑、四柱五骑、四柱六骑、四柱七骑（图 16）[2] [3]、四柱八骑、五柱四骑、五柱五骑、五柱八骑（图 17）[2] [3]、六柱七骑（图 18）[2] [3]、七柱四骑（图 19）[2] [3]、七柱十二骑[3]之别，一般连 3 间、5 间，也有连 7 间、9 间、15 间的，最多的当地一栋“山”字形建筑多达 27 间。基本都是小青瓦屋，圆木为柱，方木为枋，木板为壁，檩子、椽角，搓瓦为盖的居室。”[4]

图 16　四柱七骑排扇梁架

图 17　五柱八骑排扇梁架

图 18　六柱七骑排扇梁架

图 19　七柱四骑排扇梁架

（一）一榀屋架

一榀屋架[3]俗称排扇架，由落地的柱和不落地的瓜柱组成，一般多为单数，一榀屋架柱的根数决定房屋的进深。即排架方向有四柱三骑，“骑”即为瓜柱骑夹在穿枋上、要骑到最下一根挑梁，俗称“七个头”，这个“头”就是架檩条的柱头；五柱四骑，俗称“九个头”；也有进深大点的六柱五骑，“十一个头”，甚至“十三个头”。用穿枋把各个柱子串起来就形成了排扇，继而就构成了一榀框架。檐口出挑用曲拱（挑梁），出挑远时用几层曲拱或板凳挑。“柱”即是整个房屋的各点支撑立柱，也就是整个柱网上各个独立立柱。“骑”即是立柱之间骑在穿枋和挑枋上的瓜柱。

（二）合体居室

“土家合体居室[3]是土家民居的独特形式，是由土家单体居室发展而来，蕴含着土家人的审美观念、工艺价值、民俗理念以及借助自然为我所用和与自然抗争的思想，且有转角楼、四水屋、冲天楼之分，其表现形式有二合水、三合水、四合水之别。转角楼的表现形式有二合水、三合水，以二合水较为多。为二合水时，主家在正房的左或右修建转角楼，一般为两层。为三合水时，或左修转角楼，右修厢房；或右修转角楼，左修厢房。”[4]当地 15 号栋和 24 号栋“山”字形建筑即实现了左、右都结合。厢房一般为三柱四骑，少数三柱三骑或三柱五骑，连两间。厢房后配磨角，俗称“龙眼”“偏偏”“偏杉”。一层或为猪圈、牛栏或为仓库、碓磨房。二层人居住或为客房或为女闺房，也称绣花楼或姑娘楼。转角楼进深一般为三柱四骑或三柱五骑，一般连两间，也有三间，少数连四间。二楼前侧为走廊，上配扶手，前侧、外侧配吊悬空圆木骑柱，垂柱头为椭圆瓜形木雕，多用金瓜或南瓜，土家人称假柱头。扶手与雕柱距外枋 1m 左右，扶手与前外枋、侧外枋之间为进出或观景或休闲的回廊。楼子外侧瓦面飞檐翘角，土家人据此称之为转角楼。转角楼在土家人聚居区较为普遍，中等人家均可配修转角楼。土家人以楼子瓦面翘角称土家民居为转角楼。完整的土家转角楼无论从形式、结构上都是比较精美的，且功能、用途较为齐备、多样。

（三）单体特点

为适应不同山地地形、气候，石堰坪当地的民居建筑采用了 3 种有地方特色的建筑处理方式：第一种方式是直屋多采用悬山做法，堂屋座中，东西山和前檐出挑较多，平均在800～1500毫米，多余屋建在东头，在石堰坪的修缮中发现1号栋、9号栋等便是这种做法；第二种方式采用了歇山做法，除前后坡外，东、西山墙也做了一个披坡，披坡下多为谷仓库、杂物间，在修缮中6号栋、18号栋等便是这种做法；第三种方式直屋悬山带吊脚楼或转角楼，大体与直屋相同，在东头或两头直接做吊脚楼，其中2号栋、16号栋等便是这种做法；第四种为悬山加转角楼、厢房，即为三合水，12号栋、20号栋、24号栋和村部大楼便是这种做法。

（四）阶基台明

由于地形起伏较大，为了争取较大的院落空间，采取了在坡地上筑台的手法，形成了重叠式院落空间。顺应地形在三维空间上形成了自由丰富的立体院落空间。借天不借地，柱网下柱础要在正负零的前提下打水平，柱础形式多样，有方有圆有雕刻，要求四平八扎；在地面不平时，柱础一定要平稳，多为红砂岩和青石。地袱下有地袱石。阶基在房屋的四檐内，宽窄不一，多为三合土，有做了工艺的阶沿石锁边，也有方条石和散片石筑砌，角石为“七”字形整块，做了滴水口，院坪石相同。石材多为本地山石取材。

（五）弯头挑枋

由于基地面积有限，为了争取到更多的居住面积，采用了“挑”的手法，在不靠岩壁的一面或三面出挑。出挑的半开敞空间提供了开阔的户外视线景观。其所形成的空间既能为下层窗户遮雨，又丰富了民居建筑的造型。其大木构件的关键构件，也是穿斗柱网的稳定主枋，当地有“建屋则必先选挑枋后选柱”的说法。挑枋要求选用整根带弯头的干树，长度要达到满穿所有立柱，所有瓜柱都必须满骑在挑枋上，骑马榫卯口必须与挑枋同高宽，榫卯口要能满含挑枋，檐檩或挑檐瓜柱、南瓜头都承托于挑尖上。

（六）就地梭坡

为了适应坡地，建筑顺坡地而建，建筑的屋顶也顺坡，排水十分流畅，并且由于坡地上下两栋房子之间不存在屋檐，这也解决了出于坡底下方的建筑屋檐滴水的排水问题。房前屋后有明沟，但多为散水排水。

（七）层次错叠

为了适应地形，当地因地制宜，特别对建筑做了错叠处理，建筑屋面高低错落，利用板壁面高差组织采光通风。这种布局往往出现在垂直等高线的爬山屋上，在爬山屋的建筑山墙顺应等高线垂直重叠，形成了丰富的空间层次和山地特色景观。

（八）必造堂屋

堂屋是土家族人造房必建的客厅。一般把“一”字形的三开间的单栋房子设为“座子屋”[3]，即小家庭使用的正房，当心间为堂屋，左右两边称为人间或耳房，堂屋一般进退 1.5 米左右，成为道房。人间则分为前后两间。前面则作为火塘的设置点。堂屋地面多为三合土，两边排扇上方安装了竹编壁。堂屋内后板壁中央 1.5 ～ 2 米上方安装有神龛，供奉着本宗本族的祖宗神位。

（九）温馨火塘

火塘[3]是土家族人进行家庭活动的中心，在土家族民族与家庭的文化传承的过程中有着举足轻重的地位（图 20）[2]。土家族人烤火、烹饪与进餐、休息、家庭聚会、会客、红白喜事都在火塘旁边进行。全家人在火塘边聊天，老人给小朋友讲故事，教小朋友读书、认字；送丧人通宵达旦进行跳丧的仪式就是围着温暖的火塘进行。火塘的设置多在靠近门窗处，上方多不铺装楼板，用小口径树条，铺满半个房间楼板宽，便于出烟，也方便熏烤腊肉等。火塘坑多为 1.2 ～ 1.5 米的红砂岩条石筑砌围合成四方形，个别的专造了半个房间大、高0.5米左右的火塘阶台，有地板、栏杆、火塘桌、棱筒壶等，12号栋便是这种做法。

图20　石堰坪村火塘

“因土家族建筑是木结构，为了能够防火，火塘的屋顶高度比一般屋的高度要高，使得火星不能点燃屋顶的木头，同时火塘屋的开窗通风也有效避免了火灾的发生。长方形火塘坑围石长1.5～2.0米，深0.5米，宽0.8米左右。火塘坑做好后，再在火塘坑正上方装置一垂吊水壶，统称炊壶，铜制，这是山区土家族人伙房中的必备装置。”[4] 先在火塘坑正上方安装一下垂铁链或铁杆或竹筒，再在上面装一可以上下滑动固定的棱桶钩，弯钩处挂一大水壶。每来客人相聚，生火烧水，泡罐罐茶是少不了的一道程序，生活用热水也就基本不用再另行去烧了。火塘中挂水壶烧开水一方面可以解决用热水的问题，另一个作用是冬天本来就气候干燥容易上火，人们为了抗寒还要烤火取暖，在火塘中挂上一壶水，开水散发出来的水蒸气能很好地解决空气湿度问题，土家族火塘除了烤火取暖、烧水外，还可以在火堆里煨洋芋、烤红薯、烧苞谷等，在喝浓茶时取出来边喝茶边吃，别有一番风味。还有一个作用是熏炕腊肉和烟糗苞谷等粮种预防生虫。土家族人杀年猪是一件大事，年猪肉多少是这家人平常待客和一年生活的主要油水。年猪杀得大、猪肉多就需要好的储存办法，将年猪肉垂挂在火塘上方进行熏炕，这样年猪肉就可以保存整年不坏，而且吃起来还香味十足。另外，房梁木板等被烟熏后起一层又厚又黑的扬尘就不会被白蚂蚁侵蚀，同时也是保护木结构房屋很好的方法。

（十）储藏杂屋

“土家族人将房屋的吊脚部分用于储存粮食、堆放常用生产生活工具，但杂屋则一般不与正房相连，多建在空边闲地上，几平方米一间，少则两三间，多也只有六七间，呈长条形，同是木结构，也只是体量小很多，大多是两层，上层可储存柴草，下层用于猪、牛、羊、狗等圈养牲畜或厕所，也可以起到防止牲畜被野兽叼走或防止财物被盗。这种安排也提高了土家族人的生存能力和生活质量，并使人、财、物的安全得到保障。”[4]

（十一）屋面构造

屋面即屋顶的表面。根据屋顶类型，可分为双坡悬山式屋面和歇山式屋面，根据屋顶形态，可分为矩形屋面和梯形屋面，但在实际操作中随着地势的走向屋面的形态变化也较多，如加长屋檐，抹掉屋的一个端角，由此形成了一个不规则的多边形形态。屋面在双坡的檐口和正脊上，东西山都有生起的做法，一般檐口生起约 15 ～ 25 厘米，而正脊生起有 30 ～ 50 厘米。通常自堂屋平檐和正檩的两端开始，都有东（青龙）压西（白虎）的做法，即东端略高于右端，有的地面做法也是一样。屋面全为木檩、木檐、小青瓦。盖瓦顺序为分中、号垄、调脊、瓦瓦。屋脊即房屋的脊梁，可分为正脊和双面坡的边脊，一般多为五条屋脊。石堰坪的屋脊也全部是小青瓦砌筑、造型而成，堂屋顶脊上有中华宝顶，正脊两端和坡屋四角均有翘角和造型，脊饰优美，用小青瓦和白灰做成。屋脊装饰大多数与堪舆、辟邪有关，由于人们重视，又流行日久，故形象精美，装饰性很强。这也是集中体现吊脚楼的气势和华美的地方，是彰显主人身份和地位的典型元素。

（十二）常见纹饰

草花纹：即屋脊中华和跷脚的图案用花草、卷藤形态表现，有的翘角做成了一只只凤凰形态，远看像凤凰，近看也是草花纹，多有丹凤朝向之寓意。

钱形纹：即屋脊中华、中堆呈铜钱形态，这是比较普遍使用的一种装饰。

方形纹：多采用叠瓦的形式顺着墙头垒砌而成，屋脊现状多为“三角形”，这是比较简洁的一种屋脊形式。

文字图案形：这种装饰是把事先准备好的象征吉祥如意、恭喜发财、福禄寿喜等类型的文字图案放在屋脊上。

花叶纹：多采用花瓣、树叶等为造型垒砌而成，一般见于大户人家。

组合纹：指结合方形、花叶、钱形等几种风格组合在一起的做法，这种屋脊造型非常大，也非常美观。

栏杆：是土家族吊脚楼装饰的重要构件，竖木为栏，横木为杆，为防护而设，多用于临水建筑、楼阁、走廊等处，装于两柱或窗下。

（十三）挑柱

挑柱是吊脚楼为了扩展走廊和屋檐，由穿枋向外挑出，而挑柱下端不落地组成的悬空柱头部分，把这部分雕刻成各种瓜柱，寓意五谷丰登。每榀屋架都用穿斗枋、地袱枋、檩子相连，然后用木销钉锁住，就形成了柱网和一间一间的房屋。除中央的明堂外，其他房间都被分为前后 2 ～ 3 间，形成主多次间的平面布局。房屋的间数一般都为单数，吊脚楼和各屋架的步距都相等，每步升高和举折也相等。因此，挑柱在各个建筑中基本都是极重要的构件，也有很好的装饰美感。

（十四）门窗

门窗是土家族吊脚楼装饰的重点构件，门窗的制作施工工艺一般是：放样配料下料、刨料、面眼、开榫、拉肩、裁口、起线、拼装、编号、堆放、安装。门的装饰重点是门框和门扇，有六合门、双合门、耳门等；窗户的装饰重点是窗棂，一般用圆锯切割、圆凿雕刻而成，题材多以花鸟虫兽、福禄寿喜、吉祥如意等纹样，表现出土家族人对自然的崇拜和对审美的追求。

（十五）柱础

柱础又叫桑墩、立柱石，是一种石制构件。对吊脚楼而言，柱础是整栋吊脚楼和所有房屋定平的基准，多安装在各立柱下面，如果开间大或为吞口屋，一般需要在大门前增加两根亮柱支撑檐下的梁枋，多用海棠柱和鸿门梁。柱础的形状多种多样，有鼓形、正方形、六边形、八边形等，均雕刻有自然形态的花卉、动物、历史人物、暗八仙、佛八宝、麒麟、狮子、山水及其神话传说等内容，极大地丰富了土家族吊脚楼的装饰艺术，体现了土家族人民高超的建筑营造技艺，正好说明土家族吊脚楼的结构和装饰均处于中国传统干栏式建筑的顶端，其传统营造工艺的技术含量是相当高的。

吊脚楼之所以会吊脚，就是因为在二层上出挑，一般出挑 1 ～ 1.5 米，然后再加上屋面的出檐，形成“头重脚轻”的格局，使人感到不稳定，但当它同建在实地上的正屋连在一起时则互相呼应，从而使整个建筑物轻重协调、形态庄重，富有弹性和节奏感，给人一种粗狂洒脱、淳朴深沉的艺术美感。

从宏观上看，吊脚楼是长方形和三角形的组合，这种几何形体稳定而庄重，刚静结合，“静”表现了一种典雅灵秀之美，“刚”则表现一种挺拔健劲之力。其内部构架，无论梁、柱、椽、檩、枋，皆互为垂直相交，构成了一个在三维空间上相互垂直的网络体系，整个屋盖从横向观察则是一个三棱体，屋顶的正脊虽然用直线，但在覆盖脊瓦时，对正脊的两山头则加瓦起翘，从横向观察则变成了弧线，在视觉上给人端庄、雄健的感觉。另外，吊脚楼一般设有走廊栏杆，大多用镶花栏杆作美人靠，走栏的吊柱悬挂于空，一般将其雕刻成金瓜或荷花，使之刚柔相济、和谐而优美。

四、石堰坪吊脚楼的传统技法

石堰坪村土家木屋、吊脚楼均是按传统的“看天齐眉收一线，望地流水顶山坡”的传统方法建造。在施工中走访了当地的老工匠、老艺人，其传统技法要求造房放样时，先定中柱和四环四角，以中间堂屋两柱为准定柱础和正负零，也可只按中堂左中柱平水，地袱下皮（边）平正负零，地袱石上皮平柱础水平。台沿中从脊中，要求四平八扎，地基可以不平，但整个柱网中的每个柱础石一定要平稳，其平水一定要一致，凡垫平物都须耐腐抗压，不能下沉和偏歪。

（一）基础与柱网

凡立柱，并令柱首微微向内，柱脚微出向外，侧脚使用在角柱、檐柱、山柱 3 种柱子之上。每个柱网都要有一个向中柱收的侧脚，手测为 1 寸或 6 厘米，理论上建筑的外檐柱在前后檐方向向上内倾斜柱高的千分之十，在两山方向向上内倾斜柱高的千分之八，而角柱则同时向两个方向都做倾斜。其目的是借助于屋顶的重量产生水平推力，增加构架的内聚力，以防散架和倾斜。基础可以地不平，但柱础须在水平中。石堰坪村还讲究左压右，即青龙位要高于白虎位，即：右侧地面为 100 毫米，左侧地面则为 150 ～ 200 毫米，生起也要东高于西。

（二）挑枋与立柱

立柱是营造木构架的关键，柱网两边的檐柱、中柱视觉同高，左、右原则一样高，但因堪舆的原因，左边柱子交于右边柱子 5 ～ 10 厘米。另有金柱、角柱、平柱、山柱、垂柱、瓜柱之分。

左右东西之分，是以堂屋神龛神位为准分左右，不论是坐北朝南、坐南朝北、坐东朝西、坐西朝东，屋向一律称前南后北、左东右西。

中堂开间一般比两侧室要稍宽一些，中堂（明间）多为一丈四尺五寸，有的大于一丈五尺，而次间则只有一丈三尺五寸。

中柱的高度一般为一丈六尺八寸，间或也有一丈七尺八寸和一丈八尺八寸，总之中柱高要合“八”数和鲁班尺的“官”字。两厢房的进深不能大于中堂。

挑枋按进深和开间而定，挑的高度按分水定，建房要先选挑枋，选挑枋要先选造型，挑弯下拐翻三寸，回身上挑一寸半。挑枋、穿枋的搭榫均按大进小出做。

檩条的安放须正檩安于中堂中柱，要平要直；两侧檩条，大头朝中柱，小头朝两端，中堂的檩条，大头朝东，即东侧柱头上是大头对大头。西侧柱头上是大头对小头，中间搭接燕尾榫，公榫搭满，母榫搭半，中接缝对柱碗中线，其燕尾榫的做法为斜榫，搭接后合缝为原圆木形。

（三）进深与开间

房屋的长宽高要合八个字，即鲁班尺上的：财、病、离、义，官、劫、害、本。每个字是一寸八分，八个为八八六十四，共计一丈四尺四分，进深长为一丈九尺六分，宽合“财”为一丈三尺六分，五柱六骑的进深为一丈（三尺三寸三分），高为一丈三尺以上，有的要看地形的高低，合“官”字，正檩要合“生老病死吉”，大门高合“官”，为八尺八寸（该数尺寸为官禄、屋“吉”，顺升），七尺二寸。宽为四尺五寸，二尺四寸的门不能要，暗和“死”字不吉利。间壁门上大下小，上为二尺三寸半，下为二尺三寸。翘角高为五尺五寸，1～1.5米，转角楼宽度为一丈五尺、一丈四尺八寸、一丈五尺八寸。进深为一丈，加前檐骑七尺五寸。长宽一般没有固定，堂屋两旁侧门要靠堂屋开门。灶台的火门要对向堂屋，堂屋中安神龛，不能用整数，离地五尺高。举折两端每步升二寸半，步距为二尺五寸一步。现代可查《鲁班尺标准尺寸对照表》。

（四）屋面定分水

小青瓦屋面的前后坡散水的坡度也称梭，屋脊高度与单坡的水平长度之比等于0.3，则称为三分水。定分水，先要确定前后檐挑檐枋的位置，才能取准前后檐挑檐的距离，如8米进深的房子,双坡屋面挑檐枋的距离为8m,单坡长为4米,脊高是从两檐口水平线至正檩上皮的高度，定为三分水时，其屋脊的高度B为（*B*=*L*/2×百分比坡度=半坡长×30%）即：4米×30%=1.2米，*L*为两檐水平线长度；若定四分水，则屋脊高度为4米×40%=1.6米，脊高为1.6米。四分水，分水即平水尺线长与垂直线4分计算,屋边最低点至屋顶水平是1.5丈=15尺×0.4,坡度是1∶0.4,民房是以0.45分水为好,神庙以0.48分水较为好看。

（五）屋面微举折

木构架相邻两檩中的垂直距离，除以对应的步架长度所得的系数。其作用是使屋面呈一条凹形优美的曲线，越往上越陡，利于排水和采光。

举：为屋架的高度，按建筑进深和屋面坡度、分水、材料而定。

折：指因各檩升高的幅度不一致，所以屋面横断面坡度由若干折线点（各组立柱高差）所组成。

要定好屋顶坡度及屋盖曲面线之方法。求此曲面线，谓之定侧样。“绥坡”为二与一比之坡度，“陡峻”为三与二之坡度，其余廊屋等各有差异，谓之举高。其曲线则按每檩中线，自每缝减去举高的1/10，次缝则减1/20，愈低而减愈少，连以成屋顶断面之曲线，谓之折屋。

折屋之法，以举高尺丈，每尺折一寸，每架自上递减半之为法。下折之变：*B*/10、*B*/20、*B*/40、*B*/80……即每缝分别为：二尺、一尺、五寸、二寸半。先要确定步架的距离和整个举折的高度。举架先从檐椽开始，自下而上；举折先从脊椽开始，自上而下。每个步架跨距比为整数。举架均以步架为侧：步架为五举，举高与步架比是5/10，举架线可一次完成，举折不能一次完成。

（六）盖法略不同

土家小青瓦屋顶多为先调脊后瓦瓦的称撞肩做法，即分中、号垄、调脊、瓦瓦，同时要做到“长杆杆瓦行行齐”。

分中时，在檐头找出整个房屋的横向中点，并找准对应到正檩上正中屋脊的中心点做出标记，确定第一趟底瓦中沟瓦、阴瓦的位置，然后以两山墙博缝外往里翻两个瓦口的宽度，做出标记。石堰坪一带民俗要求此中点不能压中檩的八卦图，盖瓦瓦垄必须在八卦图的两边，认为压八卦图不吉利。

号垄时，在找出正脊的横向中点后，还要找出两个瓦口的中点，加两端要顶 5 个瓦口，确定赶排瓦当、钉瓦口号盖瓦垄中点，另按撒头另作分中号垄的方法做。歇山屋顶同样可分为 3 个部分和 12 道中线。

调脊时，小青瓦正脊按照扎肩灰上号好盖瓦中，在每坡各号垄底瓦位置各放一块续折腰瓦，好合两块底瓦，再将搭线移至脊中开始抱头，两坡相交，椽板、底瓦都要撞肩，栓线铺灰放正折腰瓦，在脊上正折腰瓦之间盖正罗锅瓦，底瓦中加放小水瓦时以 2/3 瓦为宜，要在檩头撞肩垫起，不让雨水倒入。做脊时要选瓦，瓦的排放要通线、平直，从中华向两端做，每片瓦都要挤紧、压平。

瓦瓦时，先将瓦一皮一皮地从一个山头铺筑到另一个山头，同时做好两片头的瓦封头和生起翘角，灰不宜厚，要做得精巧，一般用 6 片瓦，按三七上翘为高度。两边的坡屋面上先铺 5 ～ 6 片仰瓦和 1 片底瓦作为分垄的标准，逐屋往下盖。屋脊筑完后要用混合砂浆或纸筋灰将脊背及瓦垄的缝堵塞密实，压紧抹光。

底瓦坐中，瓦垄数就是双数。

盖瓦做中，瓦垄数就是单数。

当地忌盖瓦压正檩上的八卦中线，所以多采用底瓦坐中的做法。

（七）木板都开榫

木板类多做龙凤榫[3]，如楼板、地板、隔板、裙板、走马板等，都制作龙凤榫，即在两块木板之间，相对的两个边，一边做出凸榫，一边做出凹槽，凸榫插入凹槽之中结合成整体的板材构件。龙凤榫也称企口榫、公母榫，特点是结实平整。只有少量薄板做边搭榫。

（八）上升必生起

石堰坪古建筑群普遍使用了生起，土家人借高升之意多讲是“升起”[3]，生起的制作和施工方法是随间数角柱或排扇各柱变化而抬高升起。若开间为 13 间，则角柱比平柱升高一尺二寸，11 间则升高一尺，9 间升高八寸，7 间升高六寸，5 间升高四寸，3 间升高二寸。即平柱与角柱在同一条水平线上，从明间、人间、到余屋，平柱至角柱、中柱至山墙柱逐渐增高，形成缓缓上升的弧线，使得建筑外形圆和优美，增强了构件间的结构强度和稳定性。有多栋建筑特别明显，生起更为突出。檐头和正脊部分，由于生头木的支垫作用，呈曲缓上升之势，也叫生起，生头木又称枕头木，木上刻有椽碗，以使铺设翼角椽和正身椽，分翼角生头木和榑檩生头木，是造成古建筑翼角与正脊上翘的传统技法。

（九）钉挂博风板

石堰坪古建筑的每栋房屋屋顶两山木构件基本上都有博风板，又称搏风板，也写作博缝板。其位于梁架出际两头安置，用以保护出际椽飞与檩枋端头。只使用于歇山顶和悬山顶，其做法厚为三分至四分，长随梁架中。从侧面看，博风板呈“人”字形，并勾勒出屋架举折曲线，用博风板钉钉挂固定，博风板钉需定制，应为长加板厚的两倍。博风板钉挂至檐口后要合封檐板，或做收尾工艺。

（十）半榫合封檐

石堰坪古建筑上全部都装有封檐板，封檐板位于檐口滴水瓦下，是钉挂在伸出檐檩椽板上的一块板，随檐檩两端方向呈曲线而去，有的是直板，有的做了瓦碗，大多有纹饰和雕刻，转角处和合水瓦口多做特殊造型的封檐滴水板。其又称滚檐，做法稍有不同，将圆木从中线分开，圆边向外，平边向里套椽板。但现在这种做法已经不常见。石堰坪古建筑上的封檐板分两部分，一部分为 4 ～ 5 厘米见方的封檐木，对应椽板挖做 2 ～ 2.5 厘米深、宽窄同椽板大小的榫卯半榫深的卯口，钉挂在椽板上，埋封在沟瓦下，遮挡檐檩和檐口，与椽板断面平行，相对檐口呈内钩状。另一部分为单层和双层，外挂在此封檐木上的 3 ～ 3.5 厘米的海棠花纹饰的海棠边板。封檐板钉至翘角处，在外边分别锯若干 1 厘米宽的锯口，用水泡浸湿，使之弯曲成随翘角而上的造型封檐板，卯口外上皮处钉铁钉固定。

（十一）山尖装竹编

石堰坪古建筑的每栋房屋的山墙山尖及堂屋梁架的挑枋以上部分都装有竹编壁（图 21）[2]，起到遮风、挡雨以及装饰的作用，按山尖、山花、山墙柱枋间实际大小和当地传统工艺实情编制。其多使用青皮少、篾白多，能增强抹灰附着力的青竹篾，破篾时从斜面开刀；双面抹两遍灰，头遍黄泥或纸筋灰，或草筋、麻刀、葛根麻；二遍为纯精石灰纸筋灰，采用当南竹破篾。篾青指竹子的外皮，质地柔韧。篾白（篾黄）指竹子篾青以里的部分，质地较脆。篾是劈成条的竹片。葛根麻是葛根打完粉后的渣，碎化而成麻刀形状。

图 21　石堰坪古建筑山墙上竹编壁

（十二）石堰坪吊脚楼的传统文化理念

石堰坪吊脚楼有着丰厚的文化内涵，除具有民居建筑注重龙脉，依势而建和人神共处的神话现象外，还有着十分突出的空间宇宙化观念。吊脚楼不仅单方面处于宇宙自然的怀抱中，宇宙也同时处于宇宙自然的怀抱之中。这种容纳宇宙的空间观念在土家族上梁仪式歌中表现得十分明显：“上一步，望宝梁，一轮太极在中央，一元行始呈瑞祥。上两步，喜洋洋，‘乾坤’二字在两旁，日月成双永世享”。这里的“乾坤”“日月”代表着宇宙。从某种意义上来说，吊脚楼在其主观上与宇宙变得更接近、更亲密，从而使房屋、人与宇宙浑然一体，密不可分。

（十三）选址要注意堪舆

吊脚楼为石堰坪人居住生活的场所，吊脚楼半为陆地或山地、半为水或坡地，多是依山就势而建，借势虎坐林地形，呈虎坐形，以“左青龙，右白虎”中间为堂屋，左右两边称为人间（饶间），作居住、做饭之用。人间以中柱作界分为两半，前面作火塘，后面作卧室。吊脚楼上有绕楼的曲廊，有的连接檐廊，呈走马楼式，曲廊还配有栏杆。“前朱雀，后玄武”为最佳屋场，大门和中轴线必须对中朱雀的马鞍形笔架山的鞍，后来讲究朝向，或坐西朝东，或坐东朝西。不论怎么朝向，其多余的房屋建筑都往东（左）侧建。除此之外，还讲究“青龙要抬头”：青龙旺男丁，出高官，青龙山势高，左中柱抬得高，都是借高升之意；“白虎要下山”：下山意为出头，白虎出美女，旺夫聚财，右中柱随柱高，但要低于青龙柱。另有姑娘的绣花楼大部都建在西头，或右边与外伸部位。

（十四）选材要图讨吉利

吊脚楼的建造是土家人生活中的一件大事。第一步要备齐木料，土家人称“伐青山”，一般选椿树或紫树，椿、紫因谐音“春”“子”而吉祥，意为春常大，子孙旺；第二步是加工大梁及柱料，称为架大码，在大堂正檩和堂屋大门前上方的鸿门梁上还要画上八卦、太极图、荷花莲籽、燕子、喜鹊、梅花、太阳、葵花等图案，除此之外还在正梁上写上富贵、千秋、燕贺、吉祥、万等字样；第三步叫排扇，即把加工好的梁柱接上榫头，排成木扇；第四步是立屋竖柱，主人选黄道吉日，请众乡邻帮忙，上梁前要祭梁，然后众人齐心协力将一排排木扇竖起，这时鞭炮齐鸣，左邻右舍送礼物祝贺。立屋竖柱之后便是钉椽角、铺椽板、盖瓦、装板壁。富裕人家还要在屋顶上装饰向天飞檐，在廊洞下雕龙画凤，装饰阳台木栏。

（十五）施工要讲究环境

石堰坪人选定屋址对环境的要求也比较高，除了讲究“天人合一”“朝向”外，还要在房屋前后栽花种草，或各种果树，桃李、樱桃居多，从不栽刺，但是栽树是有很多讲究的，多为槐树、椿树、紫树。从禁忌上讲，门前忌有大树，约对大门则有阻挠阳气进入，使得阴气上升，特别是门前或中轴线上忌三棵树孤独垂直地高于房屋的大树，名为“三炷香”，是犯大忌，借意于“人怕三长两短，香怕两短一长”；忌粗树枝入屋，容易将房屋里面的人气、旺气统统吸走；还有庭院中不宜放植栽种、屋前不应有倾斜树，前门不宜有枯树；门前多为槐树，古来多有“三槐世家”，寓意“一槐富三世”；还有松楠长寿，其含义为昌盛不衰。另有“前不栽樟，后不栽柳”，樟多子，但掉子，柳树又为鬼柳，扫瓦招邪；“前不栽桑，后不栽杨，门前不栽玉兰树，屋后不能栽桃树”，因出门“遇丧、遇难、出逃”都不吉利，杨树为“拍拍手树”，是屋后招鬼树，也是不吉利。同时讲究住宅与树要形成一种友好的关系：“树向宅则吉，背宅则凶”。石堰坪古建筑群“散处溪谷，所居必则高峻”。其村落于山寨，依山傍水，横卧山弯，或骑坐山梁，或隐藏峡谷，或躲进白云深处，古青松环抱，吊脚楼鳞次栉比，宛如翡翠珍珠，洒落崇山峻岭之中，银河直下，从悬崖峭壁下奔腾而过，颇有世外桃源之幽美。

（十六）堂屋定要安神龛

土家族人有强烈的祖先崇拜意识，居室安装好神龛是第一要务。从吊脚楼建造便折射出了土家族人的信仰崇拜与宗教意识。一般来说，无论哪种模式，吊脚楼正中的正房都安有神龛，石堰坪的地域内有一段美好姻亲和“黑菩萨”的传说，神位主要用于供奉历代祖先灵位、立香火、安祖先、敬奉“黑菩萨”等。同时，在新媳妇娶进家门或小孩出生时，也都要在家神下举行入谱仪式，告慰祖先保佑人丁兴旺。这种做法展示了土家族人强烈的祖先崇拜意识。同时，从居住房间的安排来看，也体现了土家族人对生命意识的热烈张扬。

五、石堰坪村建筑应在利用中保护

石堰坪村既是全国重点文物保护单位，也是国家重点保护的历史文化传统村落之一，有 108 栋保存完整的木结构的土家风格建筑。国家已投入了大量资金进行修缮，如何通过修缮带动村落的保护、发展和利用融入生产生活中，同时又反哺从而推动文物的保护、建设和发展。本文简介部分理念做法供讨论参考。

目前，石堰坪村的发展仍未走出瓶颈，找到一条更好的途径，也没能进一步解放思想，探求到合适的“保护、利用、发展”的创新理念。石堰坪环境好、保护好、空气好、条件好，村民纯朴，在历史文化传统村落的基础上，加以保护、利用、创新、建设、发展应是大有前景的，笔者对破解石堰坪的保护、发展问题，有如下几个方面思路。

（一）破局是统一认识的关键

石堰坪村到底能不能利用，怎样利用，未形成统一认识。原因是大家还没有完全认识到保护与利用、发展的关系，不懂得在保护中加快“利用和发展”的步伐。讲得多是保护，干得多是争论，不善于寻找怎样干得更好，更有利于人民群众生活的发展。唯有破解这个局才能向前走，唯有在保护中创新“利用和发展”理念才能符合以人民为中心的改革总要求。中共中央办公厅、国务院办公厅印发的《关于实施中华优秀传统文化传承发展工程的意见》提出，开展中国传统文化村落保护工程，同时也为石堰坪传统文化村落保护发展的下一步工作明确了方向和任务。这一处传统文化村落是国家重点保护的项目之一，是一个极其丰富的民族文化基因宝库，“无论是选址格局、整体风貌、建筑细部等物质文化，还是传统农耕生产方式、生活习惯、饮食习俗、历史迁移、家族绵延等优秀的传承文化，或是土家族文学、艺术、歌舞、民间习俗等非物质文化都是中国优秀传统文化的结晶。必须通过对传统文化村落的保护、建设、发展等工作，适时地组织、引导、挖掘、吸纳专家和学者的加入，凝练出新的研究、实践团队和创新实体，为下一步的利用奠定人才基础，逐步推出可行性项目落地。”[5] 中国传统文化村落与西方传统村落相比，最大的特点是丰富多彩（图 22、图 23）。所以石堰坪村要以不同民族、不同地形地貌、不同历史阶段、不同功能（农耕、旅游、商贸、文化考察等）、不同文化、不同建筑形式的特点，尽可能多地挖掘丰富多彩的传统文化特色，从而求得整个传统文化村落保护、建设、发展的质的突破，也唯有达成这方面的认识才可能做到实质性的破局[1]。

图 22　石堰坪村樱之坡、桃之坡效果图

图 23　石堰坪村奇崖浅溪区效果图

（二）业态调整、村落保护与全域旅游结合

石堰坪村的传统文化村落是全国重点文物保护单位，不可移动文物的特点是要活保护、活利用、活发展，否则就会形成“修了东边西边烂”的恶性循环，也不贴近群众、不贴近生活，更无法实现脱贫、解困向全域旅游、美丽乡村的转化，村民就无法看到即得利益和吹糠见米。而人民才是推动“保护、利用、创新、建设、发展”的真正动力。湖南农大的《全国重点文物保护单位石堰坪村观光旅游与农业产业概念规划》（图 24、图 25）[1]是一个团队蹲在石堰坪村实地调研完成的，着重强调要严格遵循保护传统文化村落格局、整体风貌、传统建筑，也要保护建筑细部、构架、生产生活用具等要素，这些都是传统文化村落的物质载体，只有物质形态的真实，村落才能原汁原味。保护传统文化村落不仅要保护其物质形态，更要保护各类非物质文化活的灵魂。“不仅要发扬优秀传统文化在重塑当代乡村文化生活中的重要作用，还要能够让每个村民从一个全新角度了解并热爱自己的村落，要积极培养村民的保护和参与意识，鼓励使用传统生活方式、传统的室内装饰、传统的匠人工艺来创新传统文化村落的保护。保护传统文化村落另一个重点就是要结合传统文化内涵、因地制宜地做好农业产业结构调整，山林农田、场院水系、瓜果花草都要整体规划，按全域旅游、5G 电

商平台等市场需求来活化利用的落地。同时还要不断发掘传统业态、创新留得住人的新兴业态，使得村民们在活的保护中展望美好未来，在活的利用中确可即得收益，在活的发展中确能吹糠见米。”[5]

图 24　石堰坪村秘境田园区效果图

图 25　石堰坪村云林归隐区效果图

（三）注重整体、实心招商、逐个落地

目前，石堰坪还没有循序见进的认识，游客来了无法入住，没有吃的、看的，达不到“吃、住、行、游、乐、购、研、学、旅”的基本要素要求；亮化也不够，进村便黑灯瞎火、死气沉沉；核心区中央有座“阴阳山”亟待改造；饭菜总无改变，做不到以调众口；游客的参访、观赏和互动欲不强烈；没有视觉冲击力，也没有内心震撼感，更不能进村入户，所以留不住人，唯有通过项目落实，才能有序改变上述状况（图 26）[1]。

图 26　石堰坪村田地区规划效果图

彻底减弱个人行为，提高全村全局的整体性，促使保护和利用统一，既保护历史风貌，又利用家居舒适，吃住全是土家特色，使游客感受深刻难忘；全村一股劲地发展美丽乡村业态，又利用活的业态吸引投资商的投资和游人的参与、互动；全村鸟语花香、观光农业、家家户户都有土家特色产品，又利用大批游客能拍走、购走、带走特色旅游文化产品。

在切实提升石堰坪村的整体面貌的同时，做到做一项就展示出一项，发展一户就能推出一户，打造一景便能开花结果，调整一片就能改观全村面貌。效果应是群众利益与社会效益很好结合。[1]

坚决实心招商，统一规划，统一项目，统一管理制度、尺寸、标准，分别分项目打包后再招商。众人拾柴火焰高，只要搞起来了，再加上土家族风情的文化、宣传和游客互动，全社会就自然会有影响，就会水涨船高。例如土家族式的婚礼，凡有结婚办喜事的都与管委会联合举办，早公告、早宣传、早准备，有喜礼、有彩头，面对游客像办大型集会和演出一样策划运作，只要人来了，不怕卖不出土特产，更不怕推不出石堰坪。全村专做土家风情项目，不拘一格，一家一品味，一户一特色，一个师傅一把手艺，一个门院一道风景，一道山梁就是一个特色游览康养吧，一片树林就是一片花山竹海，一片田园就是一种绝韵观景，只要人勤快，不怕没凤凰。

（四）瞄准“发展”二字做文章

石堰坪村的发展首先是要瞄准“发展”二字，是增强人文自觉和文化自信的关键。《关于实施中华优秀传统文化传承发展工程的意见》明确要求："把中华优秀传统文化内涵更好更多地融入生产生活各方面，注重实践与养成，需求与供给、形式与内容相结合……纳入城镇化建设、城市规划设计……加强美丽乡村文化建设……大力发展文化旅游，充分利用历史文化资源优势。规划设计推出一批专题研学旅游路线，引导游客在文化旅游中感知中华文化……推动休闲生活与传统文化融合发展。"石堰坪村基本上也只是个有留守人员的空心村，首要问题是要尽快复活空心村。目前传统文化村落发展多存在等靠政府或社会资金投入的现象，缺乏对自身资源特色禀赋条件的内生发展，缺乏村中能人带动的主动发展，因此，要通过调整产业结构、村民能力培养等方式，吸引年轻人返乡创业、守业，这是传统文化村落发展的重要途径。其次，是尽可能地拓宽传统文化村落保护利用渠道，传统文化村落的发展除了通过旅游开发以外，还应该加强在文化、教育、休闲、商贸、农产品开发、生态等多方面的引导建设，在教育基地、休闲养生、生态涵养等多方式发展上，还可以与企业对接，拓展渠道。最后，要合理健康地发展旅游项目，并逐步形成产业，立足于弘扬传统文化村落的价值，合理健康地发展旅游，要激活传统文化村落的特质，但是应控制旅游产业与传统产业的比例，把握旅游开发的力度，避免发展纯粹的商业化旅游模式，积极注入人力、资金等资源，发展特色产业，因地制宜，因户而异，宜居则居、宜农则农、宜商则商、宜乐则乐、宜游则游"[5]（图 27）[1]。

图 27　石堰坪村旅游节庆策划效果图

（五）突出“改革”抓好文物保护利用创新

“改革”二字是加快石堰坪传统文化村落保护利用的指路标，更是如何利用好这108栋土家建筑来实现整个村全面发展的基本要求。

“探索传统文化村落保护机制，引导传统文化村落的爱好者、志愿者等积极参加到传统文化村落的保护中来，使得传统文化村落保护走向健康发展。应适度探索产权机制，吸引专家、学者、名人、艺术家入村，告老还乡的社会贤达回村，通过入股或产权交易等方式，激活传统文化村落的内生动力，促进传统文化村落可持续发展，更急切的是尽快动员吸纳规划师、建筑师、设计师、社会学家、民族学家、历史学家、艺术家、文学家、音乐家等各领域各专业的人士共同参与到传统文化村落保护中来。”[5]

创新石堰坪传统文化村落保护利用，就必须“以古人之规矩，开自己之生面”。即“苟能知其弊之不可长，于是自出精意，自辟性灵，以古人之规矩，开自己之生面，不袭不蹈，而天然入彀，可以揆古人而同符，即可以传后世而无愧，而后成其为我而立门户矣。”运用古人总结出来的创作基本法则，开创自己新颖独特的创作局面。

石堰坪村传统文化村落的保护利用关键在于“让历史说话，让文物说话”。一是要制定严格的文物保护措施，确保文物的真实性和完整性，始终坚持不改变原状的基本原则；二是深入挖掘文物本身的价值，并针对不同层次人群，利用各种媒体不断加强教育宣传，营造良好的社会氛围，让游客看懂什么是文物、什么是传统文化村落；三是将文物保护与文化旅游、文创产品紧密结合，把文物内在的文化要素融入文旅体验和文创产品中。例如在土家族特色产品、民族手工艺品、民族建筑、民间文学、摄影、文艺剧目中体现土家族人文化图案和传说等方面，通过多角度、多层次展示和利用文物要素，吸引广大游客，让游客真切体验当地文化精髓，同时提供就业岗位，拉动传统文化村落的经济社会发展并辐射周边地区。优质文创产品可以达到让历史融入艺术、让艺术展现历史的境界。历史与艺术交融的文创产品可以让文物“活”起来，让历史开口说话，也可以让大家更立体地了解历史、品味文化，同时更加珍视现在的美好生活。”[5]

参考文献

[1] 周辰 . 全国重点文物保护单位石堰坪村观光旅游与农业产业概念规划［D］. 长沙：湖南农业大学，［出版年不详］.

[2] 刘曙光 , 袁毓杰 . 湖南石堰坪古建筑群一期维修工程勘察设计方案［R］. 北京国文琰园林古建筑工程有限公司 .

[3] 李剑平 . 中国古建筑名词图解辞典［M］. 太原：山西科学技术出版社 ,2011.

[4] 谢一琼 . 土家族吊脚楼［M］. 武汉：湖北人民出版社，2014.

[5] 方明 . 中国传统村落如何保护与发展［EB/OL］.（2018-12-12）..http://www.chinesefolklore.com/news/news_detail.asp?id=4479.

云霄县与长泰县古建筑的区域性差异研究

喻　婷　陈立德*

摘　要：本文选取漳州云霄县和长泰县两地古建筑，研究其构造做法、工艺和材料因地域不同造成的差异，分别选取了云霄县的朱文公祠、燕翼宫、云山书院，长泰县的杨氏宗祠、陈巷福照亭、山重昭灵宫作为案例，从屋面做法、大木构件、小木构件、墙体做法以及地面做法5个方面来阐述其异同点，并分析异同点形成的原因。

关键词：古建筑；差异性；共同点

一、引言

2002年，时任福建省省长的习近平同志为福建人民出版社《福州古厝》一书撰写了序言。他在序言中说："……保护好古建筑、保护好文物就是保存历史，保存城市的文脉，保存历史文化名城无形的优良传统……现在许多城市在开发建设中，毁掉许多古建筑，搬来许多洋建筑，城市逐渐失去个性。在城市建设开发时应注意吸收传统建筑的语言，这有利于保持城市的

* 厦门翰林文博建筑设计院设计总监、设计师。

个性。”

当前时期城市建设迅猛发展，许多地区古建筑面临被破坏以及被同化的尴尬处境，保护和研究古建筑刻不容缓。

古建筑在不同地域环境和不同文化环境中，往往具有很强的地域性。在研究古建筑时，需要通过空间布局、建筑材料的使用、工艺做法等方面去区分和了解该地区古建筑的文化特征和建筑特征。

本文期望通过对古建筑研究，使古建筑保护工作在一定区域内更有效地保持原有建筑风貌和特征，让区域古建筑焕发时代风采。

二、研究背景及主要内容

漳州地处闽南地区，因地理环境囊括平原和山区，建筑特点也有许多不同之处。在研究云霄县和长泰县这两个不同地理环境的古建筑时，常常被其地域性困扰，该如何辨别和区分这两个地区的古建筑是本次研究的主要内容。

（一）云霄地区和长泰地区古建筑现状

1. 漳州地区古建筑现状分析

漳州地处东经 117° ～ 118°、北纬 23.8° ～ 25° 之间，陆域南北长 187 千米，东西宽 127 千米，面积 12607 平方千米。博平岭横亘于西北，戴云山余脉伸入北部境内。平和县的大芹山主峰海拔 1544.5 米，为漳州市第一高峰。九龙江全长 1923 千米，为福建第二大河。流域面积 14741 平方千米，在漳州境内流域面积 7586 平方千米。此外还有鹿溪、漳江、东溪等主要河流。九龙江中下游平原面积 720 平方千米，是省内最大平原。海域面积略大于陆域面积。大陆岸线 519 千米，岛屿岸线 112 千米，正面宽约 128 千米，呈北东走向。因此，漳州不仅有广阔的沿海平原地区，也有崎岖的山区。

不同地区的环境造就了不同的建筑风格和特色。本次研究着重以云霄县沿海平原地区的古建筑和长泰县山区的古建筑作为研究对象，解析这两个地区现有的明清时期古建筑的建筑特征。

漳州目前保存较好的古建筑大部分以明代、清代为主，而清代古建筑的现存量又远远多于明代古建筑。从建筑功能性来划分有宗祠建筑、寺庙建筑、传统民居建筑等，从建造材料划分有土木结构建筑、砖木结构建筑以及少部分的石构建筑。

2. 云霄县与长泰县古建筑现状

云霄县位于福建省南部沿海，位于北纬 23° 45′ ～ 24° 14′，东经 117° 07′ ～ 117° 33′之间，辖区面积 1054.3 平方千米，人口 41.6 万（第六次人口普查）。云霄县地势从西北向南倾斜，东北、西部以及西南部边沿均为山地，云霄县名胜古迹和纪念地有尖峰夏商贝丘遗址、圆岭商周印纹陶文化遗址、仙人峰、青崎岩画、云山书院、威惠庙、树滋楼、漳州故城、石矾塔和第二次国内革命战争时期中闽南特委所在地乌山十八间洞。天地会创始地高溪观音亭和陈政墓是省文物保护单位。

云霄县地处漳州西南部，靠近潮汕地区，因此建筑风格受潮汕地区建筑风格影响较大。现存古建筑多为明清时代建筑，从建筑功能性划分有宗祠建筑、寺庙建筑、传统民居建筑等，从建造材料划分有土木结构建筑、砖木结构建筑等。

长泰县地处闽南金三角中心结合部，九龙江口下游。介于北纬 24° 33′ ～ 24° 54′，东经 117° 36′ ～ 117° 57′之间。东连厦门，南邻漳州台商投资区，西接华安和漳州，北靠泉州市安溪县，东到厦门市区 50 千米，南至漳州市区 17 千米。

长泰地区地处漳州东北部，靠近泉州安溪地区，因此建筑风格受安溪地区建筑风格影响较大。现存古建筑多为明清时代建筑，从建筑功能性来划分有宗祠建筑、寺庙建筑、传统民居建筑等，从建造材料划分有土木结构建筑、砖木结构建筑等。

（二）研究的意义

通过研究云霄地区和长泰地区明清时代的古建筑，将这两个地区的建筑使用材料、工艺手法乃至雕刻彩绘等特征一一比对，最大限度地分析两地古建筑的异同点，便于古建筑保护工作者在进行文物保护工作时更加清楚地认识到地域特征。保护工作能够遵照本地的古建筑特色，更加因地制宜地使用相应材料、施工工艺和技术手法，更好地保护文物古迹。

通过研究云霄地区和长泰地区明清时期的古建筑，更好地掌握不同时期两地古建筑在建筑形式、建筑结构、雕刻工艺等方面的变化，更好地总结出两地古建筑的发展规律，为其他古建筑的断代提供可行的参考依据。

（三）研究的主要内容

1. 云霄县：朱文公祠、燕翼宫、云山书院

（1）朱文公祠

朱文公祠又名紫阳书院，位于云霄县云陵镇享堂村西北路268号。建成于明万历四十二年（1614），原址位于镇城西门外小山之麓，崇祀朱熹、黄勉斋、陈北溪三先生及前明太守施邦曜。

清康熙四十六年（1707）冬，漳浦知县陈汝咸捐金为倡，次年在镇城北门外购地重建朱文公祠。书院建成后，陈汝作《重建云霄朱文公祠引》。康熙五十九年（1720），在书院增建后楼一座为义学址。由于书院地处僻野荒凉，云霄社会贤达佥议移址入云霄镇城内。乾隆三十八年（1773），在贡生张蓝玉首倡下庀材备料，于当年动土，至乾隆四十一年（1776）讫工，历时四年始成，共耗银2000余两。事竣后，邑绅高云水向大学士蔡新求征《移建朱文公祠记》，并勒碑供立于文祠外墙。

书院坐东北向西南，系单檐硬山顶燕尾脊式土木结构建筑，由前厅、天井及其两侧廊房和主堂组成，建筑面积295平方米。

前有院埕，原设照壁，占地面积合计550平方米。主体建筑面阔三间，前厅进深一间，设有前廊，明间前廊内凹，为仪门做法，天井两侧是廊房，主堂进深三间，为明堂做法。

书院前厅前廊和天井铺砌花岗岩条石，室内均铺设红砖。山墙生土夯筑，内外墙面抹灰。在前厅内檐设有装修隔断，用花岗岩石板砌筑隔墙，大门两侧制安透雕香草龙纹石窗，上绦环板为浮雕花鸟图折枝纹花板，墙裙制安素面花岗岩石板，下置雕刻如意花草纹的圭脚石；明间大门的门框石制，前置一对青石雕涡纹抱鼓石，大门两侧各设一个小门，门框木制。书院内的金柱均为石柱上墩接木童柱，有方形和圆形石柱两种，主堂金柱和前厅前廊的两根檐柱下置柱础，做法较为朴素，前厅和廊房金柱无设柱础直接落地。金柱题镌楷书柱联3对，如“格致诚正修齐治平道一以贯，尧舜禹汤武周孔孟文端自兹”，“万古儒林资树表，千秋俎豆寄云霄”等。

主体建筑的明次间设有二缝梁架，前厅前廊的明间中部多设两缝梁架，过水廊房也有小式梁架。系穿斗抬梁混合式，均为两架梁。梁为月梁，拱为肥束拱，坐斗有狮象斗和瓜斗等形制，散斗有圆斗和方斗两种，圆斗雕刻成莲花状，方斗开海棠线，是为梅花斗；梁架间有花板装饰，风格较为朴素，但杂宝纹、花草纹、香草龙纹雀替等或为剔雕，或为透雕，同样雕工细腻。前厅前廊的明间设有4组垂柱，柱头雕成莲花状，前厅和主堂的内外檐装修中，设有攀间斗拱，为叠斗式。屋面以小青瓦覆盖，下层有望砖，屋面举折曲线柔和；前厅为明次间燕尾脊上下脊，主堂正脊同为燕尾脊，正脊脊饰无存，脊堵内保留一些花草脊饰，为丹凤牡丹纹的灰塑，显得古朴典雅。

2007年福建省文物局公布为第七批省级文物保护单位。

（2）燕翼宫

燕翼宫系开漳圣王陈元光府邸，后改祀陈元光祖孙四代，故又名开漳祖庙，俗称王府。始建于唐垂拱年间，宋末被元兵焚毁，明初重建，历代多次修葺。

建筑坐西南朝东北，原为三进悬山顶燕尾脊式土木建筑，依次由照壁、前院、门厅、主殿和后堂组成，建筑面积915平方米，规模宏大。现存主殿和后殿，其中主殿面阔五间、进深三间，设抬梁穿斗混合式梁架，木构雕刻精细，简繁有度；台基和山墙系用三合土夯筑，墙体厚重坚固，主脊保存明清早期建筑特征，与闽南中晚期建筑脊部形制形成鲜明对比，具有很高的历史、艺术价值。

燕翼宫作为陈元光在漳州唯一的故居，是牵动海内外开漳将士后裔及开漳圣王信众敬祖尊宗、爱国爱乡热忱的历史文化遗产，对进一步打响开漳圣王文化品牌，扩大对台文化交流具有深远意义，是福建省最重要的涉台文物之一。

（3）云山书院

云山书院俗称太史公庙，清光绪九年（1883）为祀乡贤林偕春而建。林偕春，字孚元，号警庸、云山居士，明嘉靖进士，历官翰林院编修、两浙学政、南赣兵备副使、湖广布政司右参政、亚中大夫等，著有《云山居士集》载于《明史·艺文志》。书院坐西朝东，占地1300多平方米，主体建筑777平方米，由门厅、庭院、大殿、厢房、照壁等组成。主殿曰“扶云楼”，为二层楼阁式建筑，重檐歇山顶。面阔五间，进深五间，两侧梢间和后部辟为通廊。梁架为穿斗抬梁混合式结构。二层四根金柱落于一层额枋上，是为闽南古建筑的“插柱造”典型法式。梁架结构复杂，木石构件装饰繁缛，为闽南少见的楼阁式建筑。林氏后裔在台湾基隆、南投和新加坡、马来西亚等地都有分支，并有祀庙，对于研究清代闽南建筑艺术和闽台及海外关系有重要的意义。1985年，公布为第一批县级文物保护单位。

2009年11月16日被列为福建省第七批文物保护单位。

2. 长泰县：杨氏宗祠、陈巷镇福照亭、山重昭灵宫

（1）杨氏宗祠

长泰县杨氏宗祠坐西朝东，由祠埕、前厅、天井和南北廊房、主堂组成，建制完整；建筑面积合计544.75平方米，总占

地面积1236.34平方米，规模宏大；宗祠为硬山顶燕尾脊式建筑，前厅面阔五间，进深二间；主堂面阔是三间，进深三间；中为天井，其天井凸起做平台，南北东三边留一条集水沟，天井两侧设廊房相连前厅与主堂；建筑内木构斗拱雍丽大方，花板雀替精雕细刻，梁架彩画丰富，有很高的艺术价值。

长泰县杨氏宗祠是长泰杨姓的大宗祠，也是杨海派下裔孙的总祠祖地。宗祠始建于明，历代均有重修，民国年间再次重修，现存建筑保持清代闽南祠庙建筑的法式特征。杨氏宗祠坐西朝东，由祠埕、前厅、天井和南北廊房、主堂组成。

长泰县杨海派下后裔明清以来不断有人迁居台湾，其中不乏举房全家往台的现象，这在闽台移民史上较为少见。改革开放初期，台湾杨海派下的宗亲即着力开展谒祖寻根的工作。自1980年以来多次组团回乡谒祖，并积极捐资修建宗祠和以及祖地的各种设施。长泰台湾两地杨氏宗亲源远流长，海峡两岸人民亲情永在，长泰杨氏宗祠成为他们心中维系亲情和血缘关系的最好的精神象征物。

2005年5月11日，福建省人民政府以闽政文〔2005〕164号文件，公布长泰杨氏宗祠为第六批省级文物保护单位。

（2）陈巷镇福照亭

福照亭位于长泰县陈巷镇夫坊村东北角，建筑体现为清中晚期特征，总建筑面积为181平方米。

现存福照亭建筑为两落一天井单瓦屋面土木结构、歇山顶式的建筑。主体建筑由门厅、天井、两廊及主堂组成。正殿面阔三间、进深三间，单檐歇山顶，大门有石狮一对，石柱上刻："慈云远映东溪月，福曜常照南海天"，横眉上有八仙祝寿图案的浮雕。主体建筑的梁架木构保存完好，工艺精美。

（3）山重昭灵宫

山重昭灵宫由前厅、天井、廊房、主堂、过水连廊、天院、厢房组成，处于青山之中；雕梁画栋，燕尾高翘，小巧玲珑；在空间构成、造型、装饰和形式上极具美感。

山重昭灵宫建于明嘉靖年间，重建于清代、重修于民国，内部透雕花板，木构件彩绘及石构件雕刻保留较为完整，能更好、更直观地体现清末民国时期的建筑风格。昭灵宫为不可多得的建筑艺术品。

2013 年 1 月 28 日被福建省人民政府列为福建省第八批文物保护单位。

三、云霄县和长泰县古建筑的共同点

（一）屋面做法

相同做法包括：朱文公祠前殿明、次间屋面正脊，燕翼宫前殿屋面正脊，云山书院大殿二层屋面正脊（图 1），杨氏宗祠屋面正脊，陈巷福照亭屋面正脊，以及山重昭灵宫屋面正脊均为燕尾脊（图 2）；朱文公祠、燕翼宫、云山书院、杨氏宗祠、陈巷福照亭及山重昭灵宫屋面均铺设望砖，望砖均为漳州红砖料；朱文公祠、燕翼宫、杨氏宗祠、山重昭灵宫脊堵装饰均为花鸟、人物灰塑；云山书院、陈巷福照亭堵脊装饰为剪瓷雕。

图 1　云山书院屋面燕尾脊　　图 2　山重昭灵宫屋面燕尾脊

（二）大木构件特征

相同做法包括：朱文公祠、燕翼宫、云山书院主殿二层、杨氏宗祠、陈巷福照亭及山重昭灵宫明间两缝梁架均为抬梁穿斗混合式梁架（图 3 和图 4）；朱文公祠、燕翼宫、杨氏宗祠、陈巷福照亭及山重昭灵宫梁架上通梁、部分额枋和寿梁上均有彩绘，彩绘类型均为苏式彩绘；朱文公祠、燕翼宫、云山书院、杨氏宗祠、陈巷福照亭及山重昭灵宫大木构件均选材杉木。

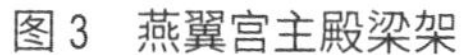

图3 燕翼宫主殿梁架

图4 福照亭主殿梁架

（三）小木构件特征

相同做法包括：朱文公祠、燕翼宫、云山书院、杨氏宗祠、陈巷福照亭及山重昭灵宫小木构件选材均为樟木；文公祠、燕翼宫、云山书院、杨氏宗祠、陈巷福照亭及山重昭灵宫雕刻构件样式有许多相同或相近的题材，如匝宝纹“琴棋书画”，卷草云龙纹，“梅兰竹菊”等，且小木构件面层均施以彩绘，面层贴金（图5、图6）。

图5 杨氏宗祠匝宝纹雕刻件

图6 云山书院匝宝纹雕刻件

（四）墙体做法

朱文公祠墙体为三合土夯土墙，燕翼宫墙体为三合土夯土墙，云山书院墙体为青砖墙，杨氏宗祠墙体为青砖墙，陈巷福照亭墙裙以上墙体为三合土墙，山重昭灵宫墙体为块石砌墙。

因此，朱文公祠墙体、燕翼宫墙体、陈巷福照亭墙裙以上墙体做法相同，云山书院墙体，杨氏宗祠墙体做法相同为青砖墙。文公祠、燕翼宫、云山书院、杨氏宗祠、陈巷福照亭及山重昭灵内山墙墙面均为白灰抹面。

（五）地面做法

相同做法包括：朱文公祠、燕翼宫、杨氏宗祠、陈巷福照亭、山重昭灵宫前殿前廊地面均为条石铺地（图 7、图 8）；朱文公祠、燕翼宫、云山书院、杨氏宗祠、陈巷福照亭及山重昭灵宫室内地面均为红砖铺地。

图 7　朱文公祠前殿前廊条石铺地

图 8　福照亭前殿前廊条石铺地

四、云霄县和长泰县古建筑的不同点

（一）屋面做法

朱文公祠、燕翼宫是以红瓦做仰瓦，小青瓦做覆瓦；云山书院是以红瓦做仰瓦，琉璃筒瓦做覆瓦；杨氏宗祠、陈巷福照亭及山重昭灵宫均是以红瓦作为仰瓦和覆瓦。因此，云霄地区与长泰地区屋瓦材料使用的不同点是覆瓦（图 9 ～图 12）。

朱文公祠、燕翼宫前殿稍间和主殿屋脊脊头为龙咬脊，这是云霄、诏安潮汕地区的特有做法（图 13、图 14）。朱文公祠、燕翼宫堵脊灰塑做法为潮汕地区风格做法，做法较为繁复，陶制骨架，石灰砂浆塑形后面层彩绘，具有较强的立体感，且题材丰富。

杨氏宗祠、山重昭灵宫、陈巷福照亭屋面正脊脊头均为传统燕尾脊，这是漳州市区、长泰、华安、南靖、厦门、泉州等地区较为常见的做法。杨氏宗祠、山重昭灵宫脊堵灰塑做法是以铁丝和竹签做骨架，石灰砂浆塑形后，面层彩绘。

云山书院、陈巷福照亭脊堵装饰均为剪瓷雕，云山书院剪瓷雕为潮汕风格剪瓷雕。剪瓷雕分为平雕、立雕圆雕、叠雕、半浮雕。云山书院有大量立雕、叠雕和半浮雕，且有大量人物刻画，题材丰富，有“八仙过海”“穆桂英挂帅”等。

陈巷福照亭屋脊的剪瓷雕较为简单，多为平雕，题材多为吉祥花鸟、仙草等。

图 9　云山书院屋面琉璃筒瓦

图 10　燕翼宫屋面覆瓦为小青瓦

图 11　杨氏宗祠屋面覆瓦为红瓦

图 12　昭灵宫屋面覆瓦为红瓦

图 13　燕翼宫屋脊龙咬脊

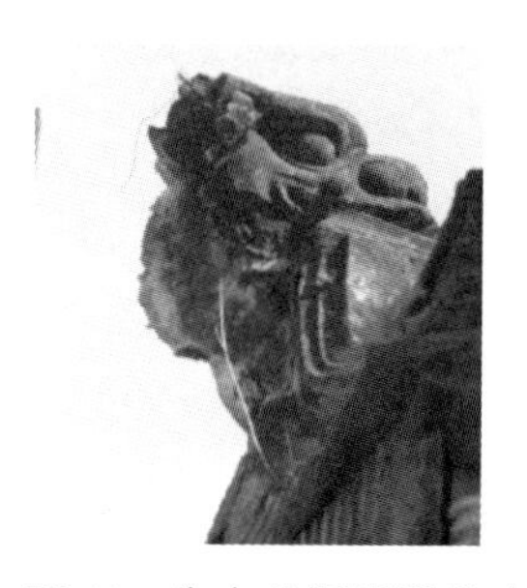

图 14　朱文公祠屋脊龙咬脊

（二）大木构件特征

朱文公祠、燕翼宫、山重昭灵宫主殿柱式均为梭柱，但朱文公祠、燕翼宫所在云诏地区直至清代、民国仍有梭柱的做法，而长泰地区只有明代及之前为梭柱做法（图 15、图 16）。

云山书院前殿通梁上方承檩的木插柱底部用木斗墩接，燕翼宫石柱上方木柱下用木斗座墩接，这种做法在云霄地区广泛使用，但在山重昭灵宫、陈巷福照亭、杨氏宗祠等建筑中均为直接用木插住接通梁及用木柱直接交接石柱，无墩接木斗的做法。

图 15　朱文公祠梭柱（清）

图 16　山重昭灵宫梭柱（明）

（三）小木构件特征

朱文公祠（图 17、图 18）、燕翼宫（图 19、图 20）、云山书院（图 21、图 22）的雕刻构件雕刻手法均为潮汕风格雕刻手法，雕刻手法细腻，透雕构件较多且题材多样。杨氏宗祠（图 23、图 24）、陈巷福照亭（图 25、图 26）及山重昭灵宫（图 27、图 28）雕刻风格较为接近安溪风格，较为简洁大气。

图 17　朱文公祠螭虎石窗特写

图 18　朱文公祠木雕构件

图 19　燕翼宫梁架雕刻构件特写

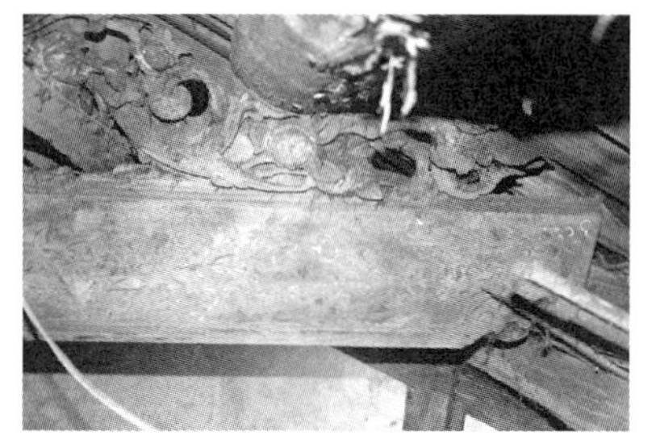

图 20　燕翼宫挑檐梁的剔雕花草纹图案特写

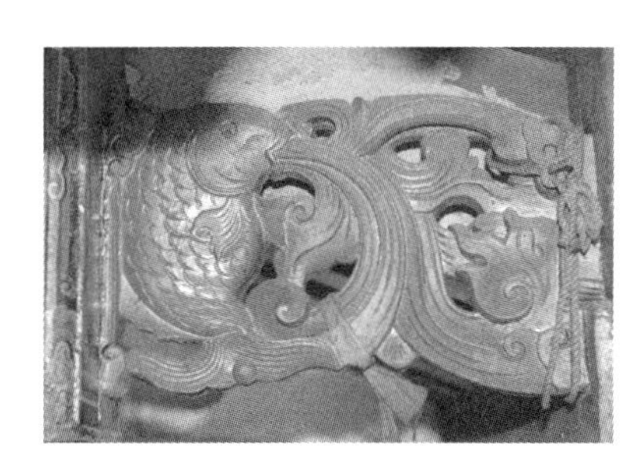

图 21　云山书院木雕构件特写

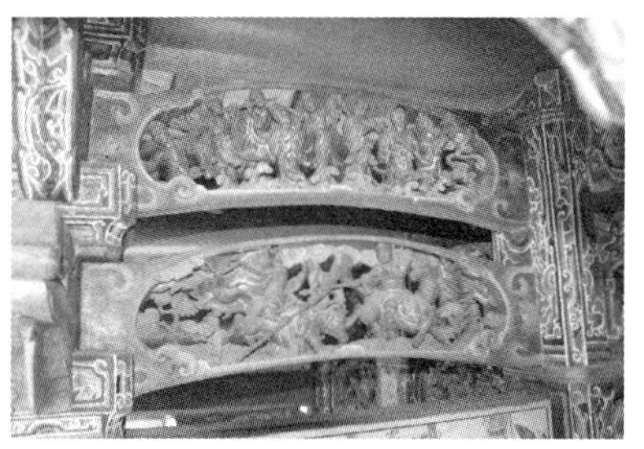

图 22　云山书院木雕构件特写

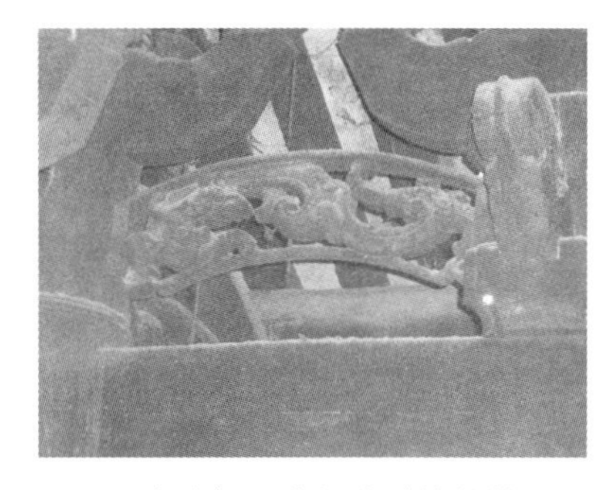

图 23　长泰杨氏宗祠木雕构件特写

图 24　长泰杨氏宗祠梁架木构件特写

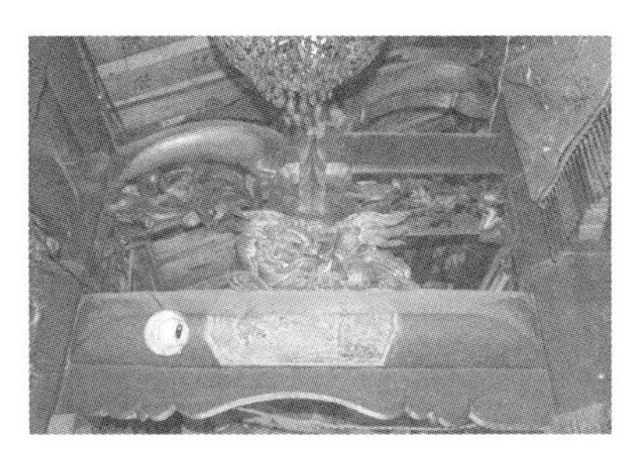
图 25　陈巷福照亭木雕构件特写

图 26　陈巷福照亭木雕构件特写

图 27　山重昭灵宫木雕构件特写

图 28　山重昭灵宫木雕构件特写

（四）墙体做法

杨氏宗祠、陈巷福照亭、山重昭灵宫墙裙均为条石墙裙，朱文公祠、燕翼宫为三合土墙裙，云山书院为砖纹灰饰墙裙（图 29 ~ 图 31）。山重昭灵宫（图 32）墙体为块石砌墙体，山尖位置墙体为红砖砌筑，内、外墙面石灰砂浆打底，面层抹石灰砂浆。

图 29　福照亭条石墙裙

图 30　朱文公祠三合土墙裙

图 31　云山书院砖纹灰饰墙裙

图 32　山重昭灵宫墙体做法

（五）地面做法

朱文公祠（图 33）、燕翼宫、杨氏宗祠天井地面为条石铺设地面，陈巷福照亭天井地面、山重昭灵宫前埕地面及厢房天院地面为三合土砌卵石铺设地面。山重昭灵宫（图 34）散水地面为卵石地面，朱文公祠散水地面为条石地面（图 35），燕翼宫散水地面为三合土地面（图 36）。

图 33　朱文公祠天井月台铺地做法

图 34　山重昭灵宫天井铺地做法

图 35　朱文公祠散水条石地面

图 36　燕翼宫散水三合土地面

五、云霄县和长泰县古建筑异同原因分析

云霄地区和长泰地区均属于闽南地区，因此许多宗庙建筑空间布局相似。朱文公祠、燕翼宫、杨氏宗祠、陈巷福照亭及山重昭灵宫主建筑均是两进带天井的布局。屋面均是前坡高、后坡低，前坡曲、后坡平，梁架均是抬梁穿斗混合式梁架等。

两者地域性差异：云霄县靠近潮汕地区，交通的便利使得潮汕地区匠师容易来到云霄地区，易产生工匠间的技艺交流，因此，灰塑和剪瓷雕的施工工艺、题材的种类都受到不同程度的影响。同理，长泰县靠近安溪，安溪的部分匠师也容易来到长泰。

两者建筑材料的差异性：因古代交通极为不便，尤其是长泰地区，作为漳州最东北部的山城，建筑材料的选择就更加需要因地制宜。长泰地区盛产石材和黏土，而缺少石灰，山重昭灵宫墙体就大量使用块石砌筑，杨氏宗祠用大量青砖砌筑。反观云霄朱文公祠、燕翼宫，因云霄靠近海边，容易以海蛎壳烧制壳灰，因此，可以大量制作高质量的三合土来夯筑基础和墙体。

两者施工做法传承的特殊性：福建地区古建筑的发展总是随着时代的改变而不断变化，或因环境较为封闭，或因传承未中断。例如朱文公祠前殿梢间和主殿正脊脊头以及燕翼宫正脊脊头均使用了龙咬脊，而长泰地区未出现该做法。

两者不同时期施工做法的差异：明代以后，除了潮汕及云诏地区，其他区域的梭柱柱式逐渐消失，长泰地区屋面正脊常常可以看到云龙剪粘瓷雕，而云霄地区未有该做法。

综上，自唐代陈政、陈元光带领府兵至漳州，带来中原地区先进生产技术，同时带来中原地区的建造技术以来，中原的建造技术在闽南地区不断传播的同时也与当地工艺、技术和材料的融合下产生新的形式和变化。与此同时，随着闽南地区在不同时代与海丝文化的不断交流，南洋、西洋文化与本地文化不断碰撞融合；以云霄、诏安为代表的沿海地区与以长泰、南

靖为代表的山区在各自相对独立的环境中发展出各具特色的建筑文化。

六、结语

通过对朱文公祠、燕翼宫、云山书院、杨氏宗祠、陈巷福照亭以及山重昭灵宫的同、异性对比，可知云霄县和长泰县古建筑的差异性来源有 4 种：地域性差异、建筑材料的差异性、施工做法传承的特殊性、不同时期施工做法的差异。根据这些一般性的差异，今后能够以一定依据甄别这个地区一些古建筑匠师的来源，匠师的流派以及建筑的建造时期。此外，在对闽南地区不同县市、不同环境的文物修缮设计、施工时也应详细调查本地工艺做法、民俗文化等，以保障各个地区传统工艺、文化在现代文化大交流的时代不被同化和改变，保障文物的真实性、完整性以及文化传统，保证实施文物保护工程时最小干预、恰当技术的原则。

参考文献

[1] 曹春平 . 闽南传统建筑 [M]. 厦门：厦门大学出版社，2016.

[2] 李乾朗 . 台湾古建筑图解事典 [M]. 新北：中原造像股份有限公司，2015.

[3] 刘畅，曾朝，谢鸿权 . 福建古建筑地图 [M]. 北京：清华大学出版社，2015.

简论故宫城墙修缮工艺

陈百发*

摘　要：本文结合古代城墙修筑工艺的发展历程，剖析了故宫城墙的功能及象征意义，分析故宫城墙在城墙筑造史中所占地位，进而结合故宫西城墙修缮工程，简述城墙修缮工艺。在故宫西城墙修缮中，尝试了传统工艺做法的融合应用，对比了修缮效果的异同；结合故宫城墙外墙面的修缮方法，归纳融合修缮工艺做法对城墙修缮工程质量及修缮效果的意义，以期通过对实践的总结，丰富故宫城墙修缮及类似城墙的修缮工艺，在今后的城墙保护工程中，遵循文物保护原则，使修缮措施更为稳妥。

关键词：故宫城墙；修缮工艺；融合

《吴越春秋》中有云："筑城以卫君，造郭以守民，此城郭之始也。"古代城池的出现是为了保障人民生命与财产的安全，集合人民大众的智慧所应运而生的产物。[1] 随着时代的发展，城池也被赋予了其他意义，成为了帝王之家的象征。《周礼·考工记》中记载的王城图中介绍到，"匠人营国，方九里，旁三门。国中九经九纬，经涂九轨，左祖右社，面朝后市，市朝一夫"。城墙建造的最初功能是保护民众安全，《诗经》中就有相

* 故宫博物院工程师

关的记载“天子命我，城彼朔方，赫赫南仲，猃狁与襄”。“天子”为了保护国民而筑造城墙防御。《史记》中也记述了长城的筑造：“筑长城，因地形，用制险塞”。长城的筑造主要以军事防御功能为主，是实实在在的战争工具，一切均以保家卫国为前提，主要体现出一种雄壮之美。而城池的城墙既有实用价值，又有象征意义，逐渐演变成为一种礼制以及统治阶级权力的具象化载体。这一点在《五经异义》中有所体现：“天子之城高七雉，隅高九雉”。城池特色之集大成者，必然首推故宫，其建筑群占地面积之大，建筑规格之高，装饰形制之烦琐，无一不体现出封建社会的等级制度，[2] 而故宫的城墙自然就是中国特有的“墙文化”[3] 的典范。

城墙的建造对帝王而言，是维持其统治的重要物质基础，每一座城池的城墙都可以视作地标性建筑，作为保障人民安全的物质载体，同时也承载了统治阶级的安全感。所谓万丈高楼平地起，城墙不是一蹴而就的，了解城墙的筑造技术，是了解一座城墙的基本途径，筑城技术的高下，更是一种种族智慧的反映。[4] 营造技术方面，起源于仰韶时代晚期的版筑技术，至周代工艺已相当成熟，其应用贯穿了整个中国古代建筑史。[5] 材料方面，随着早期夯土技术在商朝有了技术性突破，通过在夯筑过程中加入草缨等材料，使得所筑城墙更高大、施工更快捷，墙体稳定性更好。虽然战国时，被用于墓葬的空心砖就已经出现，但是相较于当代的砖，其在形制和质量上都有致命缺陷。纵观历史，土筑城墙数量较多，个别地方曾出现砖包皮的砖城墙。直到明朝中期，随着烧砖技术的提高以及大量青砖的生产，才开始对土筑墙体进行了内外包砌。至清代，大多数城墙都由砖砌而成。城墙的建造艺术是古代劳动人民的智慧和血汗结晶，城门数量、城墙规模和城市形制一样，蕴含了中国深厚的礼制文化。

故宫又被称为紫禁城，位于全城中心位置。东西宽 760 米，南北长 960 米，外围有护城河，四隅有角楼，美轮美奂。[6] 四合院作为北京的代表性建筑，[7] 其规模在故宫中得到了质的升华，整个紫禁城可以视作一个大的四合院，依中轴线对称建设，由多个院落组成。[8] 以乾清门为界，划分为外朝和内廷区域。宫殿建筑不仅强调单体建筑的体量和外观，而且注重建筑之间的关系，不同的院落由墙分割，再由门串联起来。墙和门的分割和组合作用使院落布局更加复杂，从而达到“一步一景、移步换景”的艺术效果。[9] 故宫城墙在空间位置上维持了内外有别的秩序。

城墙作为一个民族政治、经济、军事等领域的符号，其地位是不言而喻的。但是在修缮领域中，城墙修缮却是比较单一的部分，原因是其仅涉及传统材料中的砖、灰等，结构形式相对简单。常说的“墙倒屋不塌”，在城墙这里多以断壁残垣的方式呈现。而作为重要防御设施的城墙，采用青砖外包、内筑夯土的墙体可以加强防御性能，但是青砖包砌的“砖城墙”相对于其他砌筑形式的城墙（版筑夯土墙体、土坯墙体、石砌墙体等）也产生了其特有的病害。随着修缮进程的不断推进，通过与以往修缮案例的对比分析，汲取经验教训的同时，也在不断总结、发现可能导致结构稳定性变化、抑或是可能导致材料自身耐久性下降的问题。而解决问题的过程是在修缮过程中，根据具体问题而衍生出不同的修缮方法，例如材料的更换、结构的优化、修缮技艺的融合等。其目的是通过宏观层面的抓主要问题，再转移到局部做法的细节工艺中，通过实践摸索出一套针对故宫城墙修缮的工艺做法。

一、故宫城墙的结构特点

明朝茅元仪在《武备志》中有云：“凡城身，第一砖，第二石，第三土。”

故宫城墙包括墙体、城楼、角楼、城门等部分，而墙体由地基、面墙、背里墙、夯土、堞墙、宇墙、城台地面等构成。城墙划分了空间的界限，使其内外有别，既可以满足原始的安全需求，又可以构建尊卑有别的社会秩序。故宫城墙高耸，同时城墙四周有护城河，城墙上方还建有角楼，便于观察周围环境，集巡察、预警、防卫于一体，高大的城墙不仅可以在视觉上呈现出崇山峻岭的表象，也可以在心灵层面上给人以慰藉。墙体整体呈梯形，采用收分的设计以保障高大墙体的稳定性，内侧女儿墙（宇墙）设有排水口，城墙地面外高内低，以便雨水顺利排出。城墙的大部分基础由灰土和砖层层砌筑，故宫所用城砖主要来自山东临清。山东临清所产澄泥砖质地细腻，敲击有清脆声，质量上乘。成品砖通过大运河直达通州，再转运至故宫，方便快捷。[10] 乾隆五十年《临清直隶州志》中有说，“岁征城砖百万”，由此可见临清砖官窑规模甚是庞大，也从侧面说明了工程所用砖量甚是巨大以及当时国力的鼎盛。

中国古建筑墙体的砌筑类型可以分为干摆、丝缝、淌白、糙砖墙、碎砖墙、石墙、土坯墙、琉璃砌体等几种。[11] 为帝王权力而服务的故宫，其城墙采用干摆砌法，一方面是由其皇家地位的等级决定，另一方面也是出于防盗的考量。干摆工艺所采用的磨砖对缝做法是一种较高规格的瓦作砌墙工艺，一般用于古建筑墙体比较讲究的地方，作为紫禁城第一道关隘的城墙，考虑防御功能的同时也加入了美学设计。

故宫城墙剖面呈现为类似等腰梯形的截面（图 1），由外包青砖砌筑部分、中心夯土部分及基础部分构成，这样的结构便于就地取材。传统版筑技术是通过外力对土体进行加压，以达到塑形的目的。这种方式方便快捷，而且成本低廉。成型后的夯土本身稳定性可控，只是对于水的侵蚀，还不能有效避免。而包砖砌筑技术的出现，弥补了这一缺陷，实现了土城墙向砖城墙的转变。砖，因其自身的强度及耐久性更适合作为墙体材料，既美观又实用。但是外包青砖砌筑的城墙也有其自身的缺陷，相较于版筑的土城墙，青砖造价高昂，不易修缮，而且工艺更加复杂，砖墙需要的修建、养护时间也更长。

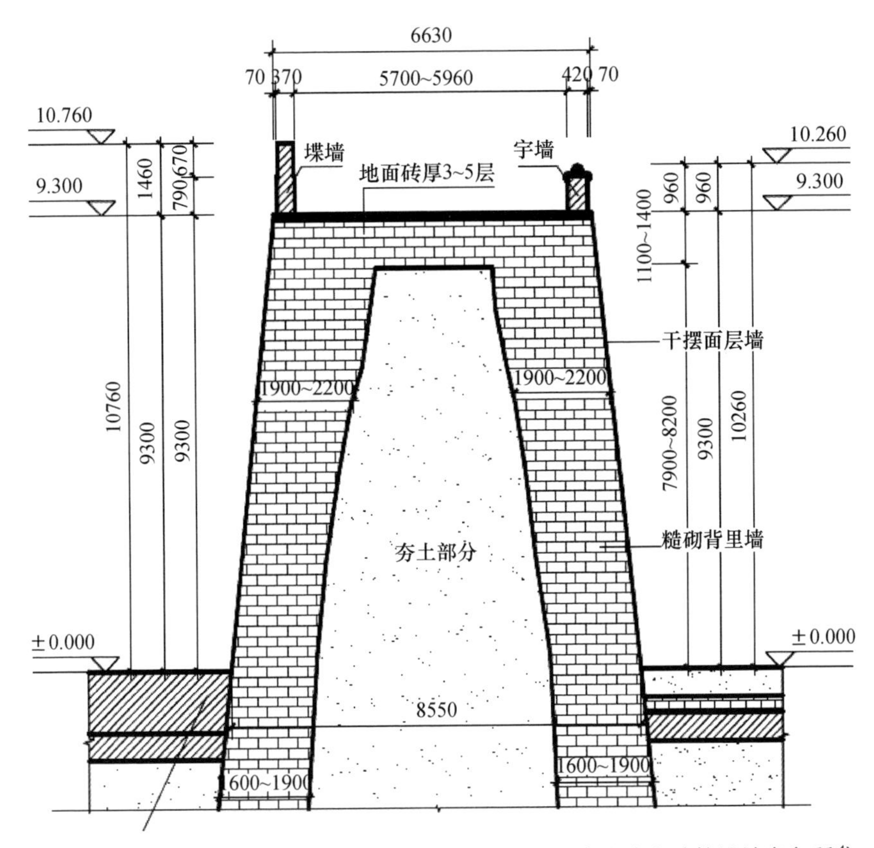

图 1　城墙结构断面示意图（图片来自北京兴中兴建筑设计事务所[1]）

二、故宫城墙的主要病害

现阶段城墙病害主要集中在面层墙上。由于面层墙鼓胀情况严重，已对建筑结构的安全性产生极大隐患。通过拆除面层砖，可以看到面层墙与背里墙之间的贯穿缝隙。高度近 10m 的城墙，因鼓胀影响，部分面层墙的收分已经消失，造成两面墙的既视感（图 2）。断裂后的面层墙成为了独立出来的一部分，面层墙与背里墙之间没有连接，任何扰动都可能对面层墙的稳定性产生不可逆的影响。而随着面层砖的拆除，可观察到所有拉接面层墙与背里墙的丁砖全部剪断（图 3）。可见病害对城墙

1 设计人、制图人：赵达元；工程主持人、建筑负责人：袁媛。

的影响程度与预测的情况大相径庭，原有修缮方案已不能解决现有问题。

图 2　城墙现状

图 3　拆开后城墙裂缝状态

故宫城墙是采用面层墙干摆工艺，背里墙糙砌的砌筑形式，此种形式有别于其他砖砌筑墙体的城墙。由于内外砌筑工艺的不同，其所反映出来的病害也与其他砌筑工艺的城墙不尽相同，因此城墙修缮不能按照传统山墙的修缮方法进行。城墙更像现代建筑中的构筑物，本身的功能决定了建筑形式，而它的体量决定了其不能被视为建筑构件。这本身是矛盾的，但也是相统一的。城墙的修缮是砖墙修缮的另一种呈现形式，是对砖墙修缮工艺的高难度挑战。

背里墙糙砌在节省材料、降低施工难度的同时，可以更好地保障结构的整体性，但是糙砌的工艺做法也导致了其本身达不到严谨的磨砖对缝。分段施工的影响也加剧了错楂情况的产生。远望整齐划一的砖层近观却是“犬牙交错”的现状，对修缮效果有巨大的影响。面层墙与背里墙之间是通过丁砖来拉接，而背里砖的“随意”摆放，对于承担连接作用的丁砖位置的影响是巨大的。丁砖作为拉接构件，自身就是面层墙的一部分。由内而外地，背里砖位置决定了丁砖的位置，而丁砖的位置决定了面层砖的位置。面层砖的齐整要求背里砖与丁砖所对应的位置关系准确，而无序的背里砖和面层墙的齐整形成了一种相互矛盾的位置关系，并且这个矛盾无法调和（图 4）。原面层墙的做法跟随背里墙砌筑，由内及外，背里砖如何排列，面层砖的位置便如何放置，故出现面层砖大小不一、层次各异的窘状。由此也可推测，相对于宫殿建筑，城墙本身的等级是低一些的。虽然面层墙是细砖的工艺做法，但是墙体的砌筑过程是比较粗糙的。

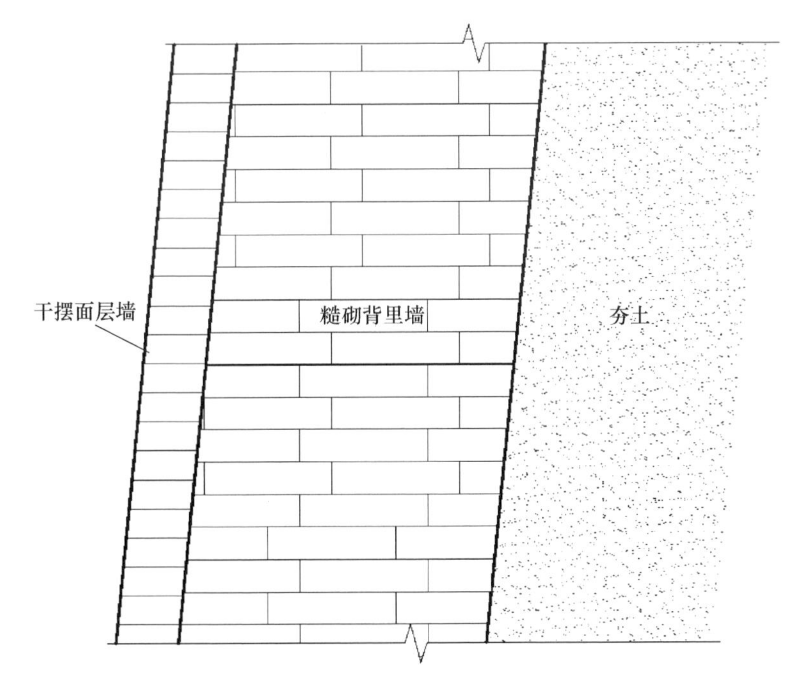

图 4　内侧墙示意图

三、故宫城墙面层墙修缮工艺

墙体修缮措施包括：支顶加固、剔凿挖补、拆安归位、零星添配、打点刷浆、局部修整、择砌、局部拆砌、拆砌等。[12] 本次工程主要修缮区域位于故宫西侧偏北段城墙。在修缮面层墙的过程中，尝试了不同的修缮方法，探索了不同领域的修缮技艺在城墙修缮中的融合使用。通过工艺做法的融合，虽然涉及的都是不影响结构安全性的局部，但是对于工程质量的提高以及整体修缮效果的呈现，都起到了非常积极的作用，很多融合后的修缮工艺值得反复思索并予以发扬。

（一）“木作工艺”用于剔凿断裂处丁砖

1. 传统工艺做法及缺点

面层墙采用一顺一丁的干摆工艺做法。背里墙为丁砖糙砌，从上部拆除面层砖后，全部断裂丁砖与背里墙仍结合为整体，糙砌的背里墙未发现砖体松散的情况，整体性较好。如何恢复在面层墙与背里墙之间作为拉接构件的丁砖，成了首先要解决的问题。

传统工艺中剔凿挖补一般都是用在下碱墙、山墙等局部，对于酥碱严重的砖进行替换的做法，对于病害面积较大的墙面，则根据损坏部位的位置选择择砌或局部拆砌的修缮措施。修缮过程中对背里墙上断裂丁砖进行剔除，但是由于糙砌的背里墙为满丁砌法，假如剔除掉所有背里墙表面断裂的丁砖，背里墙表面就可能成为千疮百孔的样子，呈现出受到强大外力扰动影响的状态。背里墙的整体性将遭到进一步破坏，同时对于原结构的稳定性及整体性都可能产生一些不可逆的影响。相较于城墙如此大的体量，用凿子、錾子等工具在背里墙上剔凿断裂丁砖，经过实际测算，不仅是对人力物力的极大消耗，更是对建筑本体的一种破坏性扰动。用錾子剔凿下来的断裂丁砖多被破坏，呈现为小碎块状。假如整面墙均采用此方法剔凿断裂丁砖，不仅剔凿位置丁砖不能完整保留，而且其过程可能对城墙整体产生巨大影响，由点及面的共振极可能让背里墙整体“变酥”。因此，剔凿方式或工具的选择成为了下一个亟待解决的问题。

2. 工艺做法的融合及优势

鉴于糙砌墙体的砖缝较宽，通过与匠人沟通，在原有做法的技艺上进行创新融合。过程中通过铁片剔除砖缝之间的白灰，再用铁钩对灰缝进一步清理、扩大，最后用木楔子卡住缝隙，通过锤子的敲击，木楔子不断更换位置来对断裂丁砖进行挤压，最终将其撬动后整体取出（图 5）。通过这种融合，将柔性材料应用在硬性材料的分离中。在黏合剂不易分离且极具黏性的情况下，此种融合后的方法可以成为一种参考。这些局部工艺做法的融合，可能是被迫为之，但是基于文物本体保护原则，这种对于建筑本体修缮有帮助的相关工艺做法的融合，是针对具体问题具体分析，再通过实践考证后产生的，且证明是有效的。但是若砖缝较小，此方法便无法实施。

图 5　采用木楔子剔凿断裂丁砖

3.“暗丁”概念的引入

（1）现状还原的效果及所产生的问题

假设背里墙在不进行整体拆砌的前提下，其丁砖位置是固定的。面对通长距离的整体观感，匠人们在施工过程中发现，背里砖的排列并不是一条直线，而是部分区域呈现跳跃性升高或降低的曲线排列，这一突兀现状会破坏面层墙的修缮效果（图 6）。针对这一问题，最简单的做法是将背里墙拆砌，调整成砖层基本平齐的状态。而文物建筑的原真性是其作为文物的基本属性，其中包含文物本体发生变化的过程信息。如何发掘并保留这些痕迹，是古建筑修缮的重要内容。[13] 城墙修缮的意义绝不是为了省时省力，满足当代人的审美而刻意改变文物现状。保留城墙的真实砌筑形式是对于城墙本体价值的一种保留，所以采用直接拆除背里墙再重新砌筑的方式不能作为解决问题的方法。

拆除已砌面层墙，重新调整砖高，通过由下而上的微小调整来追平砖层的齐整。若墙体的变化方式单一，呈现整体上升或整体下降的趋势，采用这种方法是最优的。但是所修缮段城墙变化复杂，无法通过此方法来解决现有问题。

图 6　面层墙与背里墙不对应

（2）引入“暗丁”

考虑到顺砖既不作为拉接构件又不作为承重构件，丁砖被截短一部分后仍然可以起到拉接的主要作用，故将原工艺融入“暗丁”做法。于面层墙与背里墙不平齐处，将丁砖截短，隐藏于面层墙的顺砖后，而顺砖内侧加工出能容纳丁砖的凹槽（图 7）。虽然原有结构中并没有这种“暗丁”的工艺做法，但是用于解决因背里砖排列不整齐所带来的面层砖不齐的连锁反应，是影响最小的一种修缮方法，并且保证了内外层砖的拉接。

在对文物古迹修缮的同时，还应该利用有效的保护技术以保障修缮过程不会对文物建筑本体造成损害。由面层砖细砖做法而联想到“暗丁”的工艺做法，不仅保证了城墙本体结构不受影响，而且达到了视觉表现所追求的效果。在思索解决问题的过程中，对于传统工艺做法，假设在熟悉与掌握基础知识的前提下加以梳理，就有可能产生联系与融合。这种融会贯通不一定是相互有联系的两个领域，但这不影响问题的解决。而这种联系应用在修缮工艺中，就成为了一种特别的、有针对性的修缮工艺。

图7 “暗丁”前的顺砖

4.“扒锯”技艺的融入

铁构件属于古建筑搭接位置的常用构件，例如石活修缮常用的铁活加固方法（图8）有：①在隐蔽位置凿锯眼，下扒锯，然后灌浆固定；②在隐蔽位置凿银锭槽，下铁银锭，然后灌浆固定；③在合适的位置钻孔，穿入铁芯，然后灌浆固定。[11] 在传统工艺中，铁构件被广泛应用，但是用于墙体内部的铁构件还是很少见到，一般用于石构件、琉璃构件的连接与修缮中。故宫外城墙修缮过程中使用了铁构件连接，这说明此种工艺做法极有可能是当时修缮过程中，对于已有病害进行的修缮工艺做法的调整。

当前修缮的内侧城墙病害与当时修缮的故宫外侧城墙病害有极大的相似之处，均出现丁砖大面积断裂、面层墙与背里墙分离的情况，所以在当前内侧城墙修缮时，可以借鉴外侧城墙修缮时的工艺做法。

图 8　赵州桥桥身扒锔（图片来自于网络）

铁构件在古建筑中的应用是非常广泛的，大木构件的维修加固经常用到铁构件，而扒锔工艺在破损位置的修缮中占有很大的比重。扒锔工艺用最小的接触面积来黏合破损的原构件，不改变原形制、原材料，只是起到辅助支撑的作用。砖砌筑城墙中本来是不包含铁构件的，但是大量的实例证明了铁构件与砖石材料一起使用效果良好，故宫外城墙中使用的铁构件就是很好的例子（图 9）。其现状在目前看来依旧稳定，且牢固，这说明铁构件的使用，特别是在丁砖断裂、面层墙空鼓的情况下，对面层墙修缮时，能加强砖墙的整体性、保障结构的安全。

图 9　燕尾榫

任何事物都是发展变化的，这是客观规律。在古建筑修缮领域，也应该秉持一个客观的态度去分析解决问题，无论是传统技艺还是新型材料都需要正确的应用才能发挥其作用。对于传统工艺的与时俱进，对于新型材料的审慎态度，都是对古建筑修缮负责的态度。[14] 在具体问题具体分析的前提下，才能把控修缮的主要方向，最终的目的都是为了解决问题。不管是从材料本身出发，还是从匠人们所从事的工艺做法上去调整，都是对于更好地修缮建筑本体的一种探索。

四、结语

城墙修缮有其自身的独特性，随着研究的深入、科技的创新、机械器材的引入，在修缮过程中进行修缮工艺的融合成为了保障工程质量的一种必然举措。这种举措是下意识的，也是历史发展的必然。匠人本身作为技艺的实施者，对于工程局部情况最为了解。其对所施工段落有更加清晰的直观认识，结合工程总体情况，可以更有针对性地调整修缮方案。相似工程的做法借鉴，具体工程、具体问题的做法调整，这些修缮措施不仅可以保障工程质量，也可以推进工程进度。

本次工程中采用的修缮工艺是通过对调整做法的可行性进行分析后，对具体问题的具体分析。在最小干预的原则下，最大限度地发挥匠人主观能动性的基础上，通过不同修缮工艺的比对，既可以保证工程质量，又可以达到良好的修缮效果，发掘适合城墙修缮的工艺。但是，任何尝试都需要时间来检验。此次工程修缮工艺是在借鉴了部分故宫外城墙修缮方法的基础上，再进行了其他修缮工艺的融合，但是因工程所涉及段落仅233米，所述城墙修缮工艺仅涉及所修段落产生的病害，不一定具有广泛的应用意义。每个工程都有自身的重点难点，具体问题具体分析才是修缮最根本的指导思路。而所谓的工艺做法融合，不是简单建立在“拿来主义”的基础上，而是要在遵循古建筑的原真性的前提下，结合研究，在深入分析建筑结构及病害情况的基础上，不干扰主体结构及主体法式的前提下，优化工艺做法。这种融合应该是精细的，是集体智慧的产物，而不是生搬硬套的。故宫城墙修缮工艺有其特殊性，但是一些问题的处理措施对于青砖包砌的城墙还是有一定的借鉴意义。本文所阐述的故宫城墙修缮工艺旨在提倡工艺间的融合，以达到最好的修缮效果，故宫城墙的修缮工艺仍需要在后续的工程中发掘、归纳、整理。

参考文献

[1] 张驭寰 . 中国城池史［M］. 北京：百花文艺出版社，2003.

[2] 刘敦桢 . 中国古代建筑史［M］. 北京：中国建筑工业出版社，1984.

[3] 纽金斯 . 世界建筑艺术史［M］. 合肥：安徽科学技术出版社，1990.

[4] 郭荣臻 . 中国古代都城城墙建筑技术的考古学观察：以古都洛阳城为例［J］. 史志学刊，2016（6）：54-61.

[5] 任会斌 . 战国长城的版筑技术：兼谈版筑的起源与发展［J］. 南方文物，2016（4）：169-172.

[6] 潘谷西 . 中国建筑史［M］.6 版 . 北京：中国建筑工业出版社，2009.

[7] 薛倩 . 多种方式保护北京四合院［N］. 中国社会科学报，2012-11-16.

[8] 李娜，曹姗姗 . 中国传统建筑的符号系统［J］. 艺术与设计：理论版，2017（1）：3。

[9] 章采烈 . 中国园林艺术通论［M］. 上海：上海科学技术出版社，2004.

[10] 郑连章编 . 紫禁城城池［M］. 北京：紫禁城出版社，1986.

[11] 刘大可 . 中国古建筑瓦石营法［M］.2 版 . 北京：中国建筑工业出版社，2015.

[12] 谢锡庆 . 中国古建筑的病症实例分析与处理［J］. 基建管理优化，2002（4）：12.

[13] 张卓远，李世晓，等 . 古建筑砖石墙体的结构性保护与施工［J］. 中国文物科学研究，2008（04）：50-53.

[14] 傅连兴 . 古建修缮技术中的几个问题［J］. 故宫博物院院刊，1990（3）：23-30.

探析古建筑地面铺装艺术

——以云南陆良县大觉寺为例

周　怡*

摘　要：古建筑地面是参观者亲临古建筑中亲密接触获得直观感受频率最高的界面，其地面铺装是指在古建筑室内、外地面中利用自然或人工的建筑材料，按照一定方式铺砌的一种装饰形式。受古建筑风格、时代、所处的环境、地理位置、建造者的审美等因素影响，地面铺装可以千变万化、形式丰富多样。地面铺装艺术是古建筑风格的延续，是文化符号之一，在室内外空间中具有非常重要的作用。本文以云南陆良大觉寺院落地面铺装工程为例，探讨古建筑地面铺装的艺术特性和含义，进而考虑如何更好地促使传统地面铺装技术和艺术与文物保护原则和使用功能要求相契合，传承和发扬古建筑地面铺装的传统文化内涵。

关键词：古建筑；地面铺装；大觉寺

* 云南省文物考古研究所文博馆员。

一、前言

古建筑地面铺装是指在古建筑室内、外地面中利用自然或人工的建筑材料，按照一定方式铺砌的一种装饰形式。地面铺装是文物建筑本体的一个重要构成要素，受古建筑风格、时代、所处的环境、地理位置、建造者的审美等因素影响，地面铺装艺术主要通过色彩、纹饰、尺度和材质等变化组合，形式多样、风格各异，是古建筑风格的延续，和古建筑一样蕴含了丰富的传统文化内涵，承载了当时的历史信息。由于属于使用频率较高的界面，地面铺装因此成为修缮工程中修复频率较高的内容，而在经历千百年的洗礼后，真正能够得以保留至今的原状地面其铺装材料的表面棱角已被时光磨砺光滑，宛如一部真正会说话的石头书，成为宝贵的文化遗产。

目前在云南古建筑保护工程中，地面铺装的材料、尺寸、样式、质感搭配往往不如施工工艺和官式做法受关注和重视，相关论文、研究甚少，地面铺装工程常常作为环境整治工程内容的一部分，而脱离于古建筑单独进行修缮设计，其作为文物本体的一个重要部分容易被忽视弱化。且在修缮设计时善于套用官式建筑的铺装做法，选材上善于使用机制批量打磨生产的砖、石材，忽略了自身特色和地方特色，导致大量古建筑原状地面铺装在后期受到破坏性修复，仅仅只是为了满足最基础的使用需求，有的甚至无法满足实用功能。大部分不具备审美艺术性，更注重后续使用的实用性和施工便捷性，简单粗放，单调乏味。

二、古建筑地面铺装艺术特点

（一）追求古朴自然美

人类总是生活在一定的自然环境中，自然环境对人类的影响程度与当时的生产力发展水平有很大关系。受当时社会生产力水平限制，就地取材后，工匠对原始材料进行人工打磨，无论是材料表面打磨或四周切边，还是材料间的相互拼缝或边缘收边，都是未经过分修饰的自然过渡，体现了当时工匠精湛的手艺水平。不同于现在的机械加工痕迹，铺装材料的线条、尺寸、纹饰和质感追求一种自然美，保持了它的天然原始性。

（二）因地制宜，注重特色

“自从人类诞生以来，人类种族的每一个成员从他降临人世的那一刻起，便生存于一定的气候、地形、动植物群地带的自然环境之中，同时也进入一个由一定的信仰、习俗、工具、艺术表达形式等所组成的文化环境”，[1] 所以每个地方都有自身独特的文化气质和地域特色，古建筑铺地作为自然和文化的产物，其所包含的文化内涵表达了人们对自然的理解和当时的生产力发展水平。无论南北区域，无论官式、民式建筑，铺装材料基本相同，在同一区域、同一自然环境下，铺装纹饰基本也是类似的，且地面铺装无论采用砖、瓦、石，抑或土，大都是当地最易于取用的材料，但由于尺度大小、铺装方式等带来的差异性，所表达的铺装艺术仍然是不同地区不同建筑间的个性特点。

（三）氛围营造

俯视整个古建筑群，地面铺装好比一块巨大的画布背景，用来衬托建筑，烘托环境氛围。例如在古建筑室外地面大面积使用硬质地面铺装，容易给人一种不亲切、不透气的违和感，更像一个现代广场，因此应避免采用硬质铺装材料带来的沉闷感，利用不同材料进行组合，通过材质对比（如石材和素土）营造古朴自然的院落风格，给人以亲切舒适感。适宜的地面铺装与建筑风格和周边环境相协调，让人进入后感到融洽，赏心悦目。

三、云南陆良大觉寺院落地面铺装设计

（一）概述

陆良大觉寺全称“大觉禅寺”，古名“北禅寺”，坐落于云南省陆良县中枢镇南门外真理街，主要建筑为千佛塔、大雄宝殿及其附属建筑。寺院坐北朝南，占地 7999.2 平方米，平面呈长方形，以南北中轴线为基线，依次排列着山门殿（前殿）、天王殿（中殿）、大雄宝殿（大殿），中轴线东西两侧分别对称分布着大觉寺塔（千佛塔）、文昌宫、凤山书院、钟楼、鼓楼、东厢房、西厢房等古建筑（图 1）。

大觉寺始建于元代初年，明万历年间重修，是陆良县最重要的名胜古迹及佛教圣地。2013 年 5 月，大觉寺古建筑群被公布为全国重点文物保护单位。

图 1　大觉寺航拍图

（二）院落地面铺装现状

经过详细的现场勘察，大觉寺院落地面铺装残损主要表现在以下几方面。

（1）通过参照大觉寺老照片，原始院落地面形式为素土地面配以绿化植物为主，但由于后期人为改造，早已不复存在。（图 2）。

（2）大觉寺现各院落地面铺装为 20 世纪 80 年代所修复，主要以规格尺寸不一的青石板铺地配以绿化植物，青石板长度约 300 ～ 1000 毫米，宽度约 200 ～ 600 毫米，厚度约 40 ～ 60 毫米，消防通道一侧为冰裂纹铺装，道路宽约 4.3 米。整个院落内铺装形式杂乱无章、粗制滥造、无美感，且与文物历史环境风貌不相协调（图 3）。

经过多年车辆碾压及游人往返，路面受到损毁，地砖断裂，路面坑洼不平；雨水沟时有堵塞，水沟盖板塌损等。为恢复陆良大觉寺整体风貌的完整、协调，考虑参观人员的出行安全，对陆良大觉寺院落铺装进行恢复。

图 2　大觉寺老照片

图 3　大觉寺后期不当改造路面

（三）工程范围

大觉寺目前主要为五个院落分区，即千佛塔院落、大雄宝殿院落、博物馆及文化艺术展览馆院落、文昌宫院落和禅房、碑廊院落，本次修缮只涉及千佛塔院落和大雄宝殿院落，地面铺装占地面积约 2365 平方米，同时，对大觉寺内排水系统进行提升改造（图 4）。

图 4　大觉寺地面铺装修缮院落

（四）设计方案

大觉寺总占地面积约 7999.2 平方米，院落地面铺装总占地面积约 4162 平方米，占古建筑群总占地面积的一半以上（图 5）。本次修缮涉及的千佛塔院落、大雄宝殿院落地面铺装占地面积约 2365 平方米，比例占总地面铺装面积的一半以上（图 6）。由此可见，地面铺装在整个古建筑群中起到了举足轻重的作用。

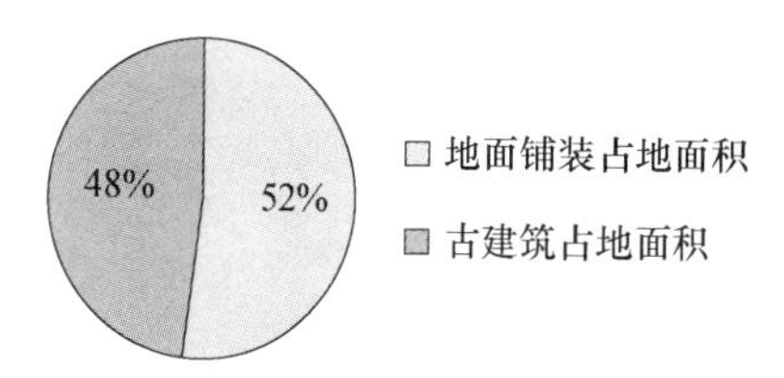

图 5　地面铺装占总占地面积比例

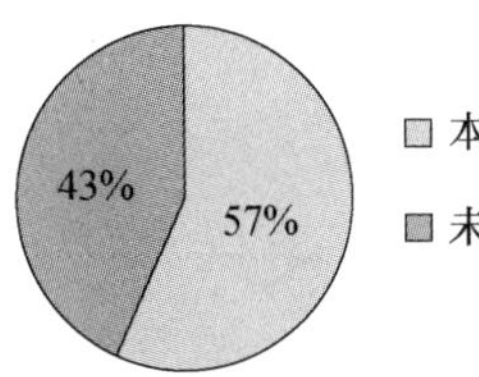

图 6　本次修缮地面铺装比例

1. 设计原则

此次院落铺装方案通过参照老照片以及与大觉寺同时期、同类型、同风格建筑院落的铺装形式，根据大觉寺地形、路面形式、建筑布局，在满足大觉寺使用功能的前提下，对大觉寺院落铺装进行修缮。

最小干预、有限维修原则：以大觉寺现有地形和道路为基础，严格控制修缮尺度，有限度地维修、维护受损的院落铺装，对于保存较好的院落铺装保持现状即可。

协调性原则：院落铺装采用当地自然材料为主，铺装形式和铺装材料与大觉寺历史风貌以及佛教寺院环境相协调。

2. 铺装材料、形式

17 世纪由明末造园家计成所著的中国第一本园林艺术理论专著《园冶》之卷三“铺地”篇较为详细地记载：“大凡砌地铺街，小异花园住宅。惟厅堂广厦中铺一概磨砖，如路径盘蹊，长砌多般乱石，中庭或一叠胜，近砌亦可回文。八角嵌方，选子铺成蜀锦；层楼出步，就花梢琢拟秦台。锦线瓦条，台全石版，吟花席地，醉月铺毡。废瓦片也有行时，当湖石削铺，波纹汹涌；破方砖可留大用，绕梅花磨，冰裂纷纭。路径寻常，阶除脱俗，莲生袜底，步出个中来；翠拾林深，春从何处是。花环窄路偏宜石，堂回空庭须用砖。各式方圆，随宜铺砌，磨归瓦作，杂用钩儿。”[2] 从中可以知道，传统的地面铺装材料有石材、砖材、青瓦、卵石、砖瓦碎片等，地面铺装形式有满铺，也有通过样式造型、色彩、尺寸、材质、铺砌方式不同拼接出不同的花样纹饰，如乱石路、鹅子地、冰裂地、诸砖地等。

大觉寺作为陆良县官式建筑代表之一，通常遵循建造时已形成的一套标准体系。由于功能需求不同，院落空间属于室外，长期经受风吹日晒雨淋，在铺装时需要考虑牢实坚固、排水防滑，同时也要起到装饰美观的作用，故常用的材料有石材、砖材、卵石、素土等。官式建筑室外地面通常大面积采用石材，最常用花岗石和青石板，局部区域或廊道会采用砖材进行“平砌”或“砍砌”。[3] 普通民居根据自身的经济状况选用素土地面、卵石地面或青石板地面等，[4] 卵石铺地是江南地区民居室外的一种常见做法，[5] 家庭条件富裕的民居会利用卵石大小、颜色搭配出花纹图案，或与其他材料混合使用。[6]

本次大觉寺地面铺装材料根据老照片中古建筑地面铺装的艺术特点，严格遵循“不改变原状”原则保护原地面铺装做法，无修复依据时参照同时期、同类型、同风格建筑的铺装形式，材料以青石为主，局部采用砖材。铺装形式主要未盲目套用某一标准官式做法一以贯之，采用了满铺青石搭配冰裂纹，做到了因地制宜、注重特色。另外，由于本次地面铺装均为室外地面，材料就地取材，全部采用当地人工打磨的自然面青石板以及青砖，在收边处理时不追求整齐划一的机械式纹样线条以免显得生硬、刻板，色彩选择以青灰色为主，追求一种古朴自然的风格。同时利用石材、素土和绿化之间的相互搭配，营造出一种亲切舒适的古寺院落氛围。

3. 功能和艺术性

本次大觉寺院落地面铺装设计时不仅满足了地面铺装的艺术特点，还充分考虑了大觉寺地面铺装的实用性、引导性和装饰艺术性三大功能。

（1）实用性

室外地面铺装首先要满足实用性，能同时兼顾防潮、排水、透气、坚固、耐压、耐磨等使用要求，保证行人、车辆能长期安全舒适通行，设计人性化，能正常进行生产生活，下雨能顺畅排水。大觉寺由于是陆良县重要的宗教场所，“大觉晓钟”

也是陆良三山四水八大景之一，日客流量在节假日可高达 10 万以上，为满足行人和车辆的正常通行，采用了大量青石板进行铺设，并沿大觉寺院落四周铺设排水沟一条，让雨水得以顺畅排出。

（2）引导性

古建筑通常为一组建筑群，地面铺装需要具备一定的交通引导性和空间引导性，通过可识别的线性地面铺装引导人们朝着某一特定方向前行，穿梭于不同的建筑单体之间，从而完成整个参观游览路线。大觉寺入口处采用青石条设置一条消防通道引导性铺装；山门、天王殿、大雄宝殿作为陆良大觉寺的主体建筑，在三者间设计中轴线式道路铺装，突出重点人流动线方向；中轴线道路东、西两侧采用多条支线道路铺装，对主线交通进行分流及引导，通往两侧建筑，完成整个寺院的参观游览。

在千佛塔处设置青砖和青石条相互交替的环形铺装将其进行围合，通过不同的地面铺装样式划分不同建筑空间，引导人们对千佛塔引起注意，强调千佛塔在院落中的重要地位。通过地面铺装的方式吸引视线给人指引，是一种直接有效的引导方式，引人入境。

（3）装饰艺术性

地面铺装与古建筑单体、绿化、水系等共同营造出一个完整的建筑环境氛围，舒适宜人的尺度、古朴自然的意境、造型独特的铺装样式都使得地面铺装变得更具装饰艺术性，让古建筑空间变得更为层次丰富、有趣，给人带来美的感观享受，同时还能传播内在的文化含义。

大觉寺中轴线横铺尺寸规格为 1200mm × 600mm × 120mm 自然面青石条，目的是彰显历史厚重感；院落其余部分在保证消防通道宽度及交通动线需求的前提下，中轴线道路两侧设置青色冰裂纹嵌草地幔铺以少量树池点缀，以期一定程度上恢复其老照片中古朴自然的古寺风貌，减弱大面积硬质地面的生硬感，达到增加院落景观层次、提高视觉协调度的作用。

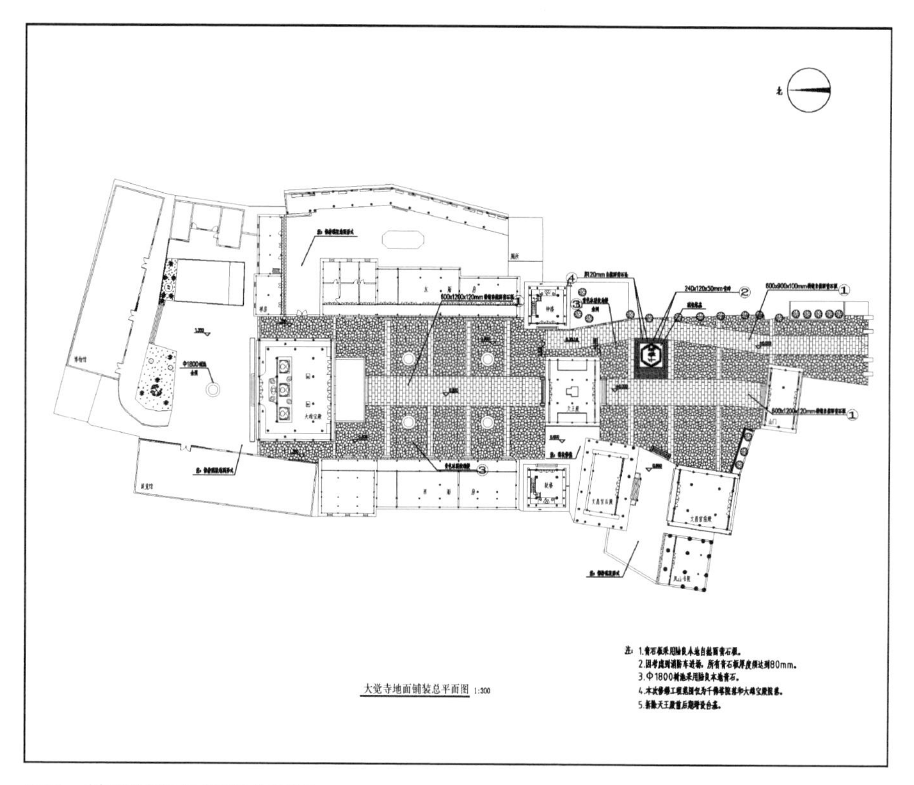

图 7　地面铺装总平面方案图

四、结语

虽然从老照片中可以看到，大觉寺原地面铺装为大量素土地面配适量绿化，但由于大觉寺目前不仅需要满足巨大客流量舒适的来往通行，还须满足日常的行政管理工作需要，面临巨大的通行压力，若完全按照老照片样式恢复素土地面，实施效果仅在施工后可见，不具备实用性，无法长期维持。故修缮设计时，在充分考虑以上现实使用需求后，严格根据老照片的布局形式和古朴氛围，适当增加地面硬化面积，设计方案尽可能地从选材、尺度、质感和铺装方式几方面来不同程度地实现实用性、引导性和装饰艺术性三大功能特点，在满足使用功能的基础上，恢复寺院的原始风貌。

通过不断地勘察、设计方案，笔者认识到地面铺装在古建筑群中常常占一半以上的比例，好似整个环境空间的画布，决定了古建筑氛围基调。无论从工艺做法还是拼花纹饰，从室外到室内，从细节到整体，地面铺装都是功能性与艺术性的综合体现，极为丰富多彩，选材讲究，工艺精湛，规划布置考究，体现了极高的历史价值和艺术价值。不管古建筑本体修缮得如何精美，都不能忽略了它所处的环境氛围，只有相互搭配协调，才能让古建筑修缮不流于形式，相得益彰。但原状地面常常因为后期采用模式化设计施工被损毁，毫无审美性，缺少文化内涵，铺装艺术性概念单薄。对待地面铺装应像对待文物建筑的梁架结构、壁画彩画一样重视，在继承传统地面铺装设计的基础上，提高设计人员的艺术审美性，在满足基础的实用功能上，进一步提高保护工程质量，让其成为古建筑重要的文化符号。

参考文献

[1] 莱斯利・怀特．文化的科学：人类与文明研究［M］．沈原，等译．济南：山东人民出版社，1988.

[2] 计成．园冶注释［M］．陈植，注释．北京：中国建筑工业出版社，1988.

[3] 李诫．营造法式译解［M］．王海燕，注译．武汉：华中科技大学出版社，2011 年．

[4] 王慧琼．中国古典园林铺装艺术探析［J］．住宅与房地产，2017（12）：74.

[5] 李淑玲．浅谈园林中的铺地艺术［J］．科技资讯，2006（30）：219.

[6] 朱家叶．浙江古镇、古村落地面铺装艺术研究［D］．杭州：浙江工业大学，2011.

古建筑勾连搭结构艺术特点探析

张家贺　赵　靖　刘晓菲　孙　蕊　狄　洁*

摘　要：在中国古代建筑中，人们为了追求更大、更丰富的建筑形式，常将两个或多个屋面相连接，形成新的建筑组合形式，称为“勾连搭”。古建筑勾连搭样式多变，本文以北京鬯春堂为例，通过分析其勾连搭的构造做法，探析勾连搭的建筑艺术。

关键词：勾连搭；鬯春堂；构造做法；天沟

中国古代建筑在外观上大致可分为台基、墙体、大木构架、屋面、装修、油饰彩画共6个部分。其中，屋面最富有艺术魅力，形式及变化最多，是整座建筑很重要的组成部分。古建的屋面形式有庑殿、歇山、悬山、硬山、卷棚、攒尖等多种构造，其组合形式又有重檐、勾连搭、十字脊、丁字脊等。其体形大，整体形象和细部装饰又丰富而生动。[1]

“勾连搭”这种特殊的屋面组合形式在古代资料中有所体现，由“对霤（liu）”“承霤”“天沟”等词历经发展而来，但“勾连搭”一词的出现具体时间不可考。关于勾连搭建筑的应用及记载以明清较多，在《园冶》中有“如前添卷，必须草架

* 北京动物园管理处工程师、高级工程师。

而轩敞”“如厅堂列添卷，亦用草架”“凡屋添卷，用天沟，且费事不耐久，故以草架表里整齐”，在样式雷图档中更多有“两卷”“三卷”等的记录，还有南方地区勾连搭屋顶中木水槽的实例。[2] 勾连搭样式的发展从屋内承接木水槽，到屋面天沟的出现，可见勾连搭的应用是在古代匠人的研究中一步步发展而来的。

一、勾连搭的定义及类型解析

勾连搭，狭义上是指两栋或多栋房屋的屋面沿进深方向前后相连接时，在连接处做的向建筑两侧排水的构造做法，特指构造层面上的处理；广义上是指一种屋面组合形式，即两栋或多栋房屋的屋面沿进深方向前后相连接，在连接处做一水平天沟向两边排水的屋面组合。[3]

勾连搭做法的目的通常是扩大建筑室内的空间，常见于大型宅第及寺庙大殿等建筑中。勾连搭屋面可根据屋面组合数量与类型有不同叫法，两个屋面形成勾连搭，在勾连搭屋面组合中两种最为典型的形式，即“一殿一卷式勾连搭”和“带抱厦式勾连搭”，还有一般的两卷勾连搭、三卷勾连搭、四卷勾连搭。可根据屋面类型、是否重檐而得出更加详细的名称，下文根据屋面数量组合做出简单的类型分析。

只有两栋建筑形成勾连搭且两者开间数相同，主体为带正脊的硬山悬山类，另一个为不带正脊的卷棚类，这样的勾连搭屋面叫作“一殿一卷式勾连搭”，很多垂花门采用这类屋面。一殿一卷式垂花门是垂花门中最普遍、最常见的形式，既常用于宅院、寺观，也常用于园林建筑。这种垂花门是由一个大屋脊悬山和一个卷棚悬山屋面组合而成的，从垂花门的正面看为大屋脊悬山式，背立面则为卷棚歇山，其基本构造见图 1。[4]

在勾连搭屋面中，相勾连的屋面开间数不同，抱厦一般比殿身少 2 间或 4 间，形成有主有次、高低不同、前后有别的屋面，这一类的做法叫作“带抱厦式勾连搭”。例如故宫咸若馆，位于慈宁宫花园北部中央，是园中主体建筑，为清代太后、太妃礼佛之所。清乾隆年间先后大修、改建，即今所见形制。馆坐北朝南，正殿 5 间，前出抱厦 3 间，四周出围廊；正殿为黄琉璃瓦歇山式顶，抱厦为黄琉璃瓦卷棚式顶，见图 2。除此之外，两个屋面相勾连形成两卷勾连搭，在北京四合院传统民居中也有实例。

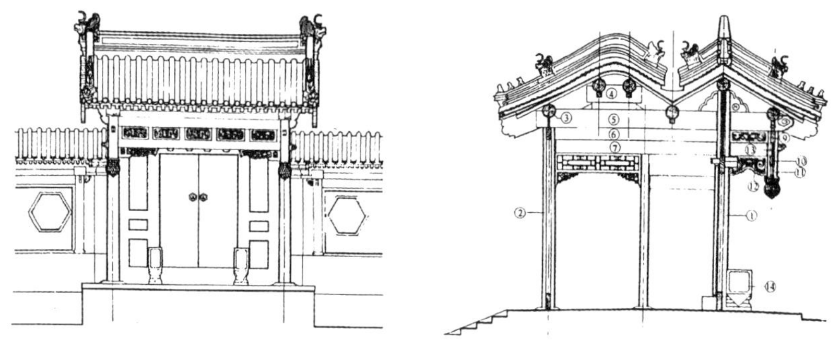

图 1　一殿一卷式垂花门基本构造（出自《中国古建筑木作营造技术》）

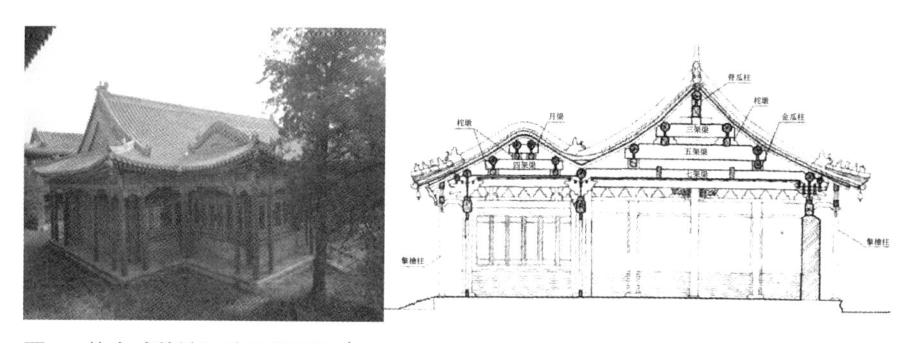

图 2　故宫咸若馆照片及剖面图[1]

三卷勾连搭的应用在北京传统民居建筑中是没有的，其实例较少，主要有两种情形：第一种是应用在园林建筑中，如故宫现存的慈宁宫花园中的含清斋、延寿堂，均为三卷勾连搭式灰瓦卷棚硬山顶，还有宁寿宫区内的景福宫采用三卷勾连搭歇山卷棚顶，四周环以围廊，以及清农事试验场的鬯春堂也是三卷勾连搭卷棚顶；第二种是作为临街商铺使用，与民居建筑不同的是不具备居住功能，可设置多层，且与一般民居建筑的瓦的形制不同。

1　照片引自：https：//www.dpm.org.cn/show/225718.html；剖面图出自《古建清代木构造》。

4个屋面相连可构成四卷勾连搭，这样的实例即使在现存的皇家园林中也不存在，但设计图和烫样的档案是存在的。例如圆明园中的慎德堂、天地一家春，同治帝于1873年夏至重修圆明园，但因财力不足未能实现，留下大量测绘、设计等相关材料，其中慎德堂具备四卷勾连搭的要素。慎德堂正堂是三卷勾连搭歇山顶，连接后抱厦勾连搭，因此可看作一处四卷勾连搭的屋顶。其平面设计图和烫样见图3。

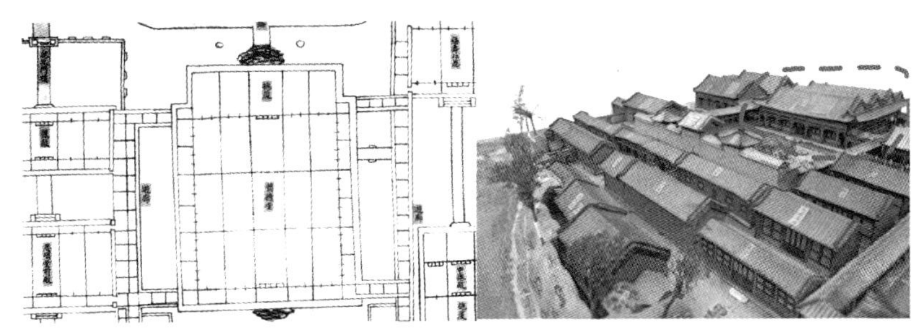

图3　慎德堂平面设计图、烫样

以上就是勾连搭的典型屋面和现存的实例，以及有记载的档案，这些都是古人在探索建筑构造中的成果，对研究同类型建筑和建筑历史具有重要的意义。下面以清农事试验场的鬯春堂为例，探析勾连搭的做法。

二、鬯春堂

（一）建筑背景

鬯春堂靠近动物园西北宫门，建于光绪二十四年（1898），建成于1908年初，与畅观楼等构成乐善园的主建筑。《曼殊室随笔》云："西直门外之农事试验场，原是前清御苑之一，名曰乐善园，归内务府之奉宸院管辖。孝钦幸颐和园即以此为中点驻跸之所"，因此乐善园有皇家建筑之规制。

鬯春堂为五开间、三进深，周围廊，三卷勾连搭歇山过垄脊建筑。据《北京动物园志》记载：鬯春堂廊前厦后，十分宽敞，四周擎立24根红柱。房屋四壁全镶宽大玻璃窗，门为穿堂。光绪末年的《顺天时报》中记述此处“内庭宫殿式样，画栋雕梁，丹碧辉煌。金砖无缝，龙毡有光。桌椅茶几等等都是紫檀花梨制成的。壁上悬挂御笔画十二幅，是慈禧太后的亲笔梅花、菊花，生意盎然，或是老干纵横，或是花朵盛开，极尽画工的神妙。堂外又有御树一株，中心已空，火烧的痕迹尚在。四周高台阶环抱假山石，很有几块奇石，如同山峰似的，又有几块玲珑石，七穿八洞，景致很为好看。园中假山石虽多，此处却最为优胜”。

（二）历史形制分析

鬯春堂始建成于 1908 年，1997 年台明以上木构件不慎烧毁，现存鬯春堂台明以上部分为 1997 年复建，竣工日期为 1997 年 9 月。其通面阔 18.66 米，通进深 15.15 米，复建建筑面积为 320 平方米。

鬯春堂坐落于清农事试验场旧址的西南部，院落地面为二城样海墁。依据 1997 年复建时的竣工图纸及现存建筑整体分析，鬯春堂文物本体建筑的原有建筑形制为：散水为二城样细墁兀字面；台帮为二城样干摆十字缝；小青石阶条石及踏跺；廊步及室内为尺四方砖细墁十字缝地面；大木构架为五开间、三进深、周围廊，前殿后厦为四檩卷棚，中殿六檩卷棚；屋面为三卷勾连搭、2 号筒瓦裹垄歇山、过龙脊、铃铛排山垂脊屋面；装修为步步锦支摘窗及隔扇门带帘架；彩画为金线掐箍头搭包袱苏画，见图 4。

图 4　鬯春堂

（三）修缮概况

1. 建筑现状

毋春堂室外散水砖碎裂严重，台帮城砖风化；小青石阶条及垂带踏跺略有风化；局部大木架糟朽；屋面长草，屋面裹垄灰及猫头、滴水长满青苔，屋面瓦件破损严重；屋面西侧撒头漏雨；装修略有变形；包袱式苏画表面着尘污染，局部缺失；下架大木红色油饰褪色，地仗多处龟裂、脱落；装修及椽望油饰多处脱落。

毋春堂室内由于使用功能的需要，后期装修地面改为黑色通体砖地面，室内增加轻质隔断墙，吊顶后期拆改。

现存建筑材料自身不断老化，强度逐渐降低，加之外部风、雨和雪等自然因素长期侵蚀，导致文物建筑材料逐年老化、残损加剧，部分构件丧失部分或全部承载能力，从而导致建筑整体残损、破坏。

柱子、梁枋、檩等大木构件出现裂缝，多数因为在后期修缮过程中使用的木构件含水率未达到要求或地仗未干透就进行下一步油饰工程，屋面局部漏雨等原因导致木材出现裂缝或糟朽。由于天沟局部淤堵，导致屋面有渗漏，天沟下方的木构件（椽望、木檩、博缝板、踏脚木、抱头梁等）出现严重糟朽。

2. 修缮内容

在坚持不改变文物原状的原则前提下，坚持“保护为主，抢救第一，合理利用，加强管理”的保护方针，真实、完整地保存历史原貌和文物建筑环境。

毋春堂的主要修缮内容是散水砖揭墁，台帮风化严重的城砖剔补；屋面挑顶，更换糟朽大木构件，部分木构件加固；装修拆修安加固；包袱式苏画清理除尘，缺失的彩画补绘随旧色；下架大木重新红色油饰；装修及椽望重新油饰。

其中主要部分还是屋面及大木构架的修缮，也就要求对天沟的做法要谨慎处理，以保证建筑做好防水，下面对其勾连搭做法进行分析研究。

3. 勾连搭的构造做法

前文提到勾连搭的狭义定义，即勾连搭的构造层面做法，在连接处做的向建筑两侧排水的构造做法，它是前栋建筑的后檐柱与后栋建筑的前檐柱合并，因此两屋面相接，形成的沟称之为“天沟”。天沟在古代时防水效果一般，《园冶》中也曾提及“用天沟，且费事不耐久”，因此勾连搭多见于少雨的北方。随着建筑材料的发展，屋面防水进入新的阶段，尤其是水泥的产生，几乎能够完全解决勾连搭漏水的现象。

天沟的传统做法中，通常在屋面交接处檩上放椽、铺望板、搭设跨空椽，先做一层灰背，然后在天沟两侧做金刚墙，再做灰背、铺瓦垄。其屋面上苫背时，天沟一定要处理好水流问题，避免局部积水，因此尽量不把排水的主流通道安排在临近墙体或瓦檐的地方。沟眼附近也应留出高差较大、较宽敞的地方，见图 5。

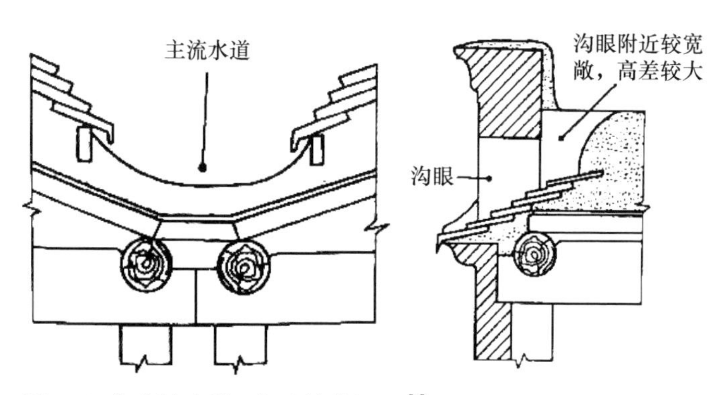

图 5　天沟主流水道、沟眼处的设置 [5]

乹春堂在前后屋面交接处共用檐柱，在柱上设置梁、檩、垫板等，其后放椽条，前后屋面相连，扩大室内空间，其剖面图如图 6 所示。乹春堂的天沟与传统的做法稍有不同，在搭设跨空椽后并未做金刚墙，而是直接做两层灰背，然后铺瓦垄等。这样的做法虽不及设置金刚墙做法防止雨水倒流严谨，但建筑防水材料的发展弥补了新式做法在屋面防水上的不足。

图 6 鬯春堂剖面图

由此可见，建筑材料的发展也会让建筑结构上出现差异，传统做法亦可以看出在当时背景下古代匠人的智慧。

4. 价值评估

鬯春堂为三卷勾连搭建筑，四周围廊，距今有 100 多年历史，一定程度上反映了清代末期的传统建筑的建造工艺做法和技术水平，这种建筑形式扩大了古代建筑的室内使用空间，巧妙解决了由于建筑进深过大，造成屋面高度较高，建筑整体比例不协调的难题，目前现存这种建筑形式较少。其建筑平面和空间的特点反映了清末民国初期传统古代建筑形式为满足室内大空间的功能需要而发生的变化，同时也承载着中国建筑的历史演变信息，它同周围其他建筑一起记载着中国建筑的传承与发展。

三、结语

建筑作为历史信息的载体，为后人的研究提供了历史和实物的依据，鬯春堂勾连搭建筑的柱网布局、梁架构造形式及结构受力方式具有一定的科学性，是中国古代官式建筑少见的实物例证，具有一定的科学研究价值。

参考文献

[1] 姜莉．屋顶上的文化［J］．中外建筑，2001（04）：8-10.

[2] 刘振强．口岸城隍庙大殿“勾连搭”解析［J］．江苏建筑，2012（04）：4-6.

[3] 刘振强．泰州“勾连搭”作法研究［D］．南京：南京大学，2012.

[4] 马炳坚．中国古建筑木作营造技术［M］．北京：科学出版社，1991.

[5] 刘大可．中国古建筑瓦石营法［M］．北京：中国建筑工业出版社，1993.

琉璃瓦胎用原料成分及形貌分析

余佳波 *

摘　要：本文通过视频显微镜、偏光显微镜、XRF、SEM-EDX、XRD、IR 和 TG/DSC 等方式对传统工艺制作的琉璃瓦胎坯原料形貌和成分进行了综合分析，获得了各原料的氧化物、矿物化学成分信息和晶体结构、颗粒结构等信息，从中推断出琉璃瓦胎用原料主要矿物成分为绢云母、石英等，赤铁矿的含量在 6%~8%，还含有少量奥长石，以及硫、钛和钡的化合物杂质等，即为制作琉璃瓦坯体的坯料成分。其中，坩子土和老坩石的高铁含量是造成琉璃瓦坯体发红的主要原因；礓石中大量白云岩的存在是造成坯体爆裂的主要原因之一；适量加入瓷土，会使胎发白，可以一定程度降低烧成温度。

关键词：琉璃瓦胎；坩子土；矿物成分

一、概况

琉璃瓦是用于建筑屋面或局部装饰及艺术装饰的施有透明

* 故宫博物院工程师。

色釉的陶瓷制品。它是一种低温釉陶，具有强度高、平整度好、吸水率低、抗折、抗冻、耐酸、耐碱、不易褪色等显著优点。其制作过程分为胎体烧制与釉面烧制两大部分，其中胎体烧制的原料生产厂家统称为坩子土，具体成分主要有黑坩石、坩子土、老坩石、疆石、青灰、瓷土等，坩子土多存在于产煤地区，但不同地区产出的坩土成分差异很大，烧出的胎体也存在各种问题。故宫博物院用琉璃瓦胎用坩子土主要产自北京周边，现在由于长期开采的消耗与环保政策，已经无法满足琉璃瓦的烧制，因此需要寻找更合适的坩子土原料。

二、琉璃瓦胎用原料的形貌

河北涞水琉璃瓦厂原为北京门头沟地区琉璃瓦厂，多年来一直为明清宫殿烧制琉璃构件，目前仍然采用传统工艺为故宫等宫殿的修缮进行琉璃瓦等构件的烧制，其烧制琉璃瓦所用坩子土仍为门头沟的存土。为获得琉璃瓦胎用原料的矿物颗粒形貌信息，在河北涞水琉璃瓦厂调研时选取部分原材料（图 1），各种原料的分类信息及形貌见表 1。利用实验室内的视频显微镜、偏光显微镜对其进行分析。

图 1　琉璃瓦厂坯体原料（优质原料）

表 1　琉璃瓦胎用原料信息

分类	名称	样品图	描述
原材料	黑坩石		优质原料中的块状部分，为黑色片状岩，质地较松软，手掰易碎
	坩子土		加入后会使坯体可塑性下降，为黑褐色块状岩，质地较硬
	老坩石	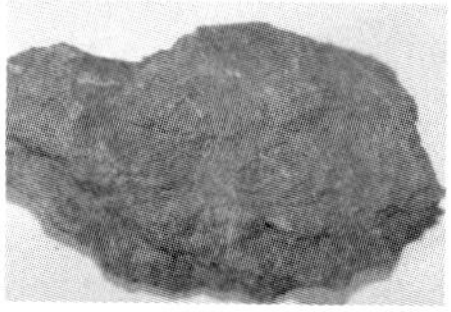	加入后会使烧制的坯发红，黑褐色块状岩，石块表面多分布有红褐色斑点
	疆石		一般为黑色或黑褐色岩石，砸碎后可观察到内部掺杂有白色层杂质，质地坚硬，易造成坯体发鼓或爆坯
	青灰（黏土）		为优质原料中的细灰部分，起提高塑性的作用
	瓷土		白色岩石，质地坚硬
	粉碎后的坯料		混合好并粉碎后的原材料
	闷泥	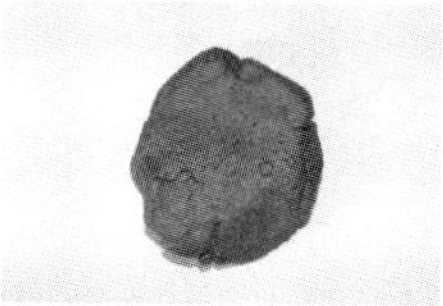	将混合后的坯料放在闷泥池中陈腐后形成的黑泥，质地柔软，可塑性强

从图 1、表 1 可见，由于琉璃瓦胎用原料是天然矿物，组成较复杂，各组分所起作用差别较大，工厂在进行原料粉碎前一般要经过拣选过程去掉对胎体烧制有害的组分。

1. 视频显微形貌

在原料本体上进行视频显微观察，结果如图 2 所示。

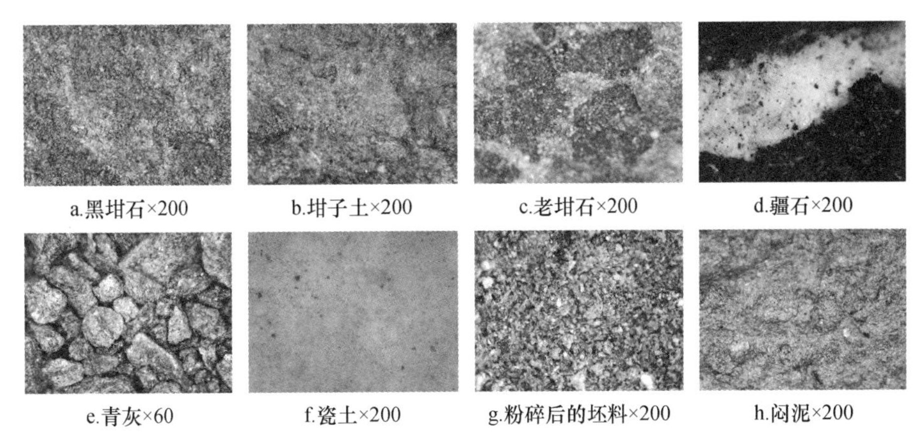

a.黑坩石×200　b.坩子土×200　c.老坩石×200　d.疆石×200

e.青灰×60　f.瓷土×200　g.粉碎后的坯料×200　h.闷泥×200

图 2　视频显微镜下的原料形貌

通过视频显微镜放大可以看出，黑坩石的成分均匀细腻，坩子土及老坩石则分别掺杂有大量明显的黄褐色、红褐色杂质，疆石的白色夹层中也掺杂有红色杂质成分。相对于其他原料，可以明显看出青灰颗粒的粒径大小不一，但杂质较少，而瓷土的结构密实细腻，整体呈乳白色，其中掺有少量黑色或浅褐色颗粒；当进行粉碎、加水熟化处理后，粉碎后的粗料粒径均匀，在放到闷泥池处理后则变得更加细腻、均匀，颗粒间相互连接。

2. 偏光显微形貌

为了进一步从微观的角度观察和比较不同种类原料颗粒或晶体的大小、形状、颜色、表面形态等，进行的偏光显微形貌观察如图 3 所示。

在偏光显微镜下，观察到各原料的矿物颗粒也明显不同。其中，黑坩石的颗粒大小相对较为均匀，在显微镜下大部分呈白色透明和黑色颗粒。坩子土的颗粒则呈现白色透明、黑色和蓝色颗粒三种形貌，三类颗粒外观形状差别较大。老坩石除了白色透明和黑色颗粒外，还包含大量红色颗粒物，且三类颗粒的外观形状差别较大。疆石的颗粒粒径普遍较大、形状较规则，其中白色透明颗粒与黑坩石中的透明颗粒不同，显得更亮、颗粒更大，长度方向的尺寸比宽度方向的尺寸更大，这种情况在瓷土中也有体现。观察图 3f 可以看出，两种透明颗粒中偏下方的明显更亮。青灰中也包含部分红色颗粒，所以粉碎后的坯料中包含了多种颗粒的集合，这种情况在闷泥的显微形貌中也有体现。

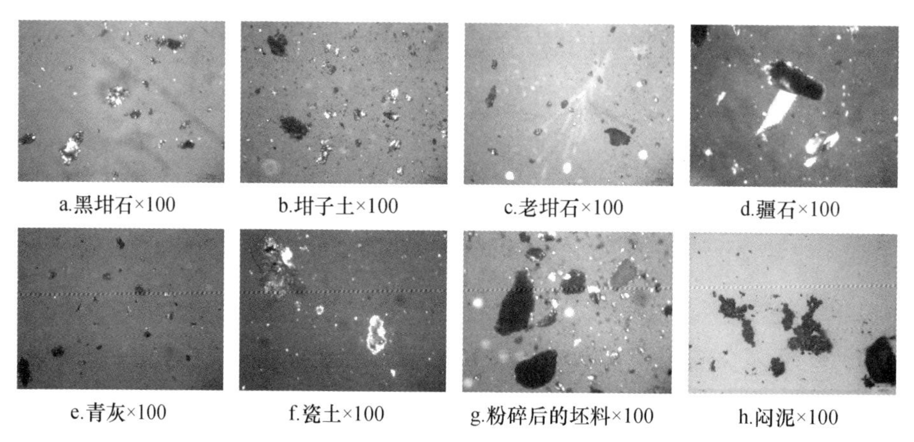

a.黑坩石×100　b.坩子土×100　c.老坩石×100　d.疆石×100

e.青灰×100　f.瓷土×100　g.粉碎后的坯料×100　h.闷泥×100

图 3　偏光显微镜下的原料颗粒形貌

各矿石原料经粉碎后，较大的晶体颗粒破碎成较小的晶体颗粒，黏土类聚集，但分散不均匀，再经过陈腐后，水分在泥中扩散，使分散的原料混合均匀并成泥。

三、琉璃瓦胎用原料的成分

为获得琉璃瓦原料的晶相、氧化物、有机物等成分与含量信息，对获取的原料样品进行相应处理，利用实验室内的 X 射线荧光分析仪（XRF）、X 射线衍射仪（XRD）、显微红外光谱仪与 TG/DSC 联用测试仪等进行成分分析。

（一）XRF 分析结果

测试仪器：日本岛津 XRF-1800 型 X 射线荧光光谱仪。表 2 所示为用 XRF 分析所得的琉璃瓦胎用原料的氧化物组成。

表 2　胎用原料的氧化物组成（wt%）

原料	Na_2O	MgO	Al_2O_3	SiO_2	SO_3	K_2O	CaO	TiO_2	MnO	Fe_2O_3	CuO	ZnO	BaO
黑坩石	20.86	—	26.86	46.25	0.81	2.12	0.24	1.60	—	0.81	—	—	0.45
坩子土	—	—	22.11	56.39	1.19	—	—	1.47	0.09	18.17	—	0.12	0.46
老坩石	—	6.77	12.83	41.95	1.04	—	—	0.59	0.11	36.40	0.12	0.19	—
礓石	—	—	13.87	36.12	0.77	1.21	36.86	1.02	—	—	—	—	—
青灰	—	—	29.83	53.41	1.22	2.23	2.03	1.73	0.09	8.69	—	—	0.77
瓷土	—	—	16.27	69.54	1.39	3.22	7.86	0.11	—	1.61	—	—	—
粉碎后的坯料	—	—	29.64	53.15	1.23	2.34	2.71	1.86	0.07	8.36	—	—	0.64
闷泥	—	—	32.27	53.78	1.61	2.27	1.42	1.89	—	6.13	—	—	0.63

可以看出，与优质料的黑坩石相比，坩子土和老坩石的 Fe_2O_3 含量明显较高，从视频显微镜中的黄褐色斑点也可以证明，尤其是老坩石，其中的 Fe_2O_3 质量百分比高达 36.40%；礓石的 CaO 含量与正常原料相比也非常高，所以掺入礓石后琉璃瓦胎发鼓或爆裂可能是 CaO 含量偏高的原因；瓷土中 SiO_2 含量较高，Fe_2O_3 含量极低，可能是瓷土较白的原因；青灰的氧化物种类和含量与粉碎后的坯料及闷泥极为相近，说明坯料主要由青灰组成。此外，不同原料中都含有少量的 TiO_2 和 SO_3（0.1%~2%），部分还含有较少的 CuO、ZnO 和 BaO 等。

（二）原料的 SEM 及 XRD 等分析结果

测试仪器为日立公司 S-3600N 扫描电子显微镜；X 射线粉末衍射光谱仪（XRD-6000）；傅里叶变换红外光谱仪，70V 型，德国布鲁克公司制造；瑞士 METTLER 公司 TGA/DSC1/SF1100 同步热分析仪。

1. 黑坩石

如图 4 所示，图 4a 为黑坩石的 SEM 形貌，可以看出黑坩石具有层片状结构。图 4b 为黑坩石的 XRD 衍射图，可以看出衍射峰出现了云母、SiO_2、Al_2O_3 和 $NaAlSi_3O_8$ 的衍射峰，由于除了云母外还含有 SiO_2 和 Al_2O_3，初步判定该物质为云母矿；$NaAlSi_3O_8$ 为奥长石，属于斜长石的一种，是常见的制作陶瓷和玻璃的原料；红外光谱（图 4c）结果证明该物质为绢云母。热重 - 差热曲线也显示出绢云母的特征。文献记载绢云母一般化学成分为：SiO_2（43.13%~49.04%），Al_2O_3（27.93%~37.44%），K_2O+Na_2O（9%~11%），H_2O（4.13%~6.12%），这与黑坩石的 XRF 测量结果基本相符，只是黑坩石的 Na_2O 的含量较高。[1]

所以，黑坩石的主要成分为绢云母，还有部分石英和少量奥长石。黑坩石中含有大量的含 Na 的矿物，Na_2O 在陶瓷的烧制中起助熔剂的作用，可以降低烧成温度，过量加入黑坩石会急剧降低烧成温度。

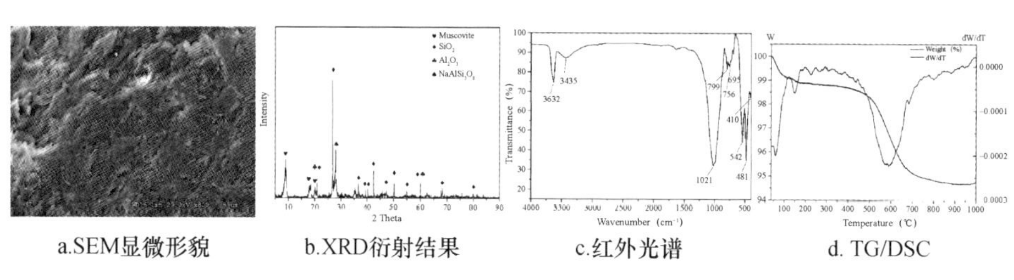

a.SEM显微形貌　　b.XRD衍射结果　　c.红外光谱　　d. TG/DSC

图 4　黑坩石的 SEM 和化学成分分析结果

2. 坩子土

图 5 为坩子土的 SEM、XRD、IR、TG/DSC 的测试结果。

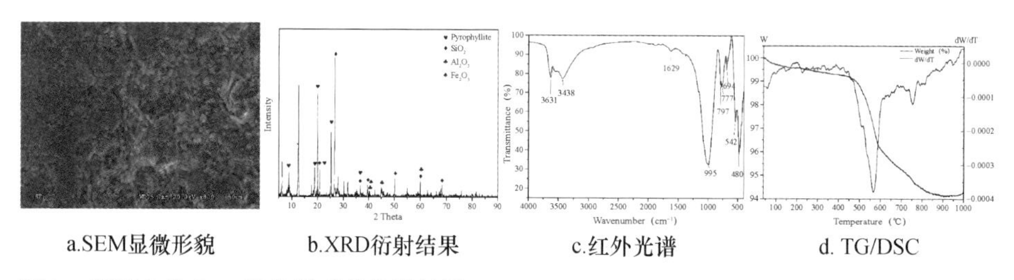

a.SEM显微形貌　　b.XRD衍射结果　　c.红外光谱　　d. TG/DSC

图 5　坩子土的 SEM 和化学成分分析结果

图 5a 为坩子土的 SEM 显微形貌，呈现出大量片状及小粒结晶形成的结合体；图 5b 为其 XRD 衍射图，出现了叶蜡石（Pyrophyllite）$Al_2Si_4O_{10}(OH)_2$、SiO2、Al_2O_3 和 Fe_2O_3 的衍射峰，由其成分和形貌特征初步判定该物质为叶腊石矿；叶腊石是一种含水铝硅酸盐层状黏土矿物，其理论化学式为 Al_2［Si_4O_{10}］$(OH)_2$ 或者 $Al_2O_3 \cdot 4SiO_2 \cdot H_2O$。将获得的红外光谱与数据库匹配，验证了该物质为叶蜡石。在热重 - 差热曲线中，理想的叶

腊石只有一个失重阶梯，该阶梯即是其脱羟基的过程。本样品主要的失重阶梯在 400~800℃范围，也显示出叶蜡石的特征 [2]；理想叶蜡石的失重率为 5%，越低或越高则表明其中杂质的含量越高；本样品测得的失重率为 5.85%，同时由 XRF 获得的数据可得，样品中 Al_2O_3、SiO_2 的含量均低于理想含量（Al_2O_3 为 28.3wt%、SiO_2 为 66.7wt%），且含有 18.17% 的 Fe_2O_3，说明该样品中有大量的赤铁矿伴生，由此若在氧化焰下烧制出的胎体颜色可能偏黄褐色或发红。单纯的坩子土因为自身不含有助熔剂类矿物而具有较高的烧成温度。

所以，坩子土的主要成分为叶蜡石，还有部分石英、赤铁矿等，赤铁矿的含量在 18% 左右。

3. 老坩石

图 6 为老坩石的 SEM、XRD、IR、TG/DSC 的测试结果。

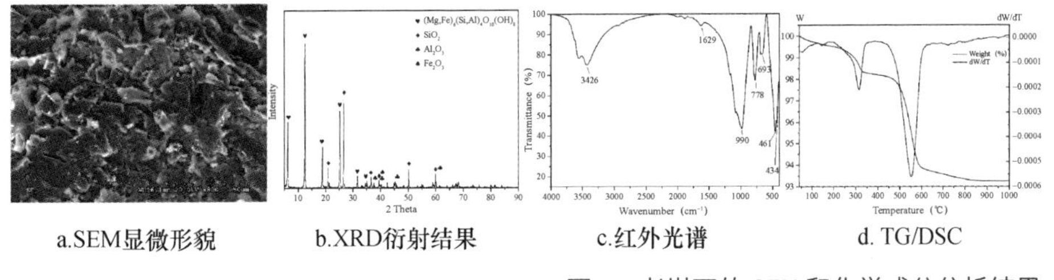

a.SEM显微形貌　b.XRD衍射结果　c.红外光谱　d. TG/DSC

图 6　老坩石的 SEM 和化学成分分析结果

图 6a 为老坩石的 SEM 显微形貌，样品在显微镜下呈板片状，为层状平面的结合体；图 6b 为老坩石的 XRD 衍射图，出现了绿泥石（Mg，Fe）6（Si，Al）$_4O_{10}$（OH）$_8$，SiO_2、Al_2O_3 和 Fe_2O_3 的衍射峰，所以初步判定该物质为绿泥石矿。绿泥石（chlorite）是一种层状结构的硅酸盐矿物，为 Mg 和 Fe 的矿物种。将获得的红外谱图与数据库匹配，验证该物质为绿泥石。在热重 - 差热曲线中，500 ～ 600℃的吸热谷为绿泥石矿物晶格羟基水失去而引起，而 300℃左右的吸热谷对应针铁矿（α-Fe_2O_3·H_2O）的热失重，该矿为其他铁矿（如黄铁矿、磁铁矿等）在风化的条件下形成的，是一种分布广泛的矿物。结合 XRF 的测试结果，可见老坩石中除含有一定量 SiO_2 和 Al_2O_3

外，还含有部分 MgO（6.77wt%）和大量 Fe_2O_3（36.40%），所以该物质为绿泥石矿物，其中还含有部分石英、针铁矿等，针铁矿的成分高达 36%，所以用老坩石含量高的原料烧制胎体，胎体的颜色会偏红。老坩石高硅低铝，几乎检测不到助熔剂 Na_2O 和 K_2O 的存在。Mg 以绿泥石的形式存在，不是碳酸盐，绿泥石在胎体烧制时结构水脱除，可能导致胎体变形、开裂等问题。

4. 疆石

图 7 为疆石的 SEM-EDX、XRD、IR、TG/DSC 的测试结果。

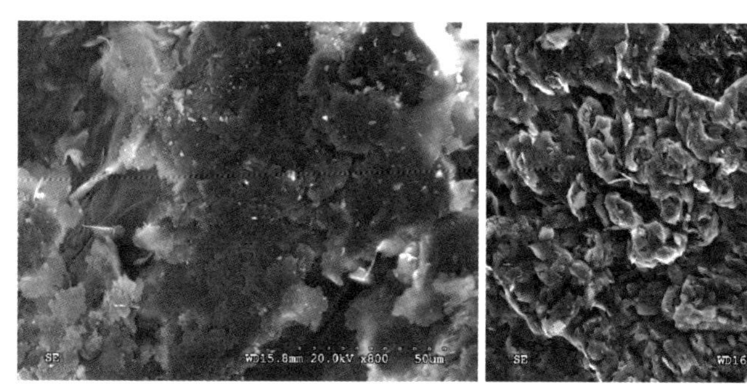

a.SEM显微形貌（黑色部分，EDX1）　b. SEM显微形貌（白色部分，EDX2）

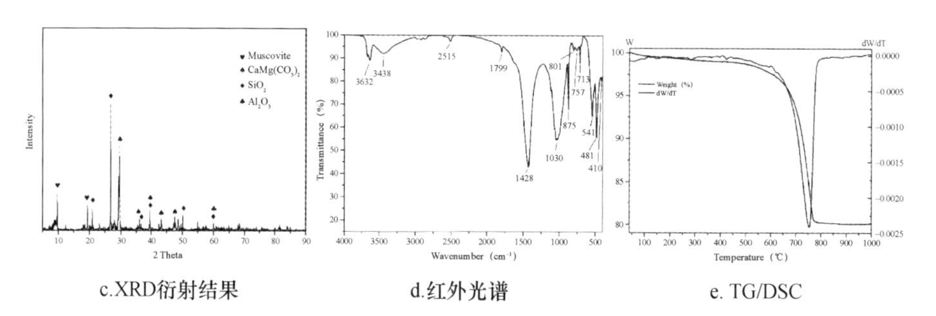

c.XRD衍射结果　d.红外光谱　e. TG/DSC

图 7　疆石的形貌和化学成分分析结果

图 7a 为疆石的 SEM 显微形貌，其中黑色部分呈层状分布，晶体呈鳞片状，白色部分呈层块状。表 3 中 EDX1 为黑色部分的元素组成，其主要组成元素为 K、Ca、Al、Si 等；EDX2 为白色区域矿物的元素组成，主要成分为 Ca。图 7c 为疆石的 XRD 衍射图，出现了云母、白云岩、SiO_2 和 Al_2O_3 的衍射峰，初步判定该物质为云母和白云石的混合矿物。红外光谱与数据

库匹配的结果为含碳酸钙和氢氧化钙的钙盐，这与白云岩的成分相近。白云岩是一种沉积碳酸盐岩，主要由白云石组成，常混入石英、长石、方解石和黏土矿物等，呈灰白色层状结构。疆石的热重 - 差热曲线在 700 ～ 800℃的吸热谷与白云石的吸热谷相匹配。[3] XRF 的结果中，疆石的成分主要为 SiO_2、Al_2O_3 和 CaO，再根据视频显微形貌中疆石为黑色矿物和白色矿物叠加的矿物，其中黑色矿物的元素和化合物组成与绢云母相近，所以黑色矿物应该是绢云母，白色矿物应该是白云岩和方解石，疆石中还含有部分石英等。因疆石中有高含量的碳酸盐类矿物，如白云岩和方解石，在烧制的过程中，伴随着碳酸盐类矿物的分解，如 $CaCO_3$ 的分解温度为 898℃，会产生气体，若气体排出不好，就会造成胎体的发鼓、炸裂等缺陷。

表 3　疆石的 SEM–EDX 分析结果（%）

	Al	Si	K	Ca
EDX1	16.60	59.35	6.28	17.77
EDX2	16.61	19.75	—	63.64

5. 青灰

在河北涞水调研时，青灰与黑坩石样品取自同一处，其中青灰为物料中的黑色细灰，黑坩石为物料中的黑色块状物。图 8 为青灰的 SEM、XRD、IR、TG/DSC 的测试结果。

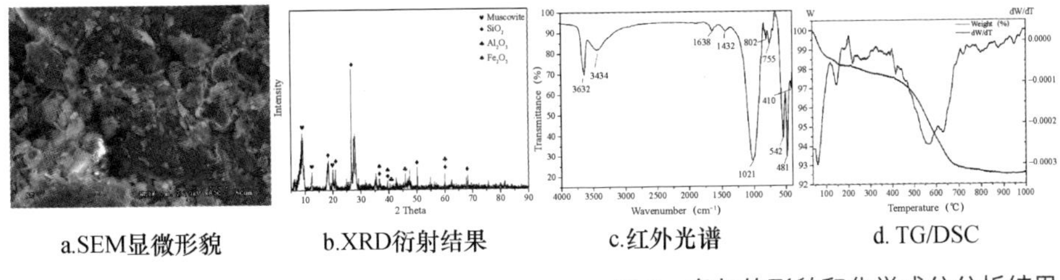

a.SEM显微形貌　b.XRD衍射结果　c.红外光谱　d. TG/DSC

图 8　青灰的形貌和化学成分分析结果

图 8a 为青灰的 SEM 显微形貌，与黑坩石的 SEM 相比，细碎颗粒物较多；图 8b 为青灰的 XRD 衍射图，出现了云母、SiO_2、Al_2O_3 和 Fe_2O_3 的衍射峰。在取样过程中观察到，黑坩石

易碎，碎裂的黑坩石成为粉末状后即为青灰，所以初步推测青灰主要为掺杂有少量 Fe_2O_3 的云母。红外光谱与数据库匹配得出该物质主要成分为绢云母，热重 - 差热曲线的结果与黑坩石相似，显示出绢云母的特征，再结合 XRF 结果可知，青灰的主要成分为绢云母矿，其中还含有部分石英和赤铁矿（8%）等。所以，青灰的主要成分为绢云母矿，还含有部分石英和赤铁矿。青灰中含有一定量的 K_2O 可以作为助熔剂降低烧成温度，但青灰中铝、硅含量高使烧成温度较高。

6. 瓷土

图 9 为瓷土的 SEM、XRD、IR、TG/DSC 的测试结果。

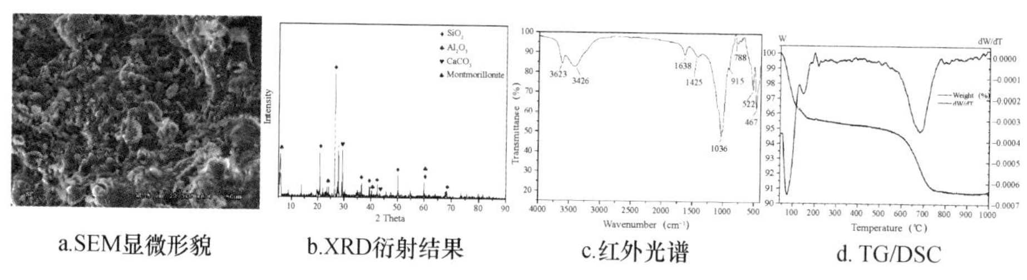

a.SEM显微形貌　b.XRD衍射结果　c.红外光谱　d. TG/DSC

图 9　瓷土的 SEM 和化学成分分析结果

其中，图 9a 为瓷土的 SEM 显微形貌，呈现层片状结构分布；图 9b 为瓷土的 XRD 衍射图，出现了 SiO_2、Al_2O_3、$CaCO_3$ 和蒙脱石（Al，Mg）$_2$［Si_4O_{10}］$(OH)_2$ • nH_2O 的衍射峰，由于蒙脱石分为钠蒙脱石和钙蒙脱石，结合瓷土的 XRF 测试结果，初步推测瓷土样品为钙蒙脱石；蒙脱石是由颗粒极细的含水铝硅酸盐构成的层状矿物，颜色一般为灰白色，红外光谱（图 9c）与数据库匹配的结果验证了该物质为蒙脱石；其热重 - 差热曲线也与文献[4]中的钙蒙脱石差热曲线相匹配，其中 80~250℃间的吸热谷为失去吸附水引起，而 600~800℃的吸热谷为脱结构水而引起。结合 XRF 的数据，CaO 的含量为 7.86%，所以瓷土为钙蒙脱石矿，其中还含有部分碳酸钙、石英等。蒙脱石含量高，会使胎发白。该瓷土的铝含量低，硅含量高，并且有可作为助熔剂的 K_2O，故加入瓷土可以一定程度地降低烧成温度。

7. 粉碎后的坯料

粉碎后的坯料是黑坩石和青灰等加入了骨料后按配比制好的琉璃瓦坯料，坯料氧化物配方如 XRF 分析结果所示，可以看出 SiO_2、Al_2O_3、Fe_2O_3 及 K_2O+Na_2O 的比例约为 18∶10∶3∶1。图 10 为粉碎后坯料的 SEM、XRD、IR 和 TG/DSC 测试结果。

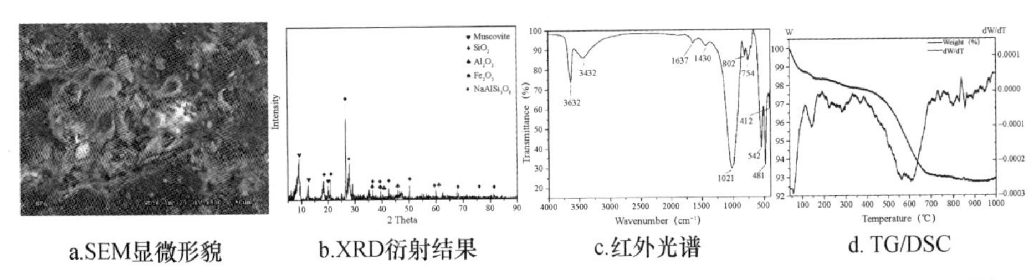

a.SEM显微形貌　　b.XRD衍射结果　　c.红外光谱　　d. TG/DSC

图 10　粉碎后坯料的 SEM 和化学成分分析结果

图 10a 为坯料的 SEM 显微形貌，可以看出其中有不同颗粒形状、大小的组分；图 10b 为坯料的 XRD 衍射图，出现了云母、SiO_2、Al_2O_3、Fe_2O_3 和 $NaAlSi_3O_8$ 的衍射峰。红外光谱与数据库匹配得出该物质主要成分为绢云母，且热重 - 差热曲线的结果也与黑坩石的相似，显示出绢云母的特征。由 XRF 结果可知，坯料中主要成分如 SiO_2、Al_2O_3 等含量均与青灰相似，为黏土质矿物，所以，坯料的主要组成为绢云母、石英、赤铁矿等，此外还含有少量长石，以及硫、钛和钡的化合物杂质等。

8. 闷泥

闷泥是对粉碎的坯料进行陈腐后形成的，目的是提高泥料的可塑性。陈腐是将加一定水的泥料放在不透光、不透气的室内，保持一定的温度与湿度存储一段时间。该工序有利于坯料的氧化和水解反应的进行，从而改善泥料的性能，陈腐时间多在一年以上。图 11 为熟化后闷泥的 SEM、XRD、IR 和 TG/DSC 测试结果。

图 11a 为闷泥的 SEM 形貌，可以看出闷泥在陈腐后变得细腻、致密，不同原料连接在了一起；图 11b 为闷泥的 XRD 衍射图，出现了云母、SiO_2、Al_2O_3、Fe_2O_3 和 $NaAlSi_3O_8$ 的衍射峰，

可知，在陈腐后闷泥中的基本矿物类型与粉碎后的坯料基本相似。红外光谱、热重 - 差热曲线与粉碎后的坯料也相似，表现出绢云母的特征。由 XRF 所获得的数据可知，闷泥的氧化物配比与粉碎后坯料相似。所以，闷泥的主要组成为绢云母、石英等，此时赤铁矿的含量在 6%~8%，此外还含有少量奥长石，以及硫、钛和钡的化合物杂质等。

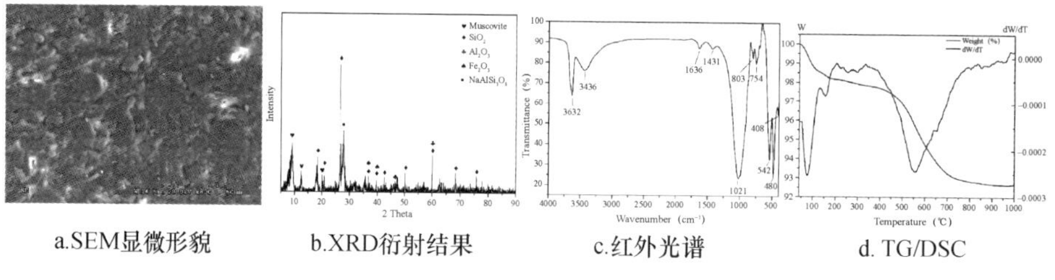

a.SEM显微形貌　b.XRD衍射结果　c.红外光谱　d. TG/DSC

图 11　闷泥的 SEM 和化学成分分析结果

四、结论

对用传统工艺制备琉璃瓦坯体的原料样品，通过视频显微镜、偏光显微镜、XRF、SEM-EDX、XRD、IR 和 TG/DSC 等方式对形貌和成分进行了综合分析，获得了各原料的氧化物、矿物化学成分信息和晶体结构、颗粒结构等信息，见表 4。

表 4　原料的矿物成分

原料	主要矿物成分
黑坩石	绢云母、石英和少量奥长石
坩子土	叶蜡石、石英和部分赤铁矿
老坩石	绿泥石矿物、石英、针铁矿
疆石	绢云母（黑色）、白云岩（白色）和石英
青灰	绢云母矿、石英和少量赤铁矿
瓷土	钙蒙脱石矿、碳酸钙、石英
粉碎后坯料	绢云母、石英和少量赤铁矿、长石
闷泥	绢云母、石英和少量赤铁矿、长石

表4中，与坩子土、老坩石相比，黑坩石的主要矿物为绢云母，而坩子土和老坩石则分别为叶腊石和绿泥石，最大的区别是黑坩石中 Fe_2O_3 含量低，坩子土和老坩石的高铁含量是造成琉璃瓦坯体发红的主要原因；此外，缰石中含有接近40%的CaO，从显微镜下可观察到缰石中混有大量白云岩页层，推测缰石中大量白云岩的存在是造成坯体爆裂的主要原因；混合后的坯料、闷泥成分相近，主要矿物成分为绢云母、石英等，赤铁矿的含量在6%~8%，还含有少量奥长石，以及硫、钛和钡的化合物杂质等，即为制作琉璃瓦坯体的坯料成分。

参考文献

[1] 潘建强. 浙江渡船头“伊利石”应属绢云母 [J]. 岩石矿物学杂志，1992，4: 347-355，384.

[2] 严俊. 叶腊石矿物学特征及其应用研究 [D]. 杭州：浙江工业大学，2012.

[3] 辽宁省地质局中心实验室. 矿物差热分析 [M]. 北京：地质出版社，1975.

[4] 梁晓峰，余涛，等. 拉曼光谱技术在玻璃材料研究中的应用 [J]. 玻璃，2013，9：12-15.

文物建筑火灾风险源探析与防控

常　铖*

摘　要：火灾是危害文物安全的主要因素之一。本文从建筑材料与结构特点、分布环境、管理使用状况、安全防护能力等方面分析文物建筑的防火特性，全面探究文物建筑火灾风险源，对明火、电火等各类火灾风险源管控和火灾预警防控提出一系列的建设性措施。

关键词：文物建筑；火灾；安全

火灾是危害文物安全的主要因素之一。近年来，韩国崇礼门、巴西国家博物馆、法国巴黎圣母院、意大利皇家马厩与马术学院、日本首里城等世界著名文化遗产发生的火灾事故，损失惨重，已使火灾防控已成为文化遗产保护的世界性问题。我国是文化遗产大国，文物建筑资源丰富。第三次文物普查登记的766722处不可移动文物中，文物建筑40余万处；国务院核定公布的5058处全国重点文物保护单位中，文物建筑有3100余处。同时，我国公布历史文化名村487个，中国传统村落6819个，火灾防控任务极其繁重。安全是文物建筑保护、传承与合理利用的前提和基础，分析研究火灾风险和防控措施，对

* 国家文物局。

加强文物建筑安全具有重要的现实意义。

一、我国文物建筑的防火特性

防火特性即由文物建筑特点决定的其自身所具有的防火能力。影响文物建筑防火特性的主要因素有建筑材料与结构特点、分布环境、管理使用状况、安全防护能力等。结合不同类型古文物建筑特点和火灾发生发展规律进行综合分析，文物建筑防火特性包括如下几个方面。

（1）建筑材料以木结构为主。我国文物建筑包括纯木构建筑、土木建筑、砖木建筑、石木结构建筑等，多以木材为主要建筑材料和装饰材料，有的民居类建筑甚至以木竹柴草为建筑材料，其平均火灾负荷量是现代民用建筑的几十倍，且文物建筑所用木材年久干燥，耐火等级低，起火后燃烧速度极快。

（2）框架式建筑结构。文物建筑多为框架式结构，一座文物建筑尤其是古建筑，就如同架空堆积的木垛。且文物建筑内部多为开敞空间，通透性好，墙、门窗等防火隔离性差，火容易在室内迅速燃烧并向外蔓延。

（3）组团式建筑布局。宫廷官式建筑、寺庙道观等宗教建筑、园林建筑、民居建筑、纪念建筑等文物建筑多为组团式分布，建筑之间屋屋相连、院院相接，缺少必要的防火分隔措施和安全防火间距，一旦发生火灾，极易“火烧连营”。

（4）建筑分布广泛。文物建筑分布广泛，城市、乡镇中的文物建筑多与社区民居紧密相连，带来了叠加的火灾隐患。而分布在山区、田野，甚至荒漠中的文物建筑，则存在防火、灭火条件不足等问题，也容易被山火、林火殃及。

（5）管理使用状况复杂。文物建筑多用于旅游参观、陈列展馆、宗教、办公、居住或其他文化活动场所等，人流量较大，用火用电需求较多，火灾诱因广泛，火灾风险较为突出。

（6）防火灭火能力不足。因文物保护的完整性、原真性等要求，现有民用建筑消防设施、设备配置标准不完全适用于文物建筑。有的文物建筑配置消防设施较为困难，有的无法开辟防火通道和消防车通道，加之文物建筑自身防火和自救能力不足，导致火灾扑救难度较大。

二、文物建筑火源探析

火灾防控的关键是控制火灾诱因，有效控制火灾诱因的前提则是识别火灾风险源，即从源头治理。从文物建筑防火特性和使用状况分析，其火灾风险源主要包括明火、电火、爆炸、雷电和自燃等。

（一）明火

文物建筑中因生产、生活和其他活动使用的各类明火火源，是文物建筑火灾的直接风险源。

（1）生活用明火是指用于居住生活的文物建筑内，居民的日常生活用火，包括照明火，如油灯火、气灯火和烛火等；取暖用火，如炉火、炭火、火盆、坑火等；炊事用火，如家灶和野炊使用的柴火、燃气火、酒精火等；驱蚊虫用火，如点蚊香和熏蚊草等。

（2）生产用明火是指用于生产活动的文物建筑中，因生产活动需要所使用的明火，包括手工业产品和食品加工用火，如一些生产作坊用煤火、炭火、燃气火、油火等；工程施工用火，如各类施工工地使用的焊接、切割、喷灯、烘烤作业产生的明火等。

（3）商业经营活动用火是指用于商业经营活动的文物建筑中，由于开展旅游、开办餐饮住宿、商品经营等各类商业活动，可能用到的明火，如餐饮用火、篝火等。

（4）明火燃香烧纸点灯是指作为宗教活动场所使用的文物建筑举行宗教活动时的用火行为，如燃香、燃烛、烧纸、长明灯及其他宗教仪式用火等。有的地方香炉内香火旺盛，香体极易产生火舌。

（5）民俗活动用火是指集体组织或家族管理的祠堂等文物

建筑内举行的祭祀活动用火，如燃香、燃烛、烧纸等。此外，有的民间坟墓位于文物保护范围内，清明节野外祭扫时烧纸也会产生明火。有的地方在传统节日或祭祀时燃放烟花爆竹，也会形成文物建筑火患。

（6）吸烟明火是指在文物建筑中吸烟，包括使用打火机或火柴点烟、随处乱扔烟头、躺在床上吸烟、酒后吸烟等，稍有不慎即可引燃可燃物。

（7）人为纵火、失火是指精神、心理不正常人士或不法分子对文物建筑故意纵火；或有人在使用明火放鞭炮、焚烧柴草纸张等时，引发文物建筑火灾。此类火灾风险危害大，防范困难。

（8）外来明火火源是指来源于文物建筑外部环境的明火，如某些地方有燃放孔明灯（许愿灯）的民俗，放飞后落在文物建筑内或挂在文物建筑上，发生火灾；位于山野、森林、草原内的文物建筑受到周边山火、林火、草火等殃及；野外焚烧秸秆、烧荒、焚烧垃圾等殃及文物建筑。

（二）电火

文物建筑因用电产生电气故障引发火灾事故。电气火灾成因主要包括电气线路故障和用电设备故障等。

1）电气线路故障是指由于文物建筑的电气线路选型用材不标准、敷设不规范、老化破损及私拉乱接等原因，导致配电线路出现漏电、短路、过负荷、接线部位接触电阻过大等电气故障，将电能转变为热能，高温引燃周围可燃物，从而引发火灾。

（1）漏电是由于老化、潮湿、高温、碰压、划破、摩擦、腐蚀等原因，配电线路绝缘护套的绝缘能力下降，导致电流泄漏，局部发热高温，或在漏电点产生电火花引燃附近可燃物。

（2）短路是由于裸导线或绝缘导线的绝缘体破损后，火线与零线或火线与地线在某一点接触，短路点易产生强烈的电火花和电弧，不仅能使绝缘层迅速燃烧，而且能使金属熔化，引燃附近可燃物。

（3）过负荷或称过载是指电气设备、导线的通过电流超过额定值。当发生严重过负荷时，导线的温度会不断升高，甚至会引起导线的绝缘护套发生燃烧，引燃周围可燃物。

（4）接触电阻过大是由于配电线路间的导体接头、配电线与用电设备、电气保护设备之间的接线端子的连接工艺不符合要求，导致连接部位接触不良，造成接触部位的局部电阻过大，产生大量的热，高温使金属变色甚至熔化，引起导线的绝缘层发生燃烧，并引燃附近可燃物。

（5）电弧是由于电源开关制造不良、安装不当或电线绝缘部分损坏，以及设备故障及违规操作等，从而导致电压击穿空气，产生瞬间火花，即电弧。电弧产生高温，引燃周围可燃物，发生燃烧，引发火灾事故。

2）用电设备故障是由于文物建筑中用电设备选型、设置及使用不当等原因，导致用电设备故障，产生的高温引燃周围可燃物，引发火灾。

（1）使用安全性能较差的电热器具、电取暖设备等用电设备。例如在文物建筑中使用“热得快”等电热器具、“小太阳”等电热取暖设备，或者其他“三无”电器产品等，由于自身工作机理的不安全性或产品质量问题，其产生的高温引燃周围可燃物。

（2）用电设备的安装设置不当。例如文物建筑内使用的白炽灯、卤素灯等高热光源灯具，安装位置与可燃物未保持一定的安全距离；冰箱、空调主机等用电设备的散热功能故障，或散热部位被遮挡无法有效散热，产生局部高温引燃可燃物。

（3）用电设备使用不当。例如在文物建筑中使用电热毯、电暖器等取暖设备，由于持续通电导致加热体过热引燃周围可燃物；电动车辆充电器工作时未与可燃物保持有效的安全距离，产生的高温引燃周围可燃物等。

此外，弱电短路或交换机、路由器等集成电器因散热故障问题，也可能引发火灾；蓄电池由于质量问题、过期使用、安装不当、充电不规范、破损电解液外露等管理使用不当，可能发生过热、产生电弧甚至爆炸，引发火灾；在可能产生爆炸性气体积聚的文物建筑空间内，还要注意防止因静电引发爆炸或燃烧。

（三）其他火灾风险源

除明火火源和电气故障外，爆炸、雷电和自燃等火灾风险源，也可能引发文物建筑火灾事故，虽然火灾事故概率较小，但也不能忽视。

（1）爆炸现象引发火灾是指文物建筑或在其保护范围内发生爆炸，引发火灾。例如燃放烟花爆竹，产生火花引燃可燃物，引发火灾；使用及储存易燃、易爆危险品（如实验用化学物品，生产生活用煤气等），管理使用不当，引起爆炸，引发火灾。

（2）雷电起火是指位于雷电风险区域的文物建筑，建筑本体或周围林木容易遭雷击受损，同时极易发生火灾事故。一是直击雷危害，即雷电直接击损文物建筑，强大雷电流产生高温，引起燃烧。二是感应雷危害，雷云对地放电时，文物建筑附近的导线因雷电可能产生感应过电压，过电压幅值可能高达几十万伏甚至几百万伏，造成电力系统损坏，发生火灾或爆炸事故。三是雷电波入侵，雷电流沿文物建筑电气线路侵入配电设备内，致使电气设备受损，引发电气故障火灾。

（3）自燃现象引火是指可燃物在没有外来火源的情况下，靠自热或外热作用而发生燃烧的现象。例如有的文物建筑保护范围内可能存在煤堆、柴草堆、废油布等，因长时间堆积，热量积聚，导致升温，自燃起火。

三、文物建筑火灾风险源管控

火灾风险源控制即防火，是文物建筑消防安全的第一道关口，主要任务是采取措施，加强管理，有效控制明火、电火、爆炸、雷电和自燃等各类火灾风险源，使其不燃。

（一）明火管控

主要是控制火灾发生条件，发生燃烧必须具备可燃物、氧化剂和点火源 3 个基本条件。文物建筑防火的着力点和主要任务是控制明火燃烧的条件，严格管控点火源和可燃物。

（1）以禁用明火为原则。除用于宗教活动场所、生活居住等特殊用途，必须燃香点灯或使用生活用火外，文物建筑尤其是古建筑及其保护范围内，应当禁止使用任何明火火源。

（2）有效实施防火隔离。因宗教活动、居住生活或其他生产活动需要，确须使用明火火源的，应当做好隔离措施，使点火源与其他可燃物分隔。隔离措施可采取空间隔离（保持防火间距、防火隔离带等）、物理隔离（阻燃材料隔离、使用阻燃剂等）和人员现场隔离（例如针对突发外来火源）等措施。

（3）严格管控可燃易燃物品。对文物建筑及其保护范围存在的各类可燃物品进行全面检查、登记评估，制定可燃物品管控制度和措施，规范存放和安全储存可燃物等。尤其是对毗邻火源的可燃物品，应由专人管理，做好防火隔离，不必要的可燃物品要及时清理。文物建筑和保护范围内禁止存放易燃易爆化学物品，因特殊需要必须存放的，要采取严格的管控措施。

（二）电火控制

根据文物建筑存在的电气火灾危险因素及其风险程度，有针对性地采取防控措施。

（1）明确用电范围和程度。对于年代久远、文物价值极高、耐火等级极低、用于公益性展示研究的极具代表性的文物建筑，不宜在文物建筑内用电，尤其是不应在文物建筑本体上敷设电气线路及安装电器；其他用于公益性展示研究的文物建筑，一般只在文物建筑内设置照明和安全防护需要的用电设施设备；对用于居住、办公、生产经营场所的文物建筑，应当在保障用电安全的前提下使用。

（2）保障用电本质安全。要保证文物建筑配电系统、配电线路及用电设备自身的本质安全性，需从选型、敷设、设置等各个环节，严格执行安全用电标准和要求。同时，严格按照用电设备自有功能、作业环境和安全说明操作使用，确保用电设备、设施始终处于安全使用状态。

（3）整改电气火灾隐患。整改可从以下 4 个方面进行，一是配电设备改造，即更换额定输出功率不满足用电设备使用功率要求，以及缺少短路、过载、过压、防雷及接地防护的配电箱（柜）；二是配电线路改造，更换年久失修、老化严重的配电线路，文物建筑宜选择绝缘护套耐火能级为 A 级的电线电缆，并采用金属导管或 B1 级以上的刚性塑料管等进行保护；三是严禁使用安全性能差的“热得快”“小太阳”取暖器等电气设备和白炽灯、卤素灯等高温光源灯具，以及“三无”电气产品；四是对于在使用过程中产生高温或需要满足散热要求的用电设备，在安装和设置时应确保和周围可燃物保持安全距离或采取有效的防火隔离措施。

（4）加强用电设备安全管理。根据文物建筑的使用功能、用电情况、电气火灾风险等特点，有针对性地制定并执行用电安全管理、日常巡查检查、用电设施设备维护检测、安全用电宣传培训等安全制度。加大对文物建筑用电情况的巡查和检查力度，及时发现、排查和消除出现的电气火灾隐患；加强对使用者安全用电常识的宣传教育，增强安全意识，做到安全用电。

四、文物建筑火灾预警和灭火

消防系统主要由火灾报警系统和灭火系统组成，文物建筑要根据其自身建筑特点、防火特性、消防需求、基础条件等情况，坚持文物保护和最小干预的原则，按照适度、适用、有效的原则，进行合理配置。

（一）火灾报警系统

此为火灾防控的第二道关口，即通过前端火灾报警探测器及时发现火灾苗头和初起火灾，为有效扑救提供时间和条件。

（1）火灾自动报警系统，主要依靠火灾探测器及时探测到燃烧产生的烟雾、热量、火焰等物理量，再将信号传输到火灾报警控制器，通过火灾声光警报器和消防应急广播系统通知人员，针对火情及时采取有效措施。同时，消防联动控制器按照设定的控制逻辑，对与火灾有关的设备进行联动控制。文物建筑火灾探测器的选型和设置需要充分考虑探测区域内可能发生火灾的形成和发展特征、房间高度、环境条件，以及可能引起误报的因素等。对于大空间等特殊场所，可以选用线性光束感烟火灾探测器、吸气式火灾感烟探测器或图像型感烟火灾探测器等。针对飞鸟、扬尘和遮挡物等对火灾探测的影响，可以通过同时选用两种以上火灾参数的火灾探测器组合或双鉴型火灾探测器进行复核判断。

（2）电气火灾监控系统，主要由电气火灾监控器、剩余电流式电气火灾监控探测器、测温式电气火灾监控探测器等设备组成，能在发生电气故障、产生一定电气火灾隐患的条件下发出报警。对不能确保达到用电系统本质安全的文物建筑，可选择适宜探测机理的电气火灾监控探测器进行实时监控，并根据电气火灾监控系统提供的电气火灾隐患报警信息，及时进行电气改造，达到本质安全。

（3）可燃气体探测报警系统，主要由可燃气体报警控制器、可燃气体探测器和火灾声光警报器等组成，能够在其保护区域内泄漏的可燃气体浓度尚低于爆炸下限时提前报警，从而预防由于可燃气体泄漏引发的火灾和爆炸事故的发生。文物建筑内因炊事、取暖等动用明火的场所，可根据使用燃料的种类选择适宜的可燃气体探测器类型，并根据可能泄漏的可燃气体密度，确定可燃气体探测器的安装位置和高度，进行有效的探测。

（二）消防灭火系统

消防灭火系统主要由消防给水系统和消火栓系统等组成，也包括供特别场所使用的气体灭火和干粉灭火装置等，是火灾防控的最后一道关口。

（1）消防给水和消火栓系统是由消防水源、消防管网和消火栓等组成的系统，是消防系统的重要组成部分。文物建筑一般采用室外消火栓系统，或将 DN65 的消火栓口设置在文物建筑外部，用于文物建筑内的火灾扑灭，此外还需要在消火栓附近配置消防水枪、消防水带、消火栓扳手等配套消防设施和辅助工具。

（2）自动喷水灭火系统是由供水设施、报警阀组、洒水喷头等组件以及管道组成，能在火灾发生时做出响应并实施喷水灭火。大部分文物建筑内不具备安装自动喷水灭火系统的条件，尤其是有壁画、彩绘和泥塑等遇水易损文物的场所，均不宜配置。一些纪念建筑、代表性建筑、民居等近现代文物建筑的火灾风险突出场所或部位，则可以适当选择使用。

（3）气体灭火系统是以液体、液化气体或气体状态存储于压力容器内，灭火时以气体状态喷射灭火介质的灭火系统。气体灭火系统对防护区域的耐火极限、承压、封闭性，以及通风和疏散措施均有很高要求。例如作为文物库房使用的封闭文物建筑内，如果发生火灾，人不能进入灭火，在满足气体灭火系统设置的前置条件下，可以使用气体灭火系统进行防护，但应选择不会对文物造成损害的灭火剂。

（4）无源型超细干粉自动灭火装置。当火灾导致当量环境温度上升至设定公称值时，灭火装置上的阀门自动开启，释放超细干粉灭火剂进行灭火，主要用于局部保护。例如用于祭祀或宗教活动的文物建筑，可以采用无源型超细干粉自动灭火装置对燃香、点烛等部位进行局部保护。

五、结语

文物建筑火灾防控是一项系统工程，也是一门管理科学。明确文物建筑防火特性、火灾风险源种类、火灾风险管控措施和主要灭火方式等，是文物建筑防火的基础和前提。有效防控文物建筑火灾、保障文物建筑安全，还需要健全的消防队伍、明确的消防职责和任务、建立并严格执行各项安全制度、规范有效的日常消防安全管理，以及完善、可操作的灭火和应急疏散预案等。

文物建筑防雷及电气安全在线监测应用技术

董　娜*

摘　要：雷电灾害具有随机性、小概率性和不可预见性，文物古建筑物外部及内部用电和通信及监控设备极易遭受直接雷击和间接雷害，引发火灾，严重危害文物的安全。因此，文物建筑防雷及电气安全真正实现可查、可测、可控、可视显得尤为重要。本文简述了对文物建筑原有防雷设施、用电设施进行信息化改造升级，增加智能化雷电防护、用电安全隐患监管服务系统，凭借其智能化、便捷化技术优势，大大简化防雷系统运维流程、提高检修效率、提升文物建筑防雷效果，建立可追溯的智能化监测管理平台，以实现远程监控及统计等多元管理任务。

关键词：文物建筑；防雷；电气安全；在线监测

一、古建筑防雷及电气安全现状

古建筑不仅历史悠久，而且是传统文化传承的载体，仅存

* 宁夏中科天际防雷股份有限公司。

的文物建筑弥足珍贵。中国古建筑特征鲜明，多为雄伟挺拔的木结构体系建筑群，且大多有高耸的屋顶、屋脊和挑檐，极易遭受雷击。有的文物建筑顶部有不少金属材质的装饰物，有的文物建筑大殿正脊中部埋设有金属宝盒，有的文物建筑屋顶内部还有锡背、铜质宝顶，有的文物建筑屋面有金属链条。[1] 但这些文物建筑金属物大部分处于绝缘状态，没有任何接地处理，而且通常都安置在建筑物顶端，大大增加了文物建筑遭受雷击的概率。随着社会的发展，文物建筑外部增加了亮化灯带，大量的消防广播设备、防盗监控设备、数据采集等用电和信息设备进入古建筑，大大增加了雷电入侵的通道。[2]

中华人民共和国成立后，国家对文物建筑的防雷保护相当重视。例如 1957 年 7 月 31 日 15 时 40 分，北京十三陵长陵恩殿遭受雷击起火，1 人死亡，4 人受伤，周总理闻讯后，亲自部署加强文物建筑防雷工作。目前，国内相当一部分古建筑采用现代防雷技术，陆续安装了防雷装置，起到了一定的防雷效果，减少了雷害事故的发生。然而时至今日，现代防雷技术和技法是建立在西洋式的建筑形式和现代建筑结构基础上的，现有的标准要求都是采用被动的系统防雷措施，即在文物建筑顶部加装避雷针或接闪网，铺设防雷引下线及接地网，以及内部用电和通信线路加装浪涌保护等常规被动的防雷保护方式，虽然基本满足了雷电防护要求，但是依然存在诸多不足，例如破坏建筑物本体、影响古建筑的美观，且雷击事故时有发生。以故宫为例，1949 年后曾发生 14 次较大的雷击事故。究其原因，一是依据建筑物防雷原理如何进行中式文物建筑保护（图 1），还没有制定出切实有效的适合文物建筑的防雷设计标准和施工工艺标准；[3] 二是因为加装的防雷装置均为独立运行设备，平时很少有专业技术人员对这些防雷装置进行有效的技术检测和管理维护，防雷设备的长时间运行及劣化导致保护失效，没有及时发现和掌握，防雷及电气设备安全处于失控状态，给文物建筑防雷减灾和电气设备防火带来极大风险。

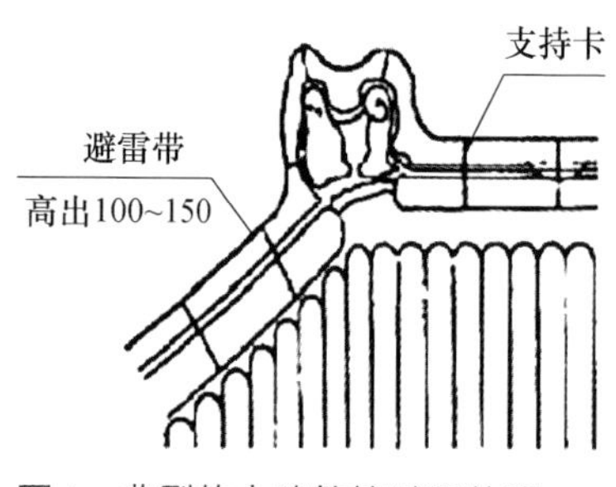

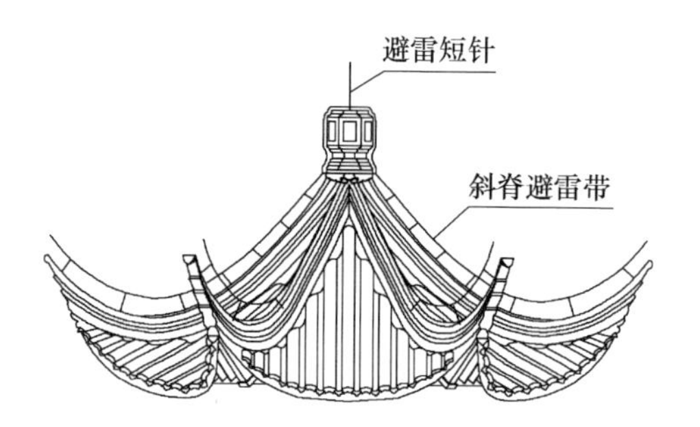

图 1 典型的古建筑接避雷装置

文物建筑在以可靠性为中心的防雷及电气系统运维管理中，仍停留在“被动防护”的范畴，无法保证运维人员在雷电袭击和用电设备起火前获知防雷及电气设备是否正常作业、排查出防雷及电气系统隐患，从而更换已出现或易出现故障的防雷及电气设备，导致整个防雷及电气系统则形同虚设。如何帮助运维人员规避上述风险，消除隐患，全面提升防雷综合管理水平，是防雷行业亟待解决的问题。

二、古建筑防雷及电气安全监测技术

随着科学技术的发展，大数据、云计算、移动互联网和物联网时代最先进的 IT 技术被引入到文物建筑防雷领域中，文物建筑防雷装置及电气设备安全运行状态实时在线监管手段为文物建筑管理部门提供了方便。文物建筑防雷在线监测整体解决方案独占文物建筑防雷细分领域鳌头，将古建筑防雷及电气安全运维系统直接提升到预测式，甚至是前瞻式的可靠性管理水平，进而将防雷及电气安全上升到“主动预防”范畴，真正实现可知、可测、可控、可视，给文物建筑及电气安全领域带来一场深刻的变革（图 2）。

文物建筑防雷装置及电气设备安全运行状态实时在线监管凭借其智能化、便捷化等领先的技术优势和用户体验，大大简化了防雷及其电气设备系统运维流程、节约运维成本、提高检修效率、提升防雷效果，避免古建筑及其电气设备因遭受雷击或引发火灾给国家和人民带来的难以估量的经济损失与社会负面效应（图 3）。

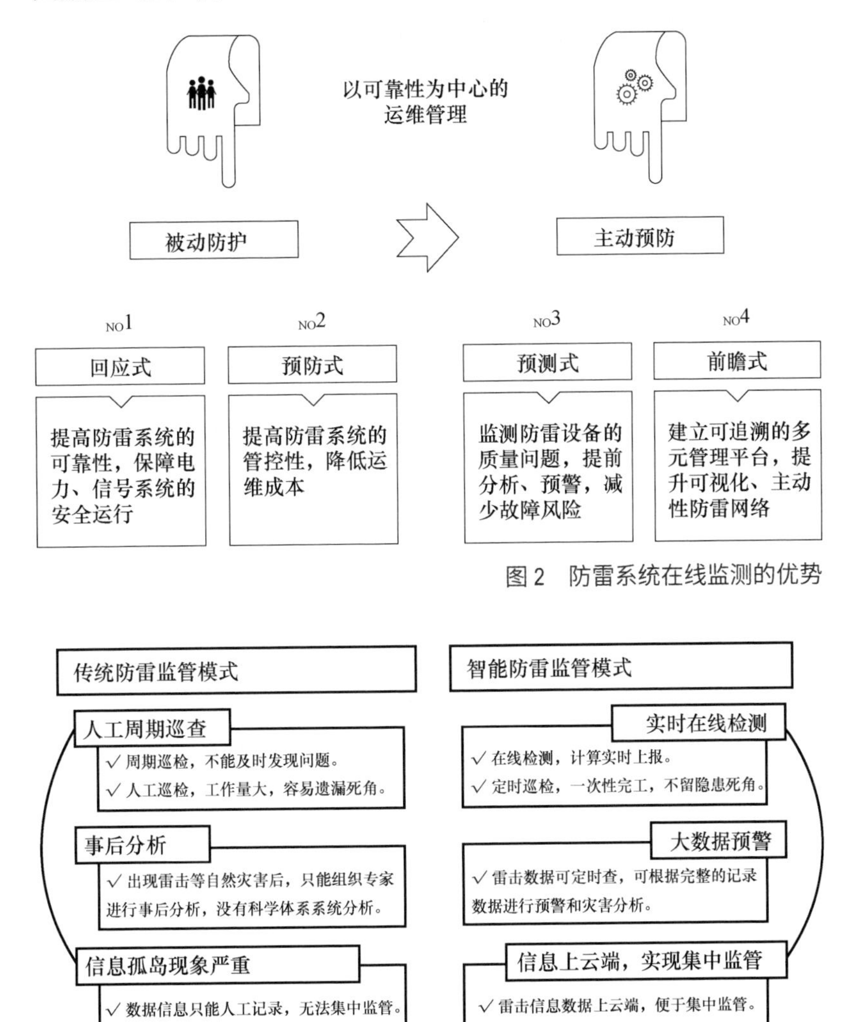

图 2　防雷系统在线监测的优势

图 3　传统式与智能化防雷监管模式对比

文物建筑防雷装置运行状态在线监管系统就是在文物建筑现有雷电防护设备的基础上，打造新型的雷暴探测预警装置、雷击定位监测设备、远程控制避雷针、智能雷电防护终端、用电安全监管服务系统，实现现场保护设备在线监测，对现有的防雷设施、用电设备进行信息化提升，提高古建筑安全保护整体运营管理水平，运用在线监测系统对接闪器的雷电流数据、电气设施的防雷设备状态、接地电阻值变化的情况、供电线路线缆温度、短路电流引起火灾等参数进行自动监测（图 4）。其能远程控制和恢复视频和网络等防雷设备的损坏，提高对古建筑的雷电防护、安全用电、视频监控等监管能力，为文物建筑提供防雷预警和安全防护保障，具有很高的社会效益和经济效益。

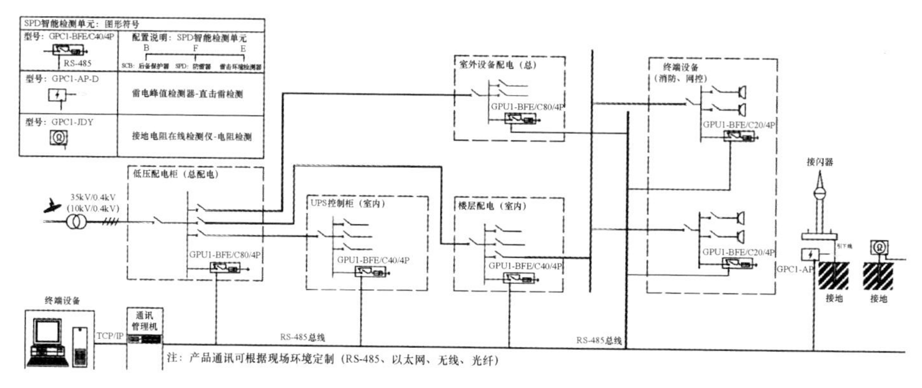

图 4　文物建筑典型防雷及电气安全在线监测系统配置

（一）雷暴探测预警及闪电监测定位

雷暴探测预警是目前公认的能大幅降低雷击伤亡与灾害最有效的措施之一（图 5）。雷电预警系统能及时、准确地预报当地雷击活动情况，为文物安全管理提供科学的依据，是可以大幅减少重大雷击事故的科学措施。

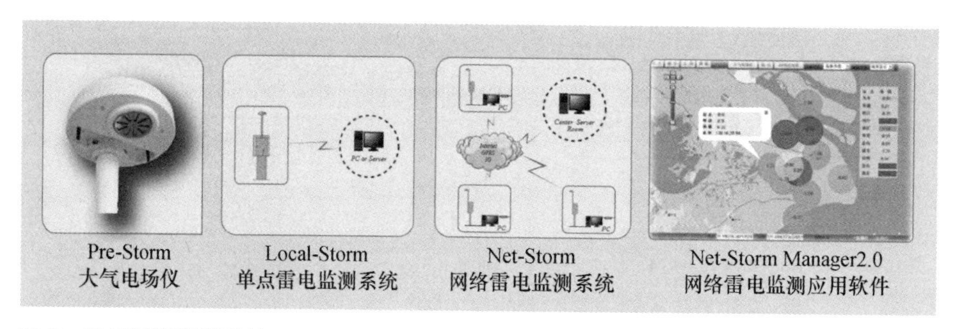

图 5　雷暴探测预警系统

闪电定位仪又称雷电监测定位仪，是指利用闪电回击辐射的声、光、电磁场特性来遥测闪电回击放电参数的一种监测雷电发生的自动化的气象探测设备，它可检测雷电发生的时间、位置、强度、极性等。该设备可有效监测闪电运行活动轨迹，云间 IC 闪电和云地 CG 回击的早期识别和雷击点的精准的三维定位，为文物建筑安全管理部门针对雷击事故调查做出精准的判断。

（二）接闪器雷电流监测

接闪器如避雷针和接闪带安装在文物建筑的顶部就是防止直接雷击，在雷电下行先导过程中，比被保护物容易产生上行先导而拦截了下行雷击，将拦截到雷电流进行指定的引导和泄放，同时来保障该区域内的设备及人员的安全。通常只能通过肉眼来观察接闪器受到雷击的现象，但是接闪器是否在雷击过程中运行良好则无法以目测来判断，因此需要将这些数据进行存储并转成数学模型，以提供具有价值的科学依据。

在建筑物接闪器的引下线处安装雷电流峰值感知仪，当接闪器受到雷击时，能瞬时记录雷电流峰值、发生时间、极性、雷击发生时间或雷电波形等参数，将线性度的测量曲线转换为图形或数字，以显示雷电流的峰值等参数，呈现给古建筑保护单位，从而进行有效的数据采集管控，提高对建筑物的防雷运行管理能力。

（三）接地网的在线监测

接地装置长期处于地下，特别是土壤率低的地方，例如，潮湿且含有一些可溶的电解质、酸、碱、盐等成分的地方。这些水分和电解质容易对接地装置产生腐蚀，极大地影响接地装置的使用寿命。腐蚀会造成接地网局部断裂，接地线与接地网脱落，形成严重的接地隐患或结构事故。每年都会发生因接地装置腐蚀造成接地电阻超标，甚至断裂，使一些设备“失地”的情况。防雷设备和电力设备“失地”会造成严重的后果，防雷设备失去作用，在接地短路故障发生时，使局部电位升高造成反击，使事故扩大。因而对接地装置的腐蚀问题必须认真对待，采取切实可行的防腐措施。

目前，接地系统采用的监测管理手段相对落后，都是通过后期人工巡检的方式来测量接地电阻值的状况，相对来说维护的智能化管理程度低，没有系统性的监测和报警系统软件平台。设备状态无法做到实时监测，不能确保设备的正常运行，也就不能及时对异常情况进行处理。此外，古建筑地理位置具有分布广泛、零星分散等特点，使其接地装置安装较为分散，不能将实时的接地电阻数值信息反馈给古建筑（场所）管理人员，导致很多异常状态不能及时发现，给用户带来安全隐患，存在静电泄放失效、雷电波侵入和雷电电磁脉冲（LEMP）侵害的风险。

为了加强管理、降低管理成本和因管理工作不到位造成的风险和损失，有必要建设接地电阻在线监测管理系统。

（四）用电安全在线监测

在文物建筑内，引入电线电器等现代用电设备，因多数线路老化、年久失修、绝缘损坏，而发生短路引发火灾，且这些供配电线路容易感应雷击过电压引起火灾。在文物建筑用电线路配置剩余电流探测器终端、电弧故障保护终端、SPD 及智能检测终端等设备，可以对引发电气火灾的主要因素（线缆温度、电压、电流、漏电流、电弧、雷击危害）进行不间断的数据跟踪与统计预测，实时发现电气线路和用电设备存在的安全隐患（如线缆温度异常、过载、过压、欠压及漏电、电弧光、过电压等），及时向安全管理人员发送预警信息，进行隐患排查，消除潜在的电气火灾危险，“防患于未然”，促进文物建筑所用电安全监管。智慧用电监管系统在配电箱内的安装，一般建议配电箱产品配置数量标准为：每个回路建议安装 1 套，每套产品需要智慧用电安全探测器 1 台，包括电流互感器 3 只（A/B/C 相），剩余电流互感器 1 只（如果有），温度传感器 4 只，数据传输模块 DTU，这种方式不仅经济合理，而且可以实现智慧用电功能价值的最大化（图 6）。

图 6　智慧用电监管系统示意图

（五）视频和网络防雷器在线监测

随着现代电子技术的不断发展，各种高、精、尖电子设备不断推广和普及应用，计算机网络系统和视频系统广泛应用于文物建筑，由于这些网络、视频监控系统的电子设备内部结构的高度集成化，耐过电压的水平极低，因而极易遭受雷电流的冲击而损坏，造成通信设备、监控设备损坏、通信中断、各种信息无法传递。例如监控摄像机和通信接口设备损坏、通信中断、各种信息无法传递；网络主机损坏，导致网络瘫痪，工作无法进行。因此，增加一些常规信号防雷器来保护设备的安全运行是十分必要的。

通常网络、视频监控系统防雷器受到感应雷和过电压冲击时，防雷保护器容易出现故障，导致信号、数据、视频等传输中断。且这些网络及监测设备也容易引起雷击，造成经济财产损失和安全管理隐患的发生。例如 2002 年 9 月 7 日，我国现存最高、最古老的应县木塔第五层竖柱雷击损坏严重，其原因就是竖柱旁边放置了一台地震监测仪。

在网络、视频线路中串联智能信号防雷器，通过通信网络把监测到的信号传输到智能监测系统在线管理平台。通过智能监测系统远程控制防雷保护器，就能恢复通信线路状态的功能，鉴别故障问题是否是信号防雷器的故障。系统检测发现信号防雷器出现故障后，智能监测系统会对其发送指令信号，恢复通信线路工作状态，保障设备的正常工作（图 7）。

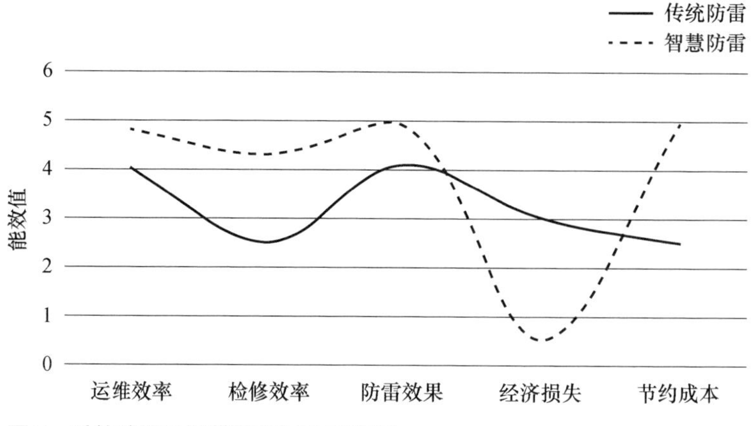

图 7　系统防雷及智慧防雷对比示意图

三、结论

文物建筑的防雷保护，必须进行科学的防雷装置设计，设计单位既要遵守标准规范，又要善于引进新技术新产品，不能墨守成规，切忌照般照抄规范标准，由于对文物建筑防雷现状有待进一步地深入了解，从而不断完善保护手段，在使用新技术和新产品过程中不断提出改进措施进行提升。如南北文物建筑构造差异大，气象和雷暴环境差异也大，必须充分考虑这些因素。此外，坚持文物建筑保护优先，因地制宜地采取防雷措施。利用先进的物联网智能化防雷在线监测技术，做到主动预防，规避风险。

参考文献

[1]　段振中，朱传林，等．武当山景区雷电环境及古建筑防雷》[J]．山地学报，2013，31（01）：77-82.

[2]　李京校，宋平健，等．文物古建直击雷火灾成因分析及对策［J］．西南师范大学学报（自然科学版），2016，41（10）：88-95.

[3]　张华明，杨世刚，等．古建筑物雷击灾害特征[J]．气象科技，2013，41（04）：758-763.

后　记

本论文集的作者是来自全国各地的文物工作者，又主要是文物建筑保护的研究、设计、施工、管理者，其中的很多人尊称我为老师。主编本论文集，一方面，希望用出版的方式展示他们的技术成果，另一方面也是为他们创建交流平台。我期望这种形式能够延续、坚持下去，既能提高他们自身的理论、实践水平，也能为更好地投入我国新时期具有中国特色的文物保护事业提供助力。

身为主编，本应写篇前言为宜，但觉得意义有限，适逢故宫全面保护、整体维修工程，也有人称为故宫大规模古建筑维修工程，已经收尾，我谨作为亲历其过程的一员，感到书写这一历史画卷非常必要，因而写了一篇文章，编进论文集，权且代替前言。

论文的编排主要是以世界文化遗产名录建筑、官式建筑、传统村落建筑、民式建筑、文物建筑安全防护等为序，同类又以综合性、建筑、结构、装修、材料研究为依。

论文集的大部分作者还属于文物建筑领域里的新生代，他们的论点不一定十分准确，论述也不一定很充分，有的甚至入门不久，但是他们的参与意识和砥砺而为的精神值得鼓励。

文中论点不免存在一些争议，也可能有缺点、不足，欢迎业内外同仁指正。

本书出版得益于《筑苑》团队的助力、关照；姜玲做了集稿、校核工作；尤其获北京市文物局李粮企同志为书作序，在此一并表示感谢。

张克贵

2022年1月